普通高等教育"十三五"规划教材

环境影响评价教程

沈洪艳　等编著

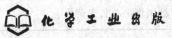

化学工业出版社

·北京·

本书分为两部分，共计13章。第一部分立足环境影响评价的基础知识，包括环境影响评价技术导则、环境影响评价标准、评价等级及评价范围、环境现状调查、环境现状监测与评价、污染源调查与评价、公众参与7章内容。第二部分以环境影响评价基本技能为重点，包括工程分析、产业政策和规划的符合性分析、环境影响预测模型与应用、环境保护措施、清洁生产评价、防护距离计算6章内容。全书依据2016年7月颁布的新《环境影响评价法》编写。

　　本书结构紧凑、言简意赅、重点突出，可作为高等院校环境类专业本科生和研究生教科书，也可用作环境影响评价技术人员和管理人员的学习和应试用书，同时对环境保护部门和企事业单位的环境保护管理人员、技术人员及相关人员的工作也有参考价值。

图书在版编目(CIP)数据

环境影响评价教程/沈洪艳等编著 . —北京：化学工业出版社，2016.8（2024.11重印）
普通高等教育"十三五"规划教材
ISBN 978-7-122-27383-3

Ⅰ.①环⋯　Ⅱ.①沈⋯　Ⅲ.①环境影响-评价-高等学校-教材　Ⅳ.①X820.3

中国版本图书馆 CIP 数据核字（2016）第 140187 号

责任编辑：满悦芝　　　　　　　　　　　　　装帧设计：刘亚婷
责任校对：吴　静

出版发行：化学工业出版社（北京市东城区青年湖南街 13 号　邮政编码 100011）
印　　装：北京科印技术咨询服务有限公司数码印刷分部
787mm×1092mm　1/16　印张 16½　字数 406 千字　　2024 年 11 月北京第 1 版第 6 次印刷

购书咨询：010-64518888　　　　　　　售后服务：010-64518899
网　　址：http://www.cip.com.cn
凡购买本书，如有缺损质量问题，本社销售中心负责调换。

定　　价：36.00 元

前　　言

　　环境影响评价是 20 世纪 60 年代才明确提出和发展起来的一门新兴学科。它不仅包括自然科学知识，也涉及社会科学知识，随后其逐步发展成为环境科学体系中的一门基础性学科，为此我国高等院校环境类专业已把环境影响评价作为主干课程之一。如今环境影响评价已不仅仅是我国环境保护行政主管部门必须实施的一项基本环境管理制度，随着 2003 年 9 月 1 日《中华人民共和国环境影响评价法》的颁布实施，环境影响评价已由一项基本环境管理制度上升到国家的法律层面，2004 年我国推出环境影响评价工程师职业资格考试和认证制度，使环境影响评价具备了高等环境教育主干课、国家环境管理工作实践中的基本管理制度和法律、国家环境影响评价工程师职业资格考试课程三位一体的特征，这无疑对高等院校实施环境影响评价教育教学提出了新的要求。为适应这种新形势，本书作者在自己多年从事环境影响评价教学与科研、环境影响评价技术服务的基础上，立足环境影响评价是一门为环境影响评价技术服务、环境保护行政主管部门提供技术支撑和高级专业人才的学科，从兼顾建设项目环境影响评价和规划环境影响评价的共同性、初学者进入环评工程师行业需要具备的基本素质的难易程度，安排全书的体系和内容。

　　本书分为两部分，共计 13 章。第一部分立足环境影响评价的基础知识，包括环境影响评价技术导则、环境影响评价标准、评价等级及评价范围、环境现状调查、环境现状监测与评价、污染源调查与评价、公众参与，共计 7 章内容。第二部分以环境影响评价基本技能为重点，包括工程分析、产业政策和规划的符合性分析、环境影响预测模型与应用、环境保护措施、清洁生产评价、防护距离计算，共计 6 章内容。全书依据 2016 年 7 月颁布的新《环境影响评价法》编写。

　　作者以环境影响评价基础知识和基本技能为主线展开全书的内容，避免对环境影响评价理论的过多说教，以实际环境影响评价技术服务中的核心内容为重点，并通过实例增强本书的实用性；内容编排上注意层次性和独立性，以便读者从整体上把握全书，并能正确应用。

　　本书结构紧凑、言简意赅、重点突出，可作为高等院校环境类专业本科生和研究生教科书，也可用作环境影响评价技术人员和管理人员的学习和应试用书，同时对环境保护部门和企事业单位的环境保护管理人员、技术人员及相关人员的工作也有参考价值。

　　本书在编写过程中，参考了国内外的一些有关论著，每章附有参考文献，在此深致谢意。

　　本书由沈洪艳等编著。在本书的撰写过程中，杨雷、李艳、曹志会、赵月、王冰、周可心、李华、孟静文等同学做了资料收集和整理工作，在此表示感谢。

　　本书试图系统地、准确地、具体地论述有关环境影响评价的诸问题，但由于我国的环境影响评价正处在不断发展和变革过程中，环境影响评价所涉及的内容又十分广泛，加之水平有限，书中不当之处，恳请读者指正。

沈洪艳

2016 年 9 月

目　录

第二部分　环境影响评价基本技能

第一部分

环境影响评价基础知识

第一章　环境影响评价技术导则

一、环境影响评价技术导则的构成

（一）环境影响评价技术导则分类及各自的特点

环境影响评价技术导则体系由总纲、专项环境影响评价技术导则和行业类环境影响评价技术导则构成，总纲对后两类导则有指导作用，后两类导则的制定要遵循总纲总体要求。

专项环境影响评价技术导则包括环境要素和专题两种形式，如《大气环境影响评价技术导则》、《地面水环境影响评价技术导则》、《地下水环境影响评价技术导则》、《声环境影响评价技术导则》、《生态影响评价技术导则》等为环境要素的环境影响评价技术导则，《建设项目环境风险评价技术导则》、《公众参与环境影响评价技术导则》等为专题的环境影响评价技术导则。

行业类环境影响评价技术导则包含《火电建设项目环境影响评价技术导则》、《水利水电工程环境影响评价技术导则》、《机场建设工程环境影响评价技术导则》、《石油化工建设项目环境影响评价技术导则》等。

（二）环境影响评价技术导则的适用范围

环境影响评价技术导则的适用范围见表1-1。

表1-1　环境影响评价技术导则的适用范围

类别		名　称	适用范围
总纲		总纲 （HJ 2.1—2011）	本标准适用于在中华人民共和国领域和中华人民共和国管辖的其他海域内建设的对环境有影响的建设项目
专项环境影响评价技术导则	环境要素	大气环境影响评价技术导则 （HJ 2.2—2008）	本标准适用于建设项目的大气环境影响评价。区域和规划的大气环境影响评价亦可参照适用
		地面水环境影响评价技术导则 （HJ/T 2.3—93）	本标准适用于厂矿企业、事业单位建设项目的地面水环境影响评价。其他建设项目的地面水环境影响评价也可参照执行
		地下水环境影响评价技术导则 （HJ 610—2016）	本标准适用于对地下水环境可能产生影响的建设项目的环境影响评价。规划环境影响评价中的地下水环境影响评价可参照执行
		声环境影响评价技术导则 （HJ 2.4—2009）	本标准适用于建设项目声环境影响评价及规划环境影响评价中的声环境影响评价
		生态影响评价技术导则 （HJ 19—2011）	本标准适用于建设项目对生态系统及其组成因子所造成的影响的评价。区域和规划的生态影响评价可参照适用

类别		名　　称	适用范围
专项环境影响评价技术导则	专题	建设项目环境风险评价技术导则(HJ/T 169—2004)	本规范适用于涉及有毒有害和易燃易爆物质的生产、使用、贮运等的新建、改建、扩建和技术改造项目(不包括核建设项目)的环境风险评价
		尾矿库环境风险评估技术导则(试行)(HJ 740—2015)	本标准适用于运行期间的尾矿库环境风险评估。湿式堆存工业废渣库、电厂灰渣库的环境风险评估可参照本标准执行
		开发区区域环境影响评价技术导则(HJ/T 131—2003)	本导则适用于经济技术开发区、高新技术产业开发区、保税区、边境经济合作区、旅游度假区等区域开发以及工业园区等类似区域开发的环境影响评价的一般性原则、内容、方法和要求
		500kV 超高压送变电工程电磁辐射环境影响评价技术规范(HJ/T 24—1998)	本规范适用于 500kV 超高压送变电工程电磁辐射环境影响的评价
		辐射环境保护管理导则　电磁辐射环境影响评价方法与标准(HJ/T 10.3—1996)	本导则适用于一切电磁辐射项目的环境影响评价。对于特殊项目的电磁辐射项目,环境影响报告书的编写可以与本导则不同
		规划环境影响评价技术导则总纲(HJ 130—2014)	本标准适用于国务院有关部门、设区的市级以上地方人民政府及其有关部门组织编制的土地利用的有关规划,区域、流域、海域的建设、开发利用规划,以及工业、农业、畜牧业、林业、能源、水利、交通、城市建设、旅游、自然资源开发的有关专项规划的环境影响评价
行业建设项目环境影响评价技术导则		环境影响评价技术导则民用机场建设工程(HJ/T 87—2002)	本标准适用于民用机场(含军民合用机场的民用部分)的新建、迁建、改扩建工程的环境影响评价项目
		规划环境影响评价技术导则煤炭工业矿区总体规划开发建设项目(HJ 463—2009)	本标准适用于国务院有关部门、设区的市级以上人民政府及其有关部门组织编制的煤炭工业矿区总体规划环境影响评价。煤、电一体化,煤、电、化工一体化等专项规划环境影响评价中的煤炭开发规划环境影响评价可参照本标准执行
		环境影响评价技术导则城市轨道交通(HJ 453—2008)	本标准适用于地铁、轻轨等轮轨导向系统的城市轨道交通建设项目环境影响评价,单轨、有轨电车、自动导轨、直线电机轨道交通建设项目环境影响评价参照本标准执行
		环境影响评价技术导则钢铁建设项目(HJ 708—2014)	本标准适用于新建、扩建和技术改造的钢铁建设项目
		环境影响评价技术导则陆地石油天然气开发建设项目(HJ/T 349—2007)	本标准适用于我国境内陆地石油天然气田勘探、开发、地面工业基础设施建设及相关集输、储运、道路以及油气处理加工过程的建设项目。包括自油气井经各类站场,最终至处理厂的集输管线和油区道路
		环境影响评价技术导则煤炭采选工程(HJ 619—2011)	本标准适用于在中华人民共和国境内进行煤炭采选工程的建设项目环境影响评价工作。煤炭采选工程环境影响后评价与煤炭资源勘探活动环境影响评价可参照本标准执行
		环境影响评价技术导则农药建设项目(HJ 582—2010)	本标准适用于我国所有农药新建、改建、扩建项目的环境影响评价;农药类区域规划环境影响评价可参照执行
		环境影响评价技术导则石油化工建设项目(HJ/T 89—2003)	本标准适用于石油化工新建、改建、扩建和技术改造项目的环境影响评价

类别	名　称	适用范围
行业建设项目环境影响评价技术导则	环境影响评价技术导则 输变电工程 (HJ 24—2014)	本标准适用于110kV及以上电压等级的交流输变电工程、±110kV及以上电压等级的直流输变电工程建设项目环境影响评价工作
	环境影响评价技术导则 水利水电工程 (HJ/T 88—2003)	本规范适用于水利行业的防洪、水电、灌溉、供水等大中型水利水电工程环境影响评价。其他行业同类工程和小型水利水电工程可参照执行
	环境影响评价技术导则 制药建设项目 (HJ 611—2011)	本标准适用于新建、改建、扩建和企业搬迁的制药建设项目环境影响评价。生产兽药和医药中间体的建设项目环境影响评价可参照本标准执行

二、环境影响评价技术导则的主要内容

环境影响评价技术导则的主要内容见表1-2。

表1-2　环境影响评价技术导则的主要内容

类别	名　称	主要内容
总纲	总纲 (HJ 2.1—2011)	总纲分为15章,具体章节为前言,适用范围,术语和定义,总则,工程分析,环境现状调查与评价,环境影响预测与评价,社会环境影响评价,公众参与,环境保护措施及其经济、技术论证,环境管理与监测,清洁生产分析和循环经济,污染物总量控制,环境影响经济损益分析,方案比选,环境影响评价文件编制总体要求及附录
专项环境影响评价技术导则	环境要素	大气环境影响评价技术导则 (HJ 2.2—2008)	导则分为11章,具体章节为前言、适用范围、规范性引用文件、术语和定义、总则、评价工作等级及评价范围确定、污染源调查与分析、环境空气质量现状调查与评价、气象观测资料调查、大气环境影响预测与评价、大气环境防护距离、大气环境影响评价结论与建议及附录
		地面水环境影响评价技术导则 (HJ/T 2.3—93)	导则分为8章,具体章节为主题内容与适用范围、引用标准、术语符号、总则、地面水环境影响评价工作等级、环境现状调查、地面水环境影响预测、评价建设项目的地面水环境影响及附录
		地下水环境影响评价技术导则 (HJ 610—2016)	导则分为12章,具体章节为前言、适用范围、规范性引用文件、术语和定义、总则、地下水环境影响识别、地下水环境影响评价工作分级、地下水环境影响评价技术要求、地下水环境现状调查与评价、地下水环境影响预测、地下水环境影响评价、地下水环境保护措施与对策、地下水环境影响评价结论及附录
		声环境影响评价技术导则 (HJ 2.4—2009)	导则分为12章,具体分为前言、适用范围、规范性引用文件、术语和定义、总则、评价工作等级、评价范围和基本要求、声环境现状调查和评价、声环境影响预测、声环境影响评价、噪声防治对策、规划环境影响评价中声环境影响评价要求、声环境影响评价专题文件的编写要求及附录
		生态影响评价技术导则 (HJ 19—2011)	导则分为9章,具体分为前言、适用范围、规范性引用文件、术语和定义、总则,工程分析,生态现状调查与评价,生态影响预测与评价,生态影响的防护、恢复、补偿及替代方案,结论与建议及附录

类别		名　称	主要内容
专项环境影响评价技术导则	专题	尾矿库环境风险评估技术导则（试行）(HJ 740—2015)	导则分为9章，具体分为前言、适用范围、规范性引用文件、术语和定义、总则、尾矿库环境风险评估准备、尾矿库环境风险预判、尾矿库环境风险等级划分尾矿库环境风险分析与报告编制、标准实施与监督及附录
		开发区区域环境影响评价技术导则(HJ/T 131—2003)	导则分为3章，具体分为前言、总则、环境影响评价实施方案、环境影响报告书的编制要求及附录
		500kV超高压送变电工程电磁辐射环境影响评价技术规范(HJ/T 24—1998)	导则分为3章，具体分为总则、500kV超高压送变电工程电磁辐射环境影响初步评价报告书编制的主要章节和内容、500kV超高压送变电工程电磁辐射环境影响最终评价报告书编制的主要章节和内容及附录
		辐射环境保护管理导则电磁辐射环境影响评价方法与标准(HJ/T 10.3—1996)	导则分为4章，具体分为总则、电磁辐射环境影响报告书编制的主要章节和内容、评价标准及附录
		规划环境影响评价技术导则总纲(HJ 130—2014)	本章分为14章，具体分为前言、适用范围、规范性引用文件、术语和定义、总则、规划分析、现状调查与评价、环境影响识别与评价指标体系构建、环境影响预测与评价、规划方案综合论证和优化调整建议、环境影响减缓对策和措施、环境影响跟踪评价、公众参与、评价结论、环境影响评价文件的编制要求及附录
行业建设项目环境影响评价技术导则		规划环境影响评价技术导则煤炭工业矿区总体规划(HJ 463—2009)	导则分为17章，具体分为前言、适用范围、规范性引用文件、术语和定义、总则、规划分析、环境现状调查分析与评价、环境影响识别确定、环境目标与评价指标、环境影响预测分析与评价、资源环境承载力分析、预防和减轻不良环境影响的对策和措施、清洁生产与循环经济分析、矿区规划的环境合理性分析、环境监测与跟踪评价、公众参与、困难和不确定分析、环境影响评价结论、环境影响评价文件的编制要求及附录
		环境影响评价技术导则城市轨道交通(HJ 453—2008)	导则分为14章，具体分为前言、适用范围、规范性引用文件、术语和定义、基本规定、工程概况与工程分析、工程沿线状况与分析、声环境影响评价、振动环境影响评价、电磁环境影响评价、水环境影响评价、大气环境影响评价、生态环境影响评价、公众参与、环境保护措施技术经济论证与投资估算及附录
		环境影响评价技术导则钢铁建设项目(HJ 708—2014)	导则分为18章，具体分为前言、适用范围、规范性引用文件、术语和定义、总则、工程分析、清洁生产与循环经济分析、环境现状调查与评价、环境影响预测与评价、固体废物环境影响评价分析、环境风险评价、环境保护措施及其技术经济论证、污染物排放总量控制、环境影响经济损益分析、产业政策符合性、规划相容性分析、厂址选择及总图布置的合理性分析、环境管理与环境监测、公众参与、结论及建议及附录
		环境影响评价技术导则陆地石油天然气开发建设项目(HJ/T 349—2007)	导则分为19章，具体分为前言、适用范围、规范性引用文件、术语和定义、一般规定、区域自然与社会环境概况调查、工程分析、清洁生产与循环经济分析、环境质量现状调查与评价、环境影响预测与评价、环境风险评价、公众参与评价、环境保护措施论证分析、污染物排放总量控制分析、替代方案及减缓措施、HSE管理体系及环境监控、环境影响经济损益分析、环境可行性论证法分析、环境影响评价大纲的编制要求、环境影响报告书的编制要求及附录
		环境影响评价技术导则煤炭采选工程(HJ 619—2011)	导则分为6章，具体分为前言、适用范围、规范性引用文件、术语和定义、工作分类及程序、规范性技术要求、编制内容及要求及附录

续表

类别	名 称	主要内容
行业建设项目环境影响评价技术导则	环境影响评价技术导则 民用机场建设工程 (HJ/T 87—2002)	导则分为14章，具体分为前言、范围、规范性引用文件、环境影响评价类别的划分、环境影响评价的工作程序、环境影响评价大纲的编制、工程分析、工程地区自然环境和社会经济现状调查、环境现状调查监测与评价、环境影响预测与评价、生态现状评价和生态影响预测、拟采取的环境保护措施评估的对策、公众参与、结论及附录
	环境影响评价技术导则 农药建设项目 (HJ 582—2010)	导则分为19章，具体分为前言、适用范围、规范性引用文件、术语和定义、工作原则和一般规定、自然环境与社会环境概况调查、评价区污染源现状调查与评价、环境质量现状调查与评价、工程分析、现有工程回顾性评价、清洁生产和循环经济分析、环境保护措施论证分析、环境影响预测与评价、环境风险评价、厂址合理性分析与论证、污染物总量控制分析、公众参与、环境管理与环境监测制度、环境影响经济损益分析、评价结论及附录
	环境影响评价技术导则 石油化工建设项目 (HJ/T 89—2003)	导则分为19章，具体分为适用范围、引用标准、术语、工作原则和一般规定、自然环境与社会环境现状调查、评价区污染源现状调查与评价、环境质量现状调查与评价、工程分析、环境影响预测与评价、固体废物污染环境影响分析、环境保护措施分析、污染物排放总量控制分析、环境风险分析、环境管理及环境监测制度建议、环境影响经济损益分析、公众参与、环境影响评价大纲的编制、环境影响报告书的编制及附录
	环境影响评价技术导则 输变电工程 (HJ 24—2014)	导则分为11章，具体分为前言、适用范围、规范性引用文件、术语和定义、基本规定、工程概况与工程分析、环境现状调查与评价、施工期环境影响评价、运行期环境影响评价、环境保护措施及其技术、经济论证、环境管理与监测计划、公众参与及附录
	环境影响评价技术导则 水利水电工程 (HJ/T 88—2003)	导则分为10章，具体分为前言、工程概况与工程分析、环境现状调查与评价、环境影响识别、环境影响预测和评价、对策措施、环境监测与管理、环境保护投资估算与环境影响经济损益分析、公众参与、评价结论及附录
	环境影响评价技术导则 制药建设项目 (HJ 611—2011)	导则分为19章，具体分为前言、适用范围、规范性引用文件、术语和定义、总则、区域自然与社会环境现状调查、企业现状调查、工程分析、清洁生产和循环经济分析、环境质量现状调查与评价、环境影响预测与评价、环境风险评价、环境保护措施及技术经济分析、污染物总量控制分析、环境管理与环境监测、环境影响经济损益分析、公众参与、政策、规划符合性和厂址选择合理性分析与论证、结论、其他及附录

三、环境影响评价工作程序

环境影响评价可分为三个阶段：准备阶段，分析论证和预测评价阶段，环境影响评价文件编制阶段。这三个阶段的主要工作内容如下，具体流程见图 1-1。

（一）准备阶段

这一阶段的工作包括前期准备、调研和工作方案计划确定。

① 研究有关文件。

研究国家和地方的法律法规、发展规划和环境功能区划、技术导则和相关标准、建设项目依据、可行性研究资料及其他有关技术资料。

② 进行初步的工程分析。

明确建设项目的工程组成，根据工艺流程确定排污环节和主要污染物，同时进行建设项目影响区域的环境现状调查。

③ 识别建设项目的环境影响因素。

筛选主要的环境影响因子，明确评价重点。

④ 确定各单项环境要素环境影响评价的范围、评价工作等级和评价标准。

（二）分析论证和预测评价阶段

① 进一步进行工程分析，进行充分的环境现状调查、监测并开展环境质量现状评价。

② 根据污染源强和环境现状资料进行建设项目的环境影响预测，评价建设项目的环境影响，同时开展公众意见调查。

③ 提出减少环境污染和生态影响的环境管理措施和工程措施。

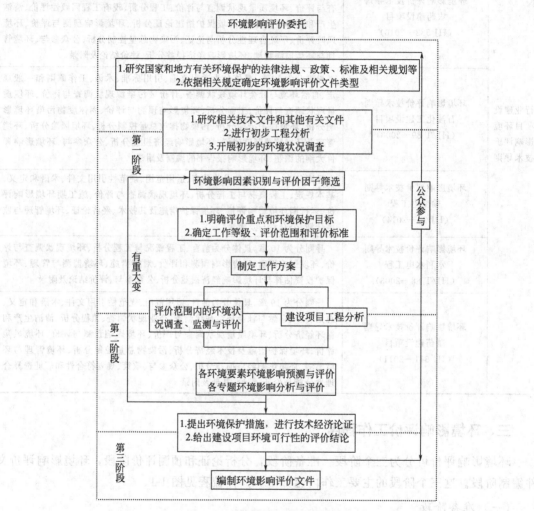

图 1-1　环境影响评价工作程序

（三）环境影响评价文件编制阶段

汇总、分析第二阶段得到的各种资料、数据，从环保角度确定项目的可行性，给出评价结论和提出进一步减缓环境影响的建议，最终完成环境影响报告书（表）的编制。

四、环境影响评价的工作等级及其划分依据

环境影响评价工作一般按环境要素（大气、水、声、生态等）分别划分评价等级；

单要素（大气、地表水、地下水、生态、声）环境影响评价划分为三个评价工作等级（一、二、三级），一级评价对环境影响进行全面、详细、深入的评价，二级评价对环境影响进行较为详细、深入的评价，三级评价可只进行环境影响分析。建设项目环境风险评价划分为两级。

（一）环境影响评价工作等级的划分依据

① 建设项目的工程特点：工程性质、工程规模、能源、水及其他资源的使用量及类型；污染物排放特点（包括污染物种类、性质、排放量、排放方式、排放去向、排放浓度等）。

② 建设项目所在地区的环境特征：自然环境条件和特点、环境敏感程度、环境质量现状、生态系统功能与特点、自然资源及社会经济环境状况等，以及建设项目实施后可能引起的现有环境特征发生变化的范围和程度。

③ 相关法律法规、标准及规划（包括环境质量标准和污染物排放标准等）、环境功能区划等因素。

其他专项评价工作等级划分可参照各环境要素评价工作等级划分依据。

（二）不同环境影响评价等级的评价要求

不同的环境影响评价工作等级，要求的环境影响评价深度不同。具体评价要求见表 1-3。

表 1-3　评价等级的评价要求

评价等级	评价要求
一级评价	对单项环境要素的环境影响进行全面、细致和深入的评价，对该环境要素的现状调查、影响预测、评价影响和提出措施，一般都要求比较全面和深入，并应当采用定量化计算来描述完成
二级评价	对单项环境要素的重点环境影响进行详细、深入评价，一般要采用定量化计算和定性的表述来完成
三级评价	对单项环境要素的环境影响进行一般评价，可通过定性的描述来完成

环境影响评价总纲中只对各单项环境要素环境影响评价等级提出原则要求。对需编制环境影响报告书的建设项目，各单项影响评价的工作等级根据各自的判定依据确定具体的评价等级。对填写环境影响报告表的建设项目，各单项影响评价的工作等级一般均低于三级；个别需设置评价专题的，评价等级按专项环评导则进行。

（三）环境影响评价工作等级的调整

各单要素的评价工作等级可根据建设项目所处区域环境敏感程度、工程污染或生态影响特征及其他特殊要求等情况进行适当调整，但调整幅度上下不应超过一级，并说明具体理由。例如，对位于生态敏感区的建设项目应提高评价工作等级一级，而对建设项目废水排入城市污水处理厂的情况，评价工作等级可以适当降低一级。

五、环境影响评价文件的编制与报批

（一）建设项目环境影响报告书的内容

建设项目环境影响报告书应包括下列内容。

① 总论。

② 周围环境概况。

③ 工程及污染源强分析。

④ 环境质量与生态现状评价。

⑤ 环境质量与生态环境影响预测评价。

⑥ 施工期环境影响评价。

⑦ 清洁生产及总量控制分析。

⑧ 污染治理与生态保护修复措施。

⑨ 环境风险评价。

⑩ 社会环境影响分析。

⑪ 产业导向、规划布局及选址合理性分析。

⑫ 公众参与。

⑬ 环境经济损益分析。

⑭ 环境监测计划及管理要求。

⑮ 环评结论。

（二）环境影响报告表的内容

原国家环境保护总局于 1999 年 8 月 3 日颁布了"关于公布《建设项目环境影响报告表》（试行）和《建设项目环境影响登记表》（试行）内容及格式的通知"，规定建设项目环境影响报告表应包含以下主要内容。

① 建设项目的基本情况。

② 建设项目工程分析。

③ 项目主要污染物产生及预计排放情况。

④ 环境影响分析。

⑤ 建设项目拟采取的防治措施及预期治理效果。

⑥ 结论与建议。

报告表应有必要的附件和附图。环境影响报告表如不能说明项目产生的污染及对环境造成的影响，应进行专项评价。根据建设项目的特点和当地环境特征，可进行 1～2 项专项评价。专项评价［大气环境、水环境（包括地表水和地下水）、生态、声、土壤、固体废物影响专项评价］按照《环境影响评价技术导则》中的要求进行。

（三）环境影响登记表的内容

环境影响登记表应包括以下内容。

① 项目内容及规模。

② 原辅材料（包括名称、用量）及主要设施规格、数量。

③ 水及能源消耗量。

④ 废水排水量及排放去向。

⑤ 周围环境简况。

⑥ 生产工艺流程简述。

⑦ 拟采取的防治污染措施。

建设项目环境影响登记表的填写可由建设单位自行填写。

（四）规划环境影响报告书内容

规划环境影响报告书应当包括下列内容。

① 总则。

概述任务由来，明确评价依据、评价目的与原则、评价范围（附图）、评价重点、评价区域内的主要环境保护目标和环境敏感区的分布情况及其保护要求等。

② 规划分析。

概述规划编制的背景，明确规划的层级和属性，解析并说明规划的发展目标、定位、规模、布局、结构、时序，以及规划包含的具体建设项目的建设计划等规划内容；进行规划与政策法规、上层位规划在资源保护与利用、环境保护、生态建设要求等方面的符合性分析，与同层位规划在环境目标、资源利用、环境容量与承载力等方面的协调性分析，给出分析结论，重点明确规划之间的冲突与矛盾；进行规划的不确定性分析，给出规划环境影响预测的不同情景。

③ 环境现状调查与评价。

概述环境现状调查情况。阐明评价区自然地理状况、社会经济概况、资源赋存与利用状况、环境质量和生态状况等，评价区域资源利用和保护中存在的问题，分析规划布局与主体功能区规划、生态功能区划、环境功能区划和环境敏感区、重点生态功能区之间的关系，评价区域环境质量状况，分析区域生态系统的组成、结构与功能状况、变化趋势和存在的主要问题，评价区域环境风险防范和人群健康状况，分析评价区主要行业经济和污染贡献率。对已开发区域进行环境影响回顾性评价，明确现有开发状况与区域主要环境问题间的关系。明确提出规划实施的资源与环境制约因素。

④ 环境影响识别与评价指标体系构建。

识别规划实施可能影响的资源与环境要素及其范围和程度，建立规划要素与资源、环境要素之间的动态响应关系。论述评价区域环境质量、生态保护和其他环境保护相关的目标和要求，确定不同规划时段的环境目标，建立评价指标体系，给出具体的评价指标值。

⑤ 环境影响预测与评价。

说明资源、环境影响预测的方法，包括预测模式和参数选取等。估算不同发展情景对关键性资源的需求量和污染物的排放量，给出生态影响范围和持续时间，主要生态因子的变化量。预测与评价不同发展情景下区域环境质量能否满足相应功能区的要求，对区域生态系统完整性所造成的影响，对主要环境敏感区和重点生态功能区等环境保护目标的影响性质和生态风险分析、清洁生产水平和循环经济分析。预测和分析规划实施与其他相关规划在时间和空间上的累积环境影响。评价区域资源与环境承载力对规划实施的支撑状况。

⑥ 规划方案综合论证和优化调整建议。

综合各种资源与环境要素的影响预测和分析、评价结果，分别论述规划的目标、规模、布局、结构等规划要素的环境合理性，以及环境目标的可达性和规划对区域可持续发展的影响。明确规划方案的优化调整建议，并给出评价推荐的规划方案。

⑦ 环境影响减缓措施。

详细给出针对不良环境影响的预防、最小化及对造成的影响进行全面修复补救的对策和措施，论述对策和措施的实施效果。如规划方案中包含有具体的建设项目，还应给出重大建设项目环境影响评价的重点内容和基本要求（包括简化建议）、环境准入条件和管理要求等。

⑧ 环境影响跟踪评价。

详细说明拟定的跟踪评价方案，论述跟踪评价的具体内容和要求。

⑨ 公众参与。

说明公众参与的方式、内容及公众参与意见和建议的处理情况，重点说明不采纳的理由。

⑩ 评价结论。

归纳总结评价工作成果，明确规划方案的合理性和可行性。

⑪ 附必要的表征规划发展目标、规模、布局、结构、建设时序以及表征规划设计的资源与环境的图、表和文件，给出环境现状调查范围、监测点位分布等图件。

六、建设项目环境影响评价分级审批权限

① 国务院环境保护行政主管部门负责审批的环境影响评价文件的范围。

建设项目的环境影响评价文件，由建设单位按照国务院规定报有审批权的环境保护行政主管部门审批。按《中华人民共和国环境影响评价法》和《建设项目环境保护管理条例》规定，国务院环境保护行政主管部门负责审批下列项目的环境影响评价文件。

a. 核设施、绝密工程等特殊性质的建设项目。

b. 跨省、自治区、直辖市行政区域的建设项目。

c. 由国务院审批的或者由国务院授权有关部门审批的建设项目。

规定以外的建设项目环境影响评价文件的审批权限，由省、自治区、直辖市人民政府规定。可能造成跨行政区域的不良环境影响，或对该项目的环境影响评价结论有争议的，其环境影响评价文件由共同的上一级环境保护行政主管部门审批。

涉及水土保持的建设项目，还必须有经水行政主管部门审查同意的水土保持方案。海洋工程建设项目的海洋环境影响报告书的审批，依照《中华人民共和国海洋环境保护法》的规定办理。海岸工程建设项目环境影响报告书或者环境影响报告表，经海洋行政主管部门审核并签署意见后，报环境保护行政主管部门审批。

除属国务院环境保护行政主管部门负责审批的项目外，其余项目环境影响评价文件审批的决定权属省、自治区、直辖市人民政府。化工、染料、制药、印染、酿造、制浆造纸、电石、铁合金、焦炭、电镀、垃圾焚烧等污染较重或涉及环境敏感区的项目环境影响评价文件，应由地市级以上环境保护行政主管部门审批。

② 环境保护部可以将法定由其负责审批的部分建设项目环境影响评价文件的审批权限，委托给该项目所在地的省级环境保护部门，并应当向社会公告。

受委托的省级环境保护部门，应当在委托范围内，以环境保护部的名义审批环境影响评价文件。

受委托的省级环境保护部门不得再委托其他组织或者个人。

环境保护部应当对省级环境保护部门根据委托审批环境影响评价文件的行为负责监督，并对该审批行为的后果承担法律责任。

③ 国家环境保护部负责审批以外的建设项目环境影响评价文件的审批权限，由省级环境保护部门按照建设项目的审批、核准和备案权限，建设项目对环境的影响性质和程度以及下述原则提出分级审批建议，报省级人民政府批准后实施，并抄报环境保护部。

a. 有色金属冶炼及矿山开发、钢铁加工、电石、铁合金、焦炭、垃圾焚烧及发电、制浆等对环境可能造成重大影响的建设项目环境影响评价文件由省级环境保护部门负责审批。

b. 化工、造纸、电镀、印染、酿造、味精、柠檬酸、酶制剂、酵母等污染较重的建设项目环境影响评价文件由省级或地级市环境保护部门负责审批。

④ 建设项目可能造成跨行政区域的不良环境影响，有关环境保护部门对该项目的环境影响评价结论有争议的，其环境影响评价文件由共同的上一级环境保护部门审批。

⑤ 建设项目环境影响报告书或者环境影响报告表的预审。

建设项目环境影响报告书（报告表）的预审是一项特殊程序，只适用于需要进行环境影响评价、编制环境影响报告书（报告表）并有行业主管部门的建设项目。

⑥ 建设项目环境影响评价文件审批时限。

有审批权的环保行政主管部门应当自收到环境影响报告书之日起六十日内，收到环境影响报告表之日起三十日内，收到环境影响登记表之日起十五日内，分别作出审批决定并书面通知建设单位。预审、审核、审批建设项目环境影响报告文件，不得收取任何费用。

思考题

1. 简述环境影响评价技术导则的构成及其特点。
2. 简述环境影响评价的工作程序。
3. 哪些环境要素需要划分评价等级？
4. 简述环境影响评价工作等级的划分依据。
5. 环境影响评价工作等级的评价要求是什么？
6. 建设项目环境影响评价的基本内容包括什么？
7. 环境影响报告表的内容有哪些？
8. 简述环境影响登记表应包括的内容。
9. 简述规划环境影响报告书的内容。
10. 简述国家环保部环境影响报告书的审批权限。
11. 简述省级环保部门环境影响报告书的审批权限。
12. 简述建设项目的环境影响评价文件的审批时限。

参考文献

中华人民共和国环境保护部令. 建设项目环境影响评价文件分级审批规定 [Z]. 2009-3-1.

第二章 环境影响评价标准

第一节 环境标准的分类

一、环境标准的概念

环境标准是为保护人群健康、社会财物和促进生态良性循环，对环境中的污染物（或有害因素）水平及其排放源规定的限量阈值或技术规范。环境标准是政策、法规的具体体现，是强化环境管理的基本保证。它一般说明两个方面的问题：第一，人群健康、生态系统和社会财物不受损害的环境适宜条件是什么？第二，人类的生产、生活活动对环境的影响和干扰应控制的限度和数量是什么？

前者是环境质量标准的任务，后者是排放标准的任务。

二、环境标准的作用

环境标准在控制污染、保护环境方面具有重要作用，主要包括以下三个方面。

① 环境标准是环境政策目标的具体体现，是制定环境规划时提出环境目标的依据，它给出一系列环境保护指标，便于把环境保护工作纳入国民经济计划管理的轨道。

② 环境标准是制定国家和地方各级环保法规的技术依据，是环保立法和执法时的具体尺度，它用条文和数量规定了环境质量及污染物的最高容许限度，且具有法律效力。

③ 环境标准是现代环境管理的技术基础。现代环境管理包括环境政策与立法、规划与目标、监测与调研以及环境工程技术等许多环节，甚至环境法规的执法尺度、环境方案的比较和选择、环境质量评价，无不以环境标准为基础，它是人类对环境实行科学管理的技术基础。

三、环境标准的构成及其分类

（一）构成

中国环境标准体系构成见图 2-1。中国环境标准体系分为三级和五类。

三级：国家环境标准、环境影响评价标准、地方环境标准。

五类：环境质量标准、污染物排放标准、环境基础标准、环境监测方法标准、环境标准样品标准。

1. 国家环境标准

① 含义：国家环境标准是指由国务院有关部门依法制定和颁发的在全国范围内或者在特定区域、特定行业内适用的环境标准。

② 类型　全国通用环境标准：在全国范围内普遍适用的标准叫全国通用环境标准，如

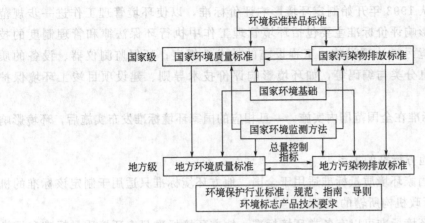

图 2-1 中国环境标准体系构成图

《环境空气质量标准》（GB 3095—2012）。

区域环境标准：在全国某一类特定区域内适用的环境标准叫区域环境标准，如《海水水质标准》（GB 3097—1997）。

行业环境标准：在国家的特定行业适用的标准叫行业环境标准，如《火电厂大气污染物排放标准》（GB 13223—2011）。

2. 地方环境标准

① 含义：指由省、自治区、直辖市人民政府制定颁布的在其行政区域内适用的环境标准。

地方环境标准只有省、自治区、直辖市人民政府有权制定，其他地方人民政府均无权制定环境标准。地方标准编号由四部分组成，DB（地方标准代号）省、自治区、直辖市行政区代码前两位/顺序号-年号，如《福建省制浆造纸工业水污染物排放标准》（DB 35/1310—2013）、《辽宁省污水综合排放标准》（DB 21/1627—2008）、《江苏省化学工业主要水污染物排放标准》（DB 32/939—2006）、《北京市水污染物排放标准》（DB 11/307—2005）。

② 地方环境保护标准的制定权限见表 2-1。

表 2-1 地方环境保护标准的制定权限

类别	制定和使用
地方环境质量标准	省、自治区、直辖市人民政府可以对国家环境质量标准中未作规定的项目制定地方环境质量标准，并报国务院环境保护行政主管部门备案。地方环境质量标准在本辖区内适用
地方污染物排放标准（或控制标准）	省、自治区、直辖市人民政府可以对国家污染物排放标准中未作规定的项目，制定地方污染物排放标准；也可以对国家污染物排放标准中已作规定的项目，制定严于国家污染物排放标准的地方污染物排放标准。地方污染物排放标准须报国务院环境保护行政主管部门备案，但是省、自治区、直辖市人民政府制定机动车船大气污染物排放标准严于国家排放标准的须报国务院批准

3. 环境影响评价标准

环境影响评价标准是根据有关法律的规定，国务院环境保护行政主管部门对没有国家环境标准而又需要在全国整个环境保护行业范围内统一环保技术要求，而制定的环境保护行业标准，是对环保工作范围内所涉及的部分以及设备、仪器等所作的统一技术规定。

原国家环保局从1993年开始制定环境影响评价标准，以使环境管理工作进一步规范化、标准化。环境影响评价标准主要包括环境管理工作中执行环保法律和管理制度的技术规定、规范；环境污染治理设施、工程设施的技术性规定；环保监测仪器、设备的质量管理以及环境信息分类与编码等，如环境影响评价技术导则、建设项目竣工环境保护验收技术规范等。

环境影响评价标准在全国范围内实施。一旦相应的国家环境标准发布实施后，环境影响评价标准自行废止。

4. 国家标准和地方标准的关系

① 适用范围：国家环境质量标准适用于全国。地方环境标准只适用于制定该标准的机构所辖的或其下级行政机构所辖的地区。

② 类型：国家环境标准可以有各类环境标准，地方环境标准只有环境质量标准和污染物排放标准，而没有环境基础标准、环境方法标准和环境标准样品标准。

③ 执行顺序：当地方污染物排放标准与国家污染物排放标准并存且地方标准严于国家标准时，地方污染物排放标准优于国家污染物排放标准实施。

总之，国家环境标准对全局性、普遍性的事物作出统一的规定，是制定地方环境标准的依据和指南；地方环境标准对局部性、特殊性的事物作出规定，是国家环境标准的补充和完善。

（二）分类

1. 环境质量标准

环境质量标准是以保护人群健康、促进生态良性循环为目标，规定环境中各类有害物质在一定时间和空间范围内的容许浓度或其他污染因素的容许水平。环境质量标准是国家环境政策目标的具体体现，是制定污染物排放标准的依据。同时，也是环境保护行政主管部门和有关部门对环境进行科学管理的重要手段。

（1）环境基准　环境质量标准是法律条文，属于上层建筑的范畴，是以保护人体健康、保障正常生活条件及保护自然环境为目标，因而在制定环境标准时，必须首先对环境中各种污染物对人体、对生物及对建筑设施等的危害影响进行综合研究，分析污染物剂量与接触时间和环境效应之间的相关性，以及环境状况的破坏程度与环境质量之间的相关性，据此制定的环境保护准则和各种环境质量标准的背景值基础资料，即为环境基准。

环境基准指的是世界各国研究者通过研究和调查，提出的污染物种类、浓度、作用时间和环境效应的相关性资料。环境基准需通过毒理实验、流行病学的方法，获得环境基准的基础资料，经过分析、对比和综合制定环境基准，它是由与人体健康有关的卫生基准与各种动植物保护有关的生物基准，以及保护各种物质财富有关的物理基准综合而成。

环境基准资料是依据大量的科学实验和现场调查研究的结果综合分析得出来的。对于各种环境要素，有各种不同的基准，如大气和水的基准；与人体健康有关的则是卫生基准；与各种动植物有关的则是生物基准；与建筑物受损害有关的则是建筑基准等。它们各自的研究方法不同。环境基础资料来源于许多国家、许多学科、许多部门的广泛研究成果。上述各项基准的确定，一般是通过实验室或小区现场实验和现场调查，也要收集国内外有关资料，经过分析和综合后确定。环境基准是一个复杂的系统，其分类和内涵如图2-2所示。

（2）环境基准与环境质量标准的关系　环境基准和环境质量标准的关系具体见表2-2。

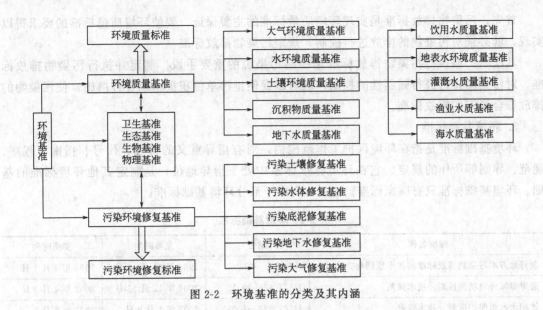

图 2-2 环境基准的分类及其内涵

表 2-2 环境基准和环境质量标准的关系

序号	关系
1	基准是单一学科的研究结果,它所表述的是某种污染物质在某一环境要素中的存量与单一效应之间的关系,而标准则是在多个学科研究得到的基准的基础上所表达的环境污染与人类社会生存发展中的政治、经济、技术等多种效应之间的综合关系
2	基准是纯粹的科学研究结论,不以人们的意志为转移,不能作为环境质量评价的依据,而标准则是将基准与人群健康、社会经济发展和生态保护等对环境的需要综合起来进行综合分析和平衡的结果,并由国家以法律形式颁布,因此它是环境质量评价的依据
3	基准没有时间性,或者说它的时间性与地球演化的周期在同一数量级上,而标准则有明显的时间性,也就是说它将随着人类社会的条件和生存发展需要的改变而改变

总之,基准是属于纯自然科学范畴的,是标准的基础和核心,而标准则属于上层建筑范畴;基准值决定了标准的基本水平,也决定了环境质量应控制的基本水平。

一般说来,环境质量标准值与基准值之间的关系可能出现三种情况,见表 2-3。

表 2-3 环境质量标准值与基准值的三种情况

两者之间关系	关系
标准值＝基准值	即把标准值制定在基准值的水平上(特定对象要求的最低水平)。在这种情况下,如污染物超越这一界限,就会对特定对象带来危害,所以其安全系数是比较小的
标准值＜基准值	即标准值位于基准值要求的水平之上。在这种情况下,即使污染物超标但是不超过基准值,也不会给特定对象带来危害,所以其安全系数比较大。这时可以根据政治、经济和技术条件,把标准值放宽到满足基准要求的基础上,也可以根据政治、经济等方面的需要,把标准值提高得更严些
标准值＞基准值	即标准值位于基准值要求的水平以下。显然这是不允许的,因为基准值已是特定对象所要求的最低水平,任何标准都不应制定基准已表明对特定对象能够产生危害的范围内

2. 污染物排放标准

污染物排放标准是为了实现环境质量标准目标,结合技术经济条件和环境特点,对排入环境的污染物或有害因素的控制规定的允许排放水平。

制定污染物排放标准,对于保护和改善环境质量、防治环境污染和破坏具有重要意义。

首先，污染物排放标准是实现环境质量标准的主要保证。要使环境质量标准的要求得以实现，就必须对污染物的排放进行控制，规定污染物排放标准。

其次，严格执行污染物排放标准是控制污染源的重要手段。制定并执行污染物排放标准，对污染源排污进行强制性的控制，就可以促使排污单位积极采取各种措施，使污染物的排放符合规定的排放标准。

3. 环境基础标准

环境基础标准是指在环境保护工作范围内，对有指导意义的符号、代号、指南、程序、规范、导则等所作的规定。它在环境标准体系中处于指导地位，是制定其他环境标准的基础。环境基础标准只有国家标准。表 2-4 列出了部分环境基础标准。

表 2-4   环境基础标准

标准名称	编号	发布时间	实施时间
制订地方水污染物排放标准的技术原则与方法	GB 3839—83	1983 年 09 月 14 日	1984 年 4 月 1 日
近岸海域环境功能区划分技术规范	HJ/T 82—2001	2001 年 12 月 25 日	2002 年 4 月 1 日
饮用水水源保护区划分技术规范	HJ/T 338—2007	2007 年 1 月 9 日	2007 年 2 月 1 日
染料工业废水治理工程技术规范	HJ 2036—2013	2013 年 9 月 26 日	2013 年 12 月 1 日
制订地方大气污染物排放标准的技术原则与方法	GB/T 3840—91	1991 年 08 月 31 日	1992 年 6 月 1 日
环境空气　半挥发性有机物采样技术导则	HJ 691—2014	2014 年 2 月 7 日	2014 年 4 月 15 日
声环境功能区划分技术规范	GB/T 15190—2014	2014 年 12 月 5 日	2015 年 1 月 1 日
环境噪声与振动控制工程技术导则	HJ 2034—2013	2013 年 9 月 26 日	2013 年 12 月 1 日
汽车加速行驶车外噪声限值及测量方法	GB 1495—2002	2002 年 1 月 4 日	2002 年 10 月 1 日
声屏障声学设计和测量规范	HJ/T 90—2004	2004 年 7 月 12 日	2004 年 10 月 1 日

4. 环境监测方法标准

环境监测方法标准指在环境保护工作范围内，以抽样、分析、试验等方法为对象而制定的标准。环境监测方法标准具有规范性、强制性、严格的制定程序和显著的技术性和时限性，是制定环境保护规则的重要依据，是实施环境保护法律、法规的基本保证，是强化环境监督管理的要点，也是提高环境质量、推动环境科学技术进步的动力。表 2-5 列出了一些环境监测方法标准。

表 2-5   环境监测方法标准

标准名称	编号	发布时间	实施时间
水质　有机氯农药和氯苯类化合物的测定 气相色谱-质谱法	HJ 699—2014	2014 年 3 月 31 日	2014 年 7 月 1 日
水质　汞、砷、硒、铋和锑的测定 原子荧光法	HJ 694—2014	2014 年 3 月 13 日	2014 年 7 月 1 日
水质　金属总量的消解 微波消解法	HJ 678—2013	2013 年 11 月 21 日	2014 年 2 月 1 日
水质　五日生化需氧量（BOD_5）的测定 稀释与接种法	HJ 505—2009	2009 年 10 月 20 日	2009 年 12 月 1 日
水质　氨氮的测定 纳氏试剂分光光度法	HJ 535—2009	2009 年 12 月 31 日	2010 年 4 月 1 日
城市机动车排放空气污染测算方法	HJ/T 180—2005	2005 年 7 月 27 日	2005 年 10 月 1 日
重型汽车排气污染物排放控制系统耐久性要求及试验方法	GB 20890—2007	2007 年 4 月 3 日	2007 年 10 月 1 日

续表

标准名称	编号	发布时间	实施时间
建筑施工厂界噪声测量方法	GB 12523—2011	2011 年 12 月 5 日	2012 年 7 月 1 日
铁路边界噪声限值及其测量方法	GB 22337—2008	2008 年 8 月 19 日	2008 年 10 月 1 日
城市区域环境振动测量方法	GB 10071—88	1988 年 12 月 10 日	1989 年 7 月 1 日
机场周围飞机噪声测量方法	GB/T 9661—88	1988 年 8 月 11 日	1988 年 11 月 1 日

5. 环境标准样品标准

为了在环境保护工作和环境标准实施过程中标定仪器、检验测试方法、进行量值传递而由国家法定机关制作的能够确定一个或多个特性值的物质和材料，表 2-6 列出了部分环境标准样品标准。

表 2-6　环境标准样品标准

分　类		标准名称	标　号
气体标样		氮气中二氧化硫标准样品	GSB 07-1405—2001
		氮气中一氧化氮标准样品	GSB 07-1406—2001
		氮气中甲烷标准样品	GSB 07-1409—2001
		空气中甲烷标准样品	GSB 07-1411—2001
		氮气中丙烷标准样品	GSB 07-1410—2001
		氮气中一氧化碳标准样品	GSB 07-1407—2001
		氮气中二氧化碳标准样品	GSB 07-1408—2001
		氮气中硫化氢标准样品	GSB 07-1976—2005
		氮气中氧标准样品	GSB 07-1987—2005
		氮气中苯标准样品	GSB 07-1988—2005
		氮气中丙烷与一氧化碳混合标准样品	GSB 07-1413—2001
液体标样	水质监测	水质　化学需氧量标准样品	GSBZ 50001—88
		水质　生化需氧量标准样品	GSBZ 50002—88
		水质　氨氮标准样品	GSBZ 50005—88
		水质　总硬度标准样品	GSBZ 50007—88
		水质　硝酸盐标准样品	GSBZ 50008—88
		水质　铜、铅、锌、镉、镍与铬混合标准样品	GSBZ 50009—88
		水质　pH 标准样品	GSBZ 50017—90
		水质　汞标准样品	GSBZ 50016—90
		水质　总氰化物标准样品	GSBZ 50018—90
		水质　凯氏氮标准样品	GSB 07-1374—2001
		水质　总有机碳标准样品	GSB 07-1967—2005
		水质　硫化物标准样品	GSB 07-19373—2001
	空气监测	二氧化硫(甲醛法)(水剂)标准样品	GSBZ 50037—95
		氮氧化物(水剂)标准样品	GSBZ 50036—95
	有机物监测	四氯化碳中石油类(红外法)标准样品	GSB 07-1198—2000
		甲醇中甲苯标准样品	GSB 07-1022—1999
		苯中甲基苯标准样品	GSB 07-1503—2002
		氯仿中敌敌畏标准样品	GSB 07-1396—2001

续表

分 类		标准名称	标 号
固体标样	土壤中无机成分监测	黑钙土标准样品	GSBZ 50011—88
		棕壤标准样品	GSBZ 50012—88
		红壤标准样品	GSBZ 50013—88
		褐土标准样品	GSBZ 50014—88
	生物组织中无机成分监测	西红柿叶标准样品	GSBZ 51001—94
	工业固体废物无机元素监测	铬渣标准样品	GSB 07-1019—1999
		锌渣标准样品	GSB 07-1020—1999

6. 其他主要标准

(1) 清洁生产标准 我国清洁生产标准涉及的行业有钢铁行业、造纸行业、水泥行业、电镀行业、制革行业、采矿业、纺织业、电镀行业、电解行业、炼焦行业、烟草加工业等。目前清洁生产标准有 56 个，见表 2-7。

表 2-7 清洁生产标准

分类	标准名称	编号	发布时间	实施时间
制造业	清洁生产标准 钢铁行业	HJ/T 189—2006	2006 年 7 月 3 日	2006 年 10 月 1 日
	清洁生产标准 钢铁行业(中厚板轧钢)	HJ/T 318—2006	2006 年 11 月 22 日	2007 年 2 月 1 日
	清洁生产标准 钢铁行业(铁合金)	HJ 470—2009	2009 年 4 月 10 日	2009 年 8 月 1 日
	清洁生产标准 钢铁行业(烧结)	HJ/T 426—2008	2008 年 4 月 8 日	2008 年 8 月 1 日
	清洁生产标准 钢铁行业(高炉炼铁)	HJ/T 427—2008	2008 年 4 月 8 日	2008 年 8 月 1 日
	清洁生产标准 钢铁行业(炼钢)	HJ/T 428—2008	2008 年 4 月 8 日	2008 年 8 月 1 日
	清洁生产标准 炼焦行业	HJ/T 126—2003	2003 年 4 月 18 日	2003 年 6 月 1 日
	清洁生产标准 氯碱工业(烧碱)	HJ 475—2009	2009 年 8 月 10 日	2009 年 10 月 1 日
	清洁生产标准 氯碱工业(聚氯乙烯)	HJ 476—2009	2009 年 8 月 10 日	2009 年 10 月 1 日
	清洁生产标准 酒精制造业	HJ 581—2010	2010 年 6 月 8 日	2010 年 9 月 1 日
	清洁生产标准 纯碱行业	HJ 474—2009	2009 年 8 月 10 日	2009 年 10 月 1 日
	清洁生产标准 电石行业	HJ/T 430—2008	2008 年 4 月 8 日	2008 年 8 月 1 日
	清洁生产标准 石油炼制业(沥青)	HJ 443—2008	2008 年 9 月 27 日	2008 年 11 月 1 日
	清洁生产标准 氮肥制造业	HJ/T 188—2006	2006 年 7 月 3 日	2006 年 10 月 1 日
	清洁生产标准 基本化学原料制造业(环氧乙烷/乙二醇)	HJ/T 190—2006	2006 年 7 月 3 日	2006 年 10 月 1 日
	清洁生产标准 石油炼制业	HJ/T 125—2003	2003 年 4 月 18 日	2003 年 6 月 1 日
	清洁生产标准 制革工业(羊革)	HJ 560—2010	2010 年 2 月 1 日	2010 年 5 月 1 日
	清洁生产标准 制革行业(猪轻革)	HJ/T 127—2003	2003 年 4 月 18 日	2003 年 6 月 1 日
	清洁生产标准 制革工业(牛轻革)	HJ 448—2008	2008 年 11 月 21 日	2009 年 2 月 1 日
	清洁生产标准 合成革工业	HJ 449—2008	2008 年 11 月 21 日	2009 年 2 月 1 日
	清洁生产标准 造纸工业(废纸制浆)	HJ 468—2009	2009 年 3 月 25 日	2009 年 7 月 1 日
	清洁生产标准 造纸工业(漂白化学烧碱法麦草浆生产工艺)	HJ/T 339—2007	2007 年 3 月 28 日	2007 年 7 月 1 日

续表

分类		标准名称	编号	发布时间	实施时间
制造业	清洁生产标准	造纸工业(硫酸盐化学木浆生产工艺)	HJ/T 340—2007	2007 年 3 月 28 日	2007 年 7 月 1 日
	清洁生产标准	造纸工业(漂白碱法蔗渣浆生产工艺)	HJ/T 317—2006	2006 年 11 月 22 日	2007 年 2 月 1 日
	清洁生产标准	乳制品制造业(纯牛乳及全脂乳粉)	HJ/T 316—2006	2006 年 11 月 22 日	2007 年 2 月 1 日
	清洁生产标准	甘蔗制糖业	HJ/T 186—2006	2006 年 7 月 3 日	2006 年 10 月 1 日
	清洁生产标准	烟草加工业	HJ/T 401—2007	2007 年 12 月 20 日	2008 年 3 月 1 日
	清洁生产标准	白酒制造业	HJ/T 402—2007	2007 年 12 月 20 日	2008 年 3 月 1 日
	清洁生产标准	啤酒制造业	HJ/T 183—2006	2006 年 7 月 3 日	2006 年 10 月 1 日
	清洁生产标准	食用植物油工业(豆油和豆粕)	HJ/T 184—2006	2006 年 7 月 3 日	2006 年 10 月 1 日
	清洁生产标准	味精工业	HJ 444—2008	2008 年 9 月 27 日	2008 年 11 月 1 日
	清洁生产标准	淀粉工业	HJ 445—2008	2008 年 9 月 27 日	2008 年 11 月 1 日
	清洁生产标准	铅蓄电池工业	HJ 447—2008	2008 年 11 月 21 日	2009 年 2 月 1 日
	清洁生产标准	葡萄酒制造业	HJ 452—2008	2008 年 12 月 24 日	2009 年 3 月 1 日
	清洁生产标准	废铅酸蓄电池铅回收业	HJ 510—2009	2009 年 11 月 16 日	2010 年 1 月 1 日
	清洁生产标准	铜冶炼业	HJ 558—2010	2010 年 2 月 1 日	2010 年 5 月 1 日
	清洁生产标准	铜电解业	HJ 559—2010	2010 年 2 月 1 日	2010 年 5 月 1 日
	清洁生产标准	氧化铝业	HJ 473—2009	2009 年 8 月 10 日	2009 年 10 月 1 日
	清洁生产标准	粗铅冶炼业	HJ 512—2009	2009 年 11 月 13 日	2010 年 2 月 1 日
	清洁生产标准	铅电解业	HJ 513—2009	2009 年 11 月 13 日	2010 年 2 月 1 日
	清洁生产标准	电解锰行业	HJ/T 357—2007	2007 年 8 月 1 日	2007 年 10 月 1 日
	清洁生产标准	电解铝业	HJ/T 187—2006	2006 年 7 月 3 日	2006 年 10 月 1 日
	清洁生产标准	电镀行业	HJ/T 314—2006	2006 年 11 月 22 日	2007 年 2 月 1 日
	清洁生产标准	印制电路板制造业	HJ 450—2008	2008 年 11 月 21 日	2009 年 2 月 1 日
	清洁生产标准	彩色显像(示)管生产	HJ/T 360—2007	2007 年 8 月 1 日	2007 年 10 月 1 日
	清洁生产标准	化纤行业(涤纶)	HJ/T 429—2008	2008 年 4 月 8 日	2008 年 8 月 1 日
	清洁生产标准	化纤行业(氨纶)	HJ/T 359—2007	2007 年 8 月 1 日	2007 年 10 月 1 日
	清洁生产标准	纺织业(棉印染)	HJ/T 185—2006	2006 年 7 月 3 日	2006 年 10 月 1 日
	清洁生产标准	水泥工业	HJ 467—2009	2009 年 3 月 25 日	2009 年 7 月 1 日
	清洁生产标准	平板玻璃行业	HJ/T 361—2007	2007 年 8 月 1 日	2007 年 10 月 1 日
	清洁生产标准	汽车制造业(涂装)	HJ/T 293—2006	2006 年 8 月 15 日	2006 年 12 月 1 日
	清洁生产标准	人造板行业(中密度纤维板)	HJ/T 315—2006	2006 年 11 月 22 日	2007 年 2 月 1 日
采矿业	清洁生产标准	铁矿采选业	HJ/T 294—2006	2006 年 8 月 15 日	2006 年 12 月 1 日
	清洁生产标准	镍选矿行业	HJ/T 358—2007	2007 年 8 月 1 日	2007 年 10 月 1 日
	清洁生产标准	煤炭采选业	HJ 446—2008	2008 年 11 月 21 日	2009 年 2 月 1 日
住宿和餐饮业	清洁生产标准	宾馆饭店业	HJ 514—2009	2009 年 11 月 30 日	2010 年 3 月 1 日

（2）固体废物污染控制标准　固体废物污染控制标准见表 2-8。

表 2-8　固体废物污染控制标准

标准名称	编号	发布时间	实施时间
生活垃圾填埋污染控制标准	GB 16889—2008	2008 年 4 月 2 日	2008 年 7 月 1 日
生活垃圾焚烧污染控制标准	GB 18485—2014	2014 年 5 月 16 日	2014 年 7 月 1 日
危险废物焚烧污染控制标准	GB 18484—2001	2001 年 11 月 12 日	2002 年 1 月 1 日
危险废物贮存污染控制标准	GB 18597—2001	2001 年 12 月 28 日	2002 年 7 月 1 日
危险废物填埋污染控制标准	GB 18598—2001	2001 年 12 月 28 日	2002 年 7 月 1 日
一般工业固体废物贮存、处置场污染控制标准	GB 18599—2001	2001 年 12 月 28 日	2002 年 7 月 1 日
含多氯联苯废物污染控制标准	GB 13015—91	1991 年 6 月 27 日	1992 年 3 月 1 日
城镇垃圾农用控制标准	GB 8172—87	1989 年 10 月 5 日	1988 年 2 月 1 日
农用污泥中污染物控制标准	GB 4284—84	1984 年 5 月 18 日	1985 年 3 月 1 日
农用粉煤灰中污染物控制标准	GB 8173—87	1987 年 10 月 5 日	1988 年 2 月 1 日

（3）电磁辐射标准　电磁辐射标准见表 2-9。

表 2-9　电磁辐射标准

标准名称	编号	发布时间	实施时间
电磁辐射控制限值	GB 8702—2014	2014 年 09 月 23 日	2015 年 01 月 01 日
电磁辐射防护规定	GB 8702—88	1988 年 03 月 11 日	1988 年 06 月 01 日

（4）放射性环境标准　放射性标准见表 2-10。

表 2-10　放射性环境标准

分类	标准名称	编号	发布时间	实施时间
核电厂	核电厂放射性液态流出物排放技术要求	GB 14587—2011	2011 年 2 月 18 日	2011 年 9 月 1 日
	核热电厂辐射防护规定	GB 14317—93	1993 年 4 月 20 日	1993 年 12 月 1 日
	核电厂低、中水平放射性固体废物暂时贮存技术规定	GB 14589—93	1993 年 8 月 30 日	1994 年 4 月 1 日
	轻水堆核电厂放射性固体废物处理系统技术规定	GB 9134—88	1988 年 5 月 25 日	1988 年 9 月 1 日
	轻水堆核电厂放射性废液处理系统技术规定	GB 9135—88	1988 年 5 月 25 日	1988 年 9 月 1 日
	轻水堆核电厂放射性废气处理系统技术规定	GB 9136—88	1988 年 5 月 25 日	1988 年 9 月 1 日
矿产开发	铀矿地质辐射防护和环境保护规定	GB 15848—1995	1995 年 12 月 13 日	1996 年 8 月 1 日
	铀、钍矿冶放射性废物安全管理技术规定	GB 14585—93	1993 年 8 月 30 日	1994 年 4 月 1 日
	铀矿冶设施退役环境管理技术规定	GB 14586—93	1993 年 8 月 30 日	1994 年 4 月 1 日
低、中水平放射性废物	低、中水平放射性废物固化体性能要求—水泥固化体	GB 14569.1—2011	2011 年 2 月 18 日	2011 年 9 月 1 日
	低、中水平放射性废物近地表处置设施的选址	HJ/T 23—1998	1998 年 1 月 8 日	1998 年 7 月 1 日
	低、中水平放射性固体废物的岩洞处置规定	GB 13600—92	1992 年 8 月 19 日	1993 年 4 月 1 日
	低、中水平放射性固体废物的浅地层处置规定	GB 9132—88	1988 年 5 月 25 日	1988 年 9 月 1 日
建筑材料	建筑材料用工业废渣放射性物质限制标准	GB 6763—86	1986 年 9 月 4 日	1987 年 3 月 1 日

续表

分类	标准名称	编号	发布时间	实施时间
其他	放射性废物的分类	GB 9133—1995	1995 年 12 月 21 日	1996 年 8 月 1 日
	放射性废物管理规定	GB 14500—93	1993 年 6 月 19 日	1994 年 4 月 1 日
	核动力厂环境辐射防护规定	GB 6249—2011	2011 年 2 月 18 日	2011 年 9 月 1 日
	核辐射环境质量评价的一般规定	GB 11215—89	1989 年 3 月 16 日	1990 年 1 月 1 日
	辐射防护规定	GB 8703—88	1988 年 3 月 11 日	1988 年 6 月 1 日
	反应堆退役环境管理技术规定	GB 14588—93	1993 年 8 月 30 日	1994 年 4 月 1 日
	拟开放场址土壤中剩余放射性可接受水平规定(暂行)	HJ 53—2000	2000 年 5 月 22 日	2000 年 12 月 1 日
	核燃料循环放射性流出物归一化排放量管理限值	GB 13695—92	1992 年 9 月 29 日	1993 年 8 月 1 日

(三) 不同类型环境标准之间的关系

环境质量标准规定环境质量目标是制定污染物排放标准的主要依据；污染物排放标准是实现环境质量标准的主要手段；环境基础标准为制定环境质量标准、污染物排放标准、环境监测方法标准确定基本的原则、程序和方法；环境监测方法标准是制定、执行环境质量标准、污染物排放标准的主要技术依据。

在环境影响评价中，污染源评价标准为污染物排放标准，现状评价和影响评价的评价标准为环境质量标准。

(四) 环境标准的执行顺序

根据《中华人民共和国环境保护法》、《环境标准管理办法》等相关规定，环境标准的分类为"三级五类"制。不同的环境标准类别，其执行的顺序不同：对于环境质量标准和污染物排放标准，执行顺序为"地方环境标准最优先"；其他三类执行顺序则是"国家标准最优先"，其次才是环境影响评价标准，最后是地方标准。

对于污染物排放标准，"国家、环保部和地方三级"都可以分为"综合排放标准"与"行业排放标准"两种，不论哪一级执行顺序都是"行业排放标准优先于综合排放标准"。

【例 2-1】《大气污染物综合排放标准》(GB 16297—1996)和《煤炭工业污染物排放标准》(GB 20426—2006)均属于国家污染物排放标准，但前者为综合排放标准，后者为行业排放标准，对于煤炭行业，优先执行 GB 20426—2006。

【例 2-2】《污水综合排放标准》(GB 8978—1996)和《钢铁工业水污染物排放标准》(GB 13456—2012)均为国家污染物排放标准，前者为综合排放标准，后者为行业排放标准。《(上海市)污水综合排放标准》(DB 31/199—2009)为地方排放标准。对于钢铁行业，在上海地区优先执行 DB 31/199—2009。在无地方排放标准的地区优先执行 GB 13456—2012。若无国家行业排放标准又无地方标准，则执行 GB 8978—1996。

第二节　我国环境标准的特点

我国环境标准具有如下特点：功能区分类、标准分级、标准执行级别和污染源位置、废物排入区域有关，同一污染物在不同行业有不同的排放标准，污染物排放标准体现了总量控制的要求，提出了具体的环境监测要求。

一、功能区分类

下面以《环境空气质量标准》、《地表水环境质量标准》和《声环境标准》为例，说明我国环境标准具有功能区分类的特点。

1.《环境空气质量标准》（GB 3095—2012）

该标准从 2016 年 1 月 1 日起实施，标准对环境空气功能区分类、标准分级、污染物项目、浓度限值、监测方法及数据统计作了规定。标准适用于全国范围的环境空气质量评价。

该标准根据土地利用类型将环境空气质量功能区分为两类，具体见表 2-11。

表 2-11 环境空气质量标准功能区分类

分类	定义范围
一类区	指自然保护区、风景名胜区和其他需要特殊保护的区域
二类区	指居住区、商业交通居民混合区、文化区、工业区和农村地区

2.《地表水环境质量标准》（GB 3838—2002）

本标准自 2002 年 6 月 1 日起实施，标准规定了水域功能分类、水质要求、标准的实施等。它适用于中华人民共和国领域内江、河、湖泊、水库等具有使用功能的地面水水域。

该标准依据地面水水域使用目的和保护目标将其分为五类，具体见表 2-12。

表 2-12 地表水环境质量标准分类

分类	适用范围
Ⅰ类	主要适用于源头水、国家自然保护区
Ⅱ类	主要适用于集中式生活饮用水地表水源地一级保护区、珍稀水生生物栖息地、鱼虾类产卵场、仔稚幼鱼的索饵场等
Ⅲ类	主要适用于集中式生活饮用水地表水源地二级保护区、鱼虾类越冬场、洄游通道、水产养殖区等渔业水域及游泳区
Ⅳ类	主要适用于一般工业用水区及人体非直接接触的娱乐用水区
Ⅴ类	主要适用于农业用水区及一般景观要求水域

3.《声环境标准》（GB 3096—2008）

本标准自 2008 年 10 月 1 日起实施，规定了城市区域噪声的最高限值。

按区域的使用功能特征和环境质量要求，声环境功能区分为五种类型，具体见表 2-13。

表 2-13 声环境功能区类型

分类	定义
0 类	指康复疗养区等特别需要安静的区域
1 类	指以居民住宅、医疗卫生、文化教育、科研设计、行政办公为主要功能，需要保持安静的区域
2 类	指以商业金融、集市贸易为主要功能，或者居住、商业、工业混杂，需要维护住宅安静的区域
3 类	指以工业生产、仓储物流为主要功能，需要防止工业噪声对周围环境产生严重影响的区域
4 类	指交通干线两侧一定距离之内，需要防止交通噪声对周围环境产生严重影响的区域，包括 4a 类和 4b 类两种类型。 4a 类为高速公路、一级公路、二级公路、城市快速线、城市主干路、城市次干路、城市轨道交通（地面段）、内河航道两侧区域； 4b 类为铁路干线两侧区域

二、标准分级

下面以《环境空气质量标准》为例，说明我国环境质量标准具有分级的特点。

1. 环境空气质量分级

《环境空气质量标准》（GB 3095—2012）分为二级。一级标准在一类区执行。二级标准在二类区执行。

2. 浓度限值

本标准规定了各项污染物不允许超过的浓度限值，见表 2-14 和表 2-15。

表 2-14　环境空气污染物基本项目浓度限值

污染物名称	平均时间	浓度限值		浓度单位
		一级	二级	
二氧化硫 （SO_2）	年平均	20	60	$\mu g/m^3$
	日平均	50	150	
	1 小时平均	150	500	
二氧化氮 （NO_2）	年平均	40	40	
	日平均	80	80	
	1 小时平均	200	200	
一氧化碳 （CO）	24 小时平均	4	4	mg/m^3
	1 小时平均	10	10	
臭氧 （O_3）	日最大 8 小时平均	100	160	
	1 小时平均	160	200	
颗粒物（粒径小于 等于 10μm）	年平均	40	70	$\mu g/m^3$
	24 小时平均	50	150	
颗粒物（粒径小于 等于 2.5μm）	年平均	15	35	
	24 小时平均	35	75	

表 2-15　环境空气污染物其他项目浓度限值

污染物名称	平均时间	浓度限值		浓度单位
		一级	二级	
总悬浮颗粒物 （TSP）	年平均	80	200	
	24 小时平均	120	300	
氮氧化物 （NO_x）	年平均	50	50	
	24 小时平均	100	100	
	1 小时平均	250	250	$\mu g/m^3$
铅 （Pb）	年平均	0.5	0.5	
	季平均	1	1	
苯并[a]芘 （BaP）	年平均	0.001	0.001	
	24 小时平均	0.0025	0.0025	

三、标准执行级别和污染源位置、废物排入区域有关

污染物排放标准体现排放区域的特性，下面以大气污染物排放标准、水污染物排放标准和工业企业厂界环境噪声排放标准为例加以说明。

污染物排放标准执行级别和排入区域有关，具体见表2-16。

表2-16 污染物排放标准执行级别和排入区域的关系

标准	分级				
	0	1	2	3	4
大气污染物综合排放标准（GB 16297—1996）	—	按污染源所在的环境空气质量功能区类别，位于一类区的污染源	按污染源所在的环境空气质量功能区类别，位于二类区的污染源	按污染源所在的环境空气质量功能区类别，位于三类区的污染源	
污水综合排放标准（GB 8978—1996）	—	排入 GB 3838 Ⅲ类水域和 GB 3097 二类海域的污水	排入 GB 3838 Ⅳ类、Ⅴ类水域和排入 GB 3097 中Ⅲ类海域的污水	排入设置二级污水处理厂的城镇排水系统的污水	—
工业企业厂界环境噪声排放标准（GB 12348—2008）	根据厂界外声环境功能区类别，适用于区域环境噪声0类区	根据厂界外声环境功能区类别，适用于区域环境噪声1类区	适用于 2 类区域	适用于 3 类工业集中区	适用于交通干线两侧一定距离之内

四、同一污染物在不同行业有不同的排放标准

同一污染物在不同行业有不同的排放标准，如 SO_2 来自燃煤锅炉、炉窑、电厂等不同污染源，执行不同的排放标准。以 SO_2、NO_x 为例，其排放源不同，则执行不同的排放标准。

【例2-3】 新建 HB 特种石墨有限公司 6000t/a 高性能特种石墨项目大气污染物 SO_2、NO_x 执行不同的排放标准。

新建 HB 特种石墨有限公司 6000t/a 高性能特种石墨项目，位于某经济开发区工业园内，年产 6000t 高性能特种石墨。占地面积 166666m² （合计 250 亩），建筑面积 78622m²。

本项目运营后废气执行排放标准为：《大气污染物综合排放标准》（GB 16297—1996）二级标准，《工业炉窑大气污染物排放标准》（GB 9078—1996）二级标准，具体见表2-17。

表2-17 大气污染物执行标准限值

污染物	来源	污染源	排放浓度限值	执行标准
SO_2	生产工艺	一次焙烧	排放速率 39kg/h，最高允许排放浓度 550mg/m³	《大气污染物综合排放标准》（GB 16297—1996)二级标准
		二次焙烧	排放速率 39kg/h，最高允许排放浓度 550mg/m³	
		石墨化	排放速率 15kg/h，最高允许排放浓度 550mg/m³	
		焚烧炉	排放速率 39kg/h，最高允许排放浓度 550mg/m³	
	天然气燃烧	热油锅炉	最高允许排放浓度 50mg/m³	《锅炉大气污染物排放标准》（GB 13271—2014)中表 3 标准
		热水锅炉		

续表

污染物	来源	污染源	排放浓度限值	执行标准
NO_x	生产工艺	一次焙烧	排放速率12kg/h、最高允许排放浓度240mg/m³	《大气污染物综合排放标准》(GB 16297—1996)二级标准
		二次焙烧		
		焚烧炉		
	天然气燃烧	热油锅炉	最高允许排放浓度150mg/m³	《锅炉大气污染物排放标准》(GB 13271—2014)中表3标准
		热水锅炉		

五、体现了排放总量控制的要求

排放标准体现总量控制的特点，如大气污染物排放标准规定了不同高度烟囱的允许排放速率（kg/h）；水污染物排放标准规定了吨产品排水量。

大气污染物排放标准中以SO_2为例，水污染物排放标准中以1998年1月1日以后建设项目部分行业（矿山、焦化、有色金属冶炼及金属加工、石油炼制工业）执行的标准为例，见表2-18。

表 2-18 大气污染物排放标准中SO_2最高允许排放速率

污染物	最高允许排放浓度/(mg/m³)	最高允许排放速率/(kg/h)				无组织排放监控浓度限值	
		排气筒高度/m	一级	二级	三级	监控点	浓度/(mg/m³)
二氧化硫	1200（硫、二氧化硫、硫酸和其他含硫化合物生产）	15	1.6	3.0	4.1	无组织排放源上风向设参照点，下风向设监控点	0.50（监控点与参照点浓度差值）
		20	2.6	5.1	7.7		
		30	8.8	17	26		
		40	15	30	45		
		50	23	45	69		
	700（硫、二氧化硫、硫酸和其他含硫化合物使用）	60	33	64	98		
		70	47	91	140		
		80	63	120	190		
		90	82	160	240		
		100	100	200	310		

污水综合排放标准中部分行业允许排水量见表2-19。

表 2-19 污水综合排放标准中矿山、焦化、有色金属冶炼及金属加工、石油炼制工业最高允许排水量（1998年1月1日以后建设项目）

序号	行业类别			最高允许排水量或最低允许排水重复利用率
1	矿山工业	有色金属系统选矿		水重复利用率75%
		其他矿山工业采矿、选矿、选煤等		水重复利用率90%（选煤）
		脉金选矿（以每吨矿石计）	重选	16.0m³/t
			浮选	9.0m³/t
			氰化	8.0m³/t
			炭浆	8.0m³/t

续表

序号	行业类别		最高允许排水量或最低允许排水重复利用率
2	焦化企业（煤气厂）（以每吨焦炭计）		1.2m³/t
3	有色金属冶炼及金属加工		水重复利用率80%
4	石油炼制工业（不包括直排水炼油厂） 加工深度分类： A. 燃料型炼油厂 B. 燃料＋润滑油型炼油厂 C. 燃料＋润滑油型＋炼油化工型炼油厂 （包括加工高含硫原油页岩油和石油添加剂生产基地的炼油厂）	A（以每吨原油计）	＞5.00×10⁶t,1.0m³/t (2.50～5.00)×10⁶t,1.2m³/t ＜2.50×10⁶t,1.5m³/t
		B（以每吨原油计）	＞5.00×10⁶t,1.5m³/t (2.50～5.00)×10⁶t,2.0m³/t ＜2.50×10⁶t,2.0m³/t
		C（以每吨原油计）	＞5.00×10⁶t,2.0m³/t (2.50～5.00)×10⁶t,2.5m³/t ＜2.50×10⁶t,2.5m³/t

六、提出了具体的环境监测要求

我国的环境质量标准和污染物排放标准都提出了具体的环境监测要求，主要包括监测布点要求、监测分析方法。

下面以《环境空气质量标准》（GB 3095—2012）、污水综合排放标准（GB 8978—1996）、《大气污染物排放标准》（GB 16297—1996）为例，加以说明。

（一）《环境空气质量标准》（GB 3095—2012）中关于环境监测的具体要求

1. 监测点位布设

环境空气污染物监测点位的布设应按照《环境空气质量监测规范（试行）》中的要求执行。

2. 采样环境、采样高度和采样频率

环境空气质量监测中的采样环境、采样高度和采样频率要求，按照《环境空气质量自动监测技术规范》（HJ/T 193—2005）和《环境空气质量手工监测技术规范》（HJ/T 194—2005）的要求执行。

3. 分析方法

针对环境空气质量标准中的10种污染物，规定了手工和自动分析方法。

（二）《污水综合排放标准》（GB 8978—1996）中关于环境监测的具体要求

1. 采样点

采样点按照第一和二类污染物分别设置，第一类污染物在车间排污口取样，第二类污染物在厂排放口取样。

2. 采样频率

工业污水按生产周期确定监测频率。生产周期在8h以内的，每2h采样一次；生产周期大于8h的，每4h采样一次。其他污水采样，24h不少于2次。最高允许排放浓度按均值计算。

（三）《大气污染物排放标准》（GB 16297—1996）中关于环境监测的具体要求

1. 布点

排气筒中颗粒物或气态污染物监测的采样点数目及采样点位置的设置，按 GB/T 16157—1996 执行。

无组织排放监测的采样点（即监控点）数目和采样点位置的设置方法，按如下要求。

① 监控点一般应设置于周界外 10m 范围内，但若现场条件不允许（例如周界沿河岸分布），可将监测点移至周界内侧。

② 监控点应设于周界浓度最高点。

③ 若经估算预测，无组织排放的最大浓度区域超出 10m 范围之外，将监控点设置在该区域之内。

④ 为了确定浓度的最高点，实际监控点最多可设置 4 个。

⑤ 设点高度范围为 1.5～15m。

⑥ 于无组织排放源的上风向设参照点，下风向设监控点。

⑦ 监控点应设置于排放源下风向的浓度最高点，不受单位周界的限制。

⑧ 为了确定浓度最高点，监控点最多可设 4 个。

⑨ 参照点应以不受被测无组织排放源影响，可以代表监控点的背景浓度为原则。参照点只设 1 个。

⑩ 监控点和参照点距无组织排放源最近不应小于 2m。

2. 采样时间和频次

本标准规定的三项指标，均指任何 1 小时平均值不得超过的限值，故在采样时应做到以下几点。

① 排气筒中废气的采样以连续 1h 的采样获取平均值；或在 1h 内，以等时间间隔采集 4 个样品，并计平均值。

② 无组织排放监控点和参照点监测的采样，一般采用连续 1h 采样计平均值；若浓度偏低，需要时可适当延长采样时间；若分析方法灵敏度高，仅需用短时间采集样品时，应实行等时间间隔采样，采集四个样品计平均值。

③ 若某排气筒的排放为间断性排放，排放时间小于 1h，应在排放时段内实行连续采样，或在排放时段内以等时间间隔采集 2～4 个样品，并计平均值；若某排气筒的排放为间断性排放，排放时间大于 1h，则应在排放时段内按上述的要求采样。

④ 当进行污染事故排放监测时，应按需要设置采样时间和采样频次，不受上述要求的限制；建设项目环境保护设施竣工验收监测的采样时间和频次，按原国家环境保护局制定的《建设项目环境保护设施竣工验收监测办法》执行。

3. 采样方法和分析方法

污染物的采样方法按 GB/T 16157—1996 和原国家环境保护局规定的分析方法有关部分执行。

4. 排气量的测定

排气量的测定应与排放浓度的采样监测同步进行，排气量的测定方法按 GB/T 16157—1996 执行。

第三节 主要环境标准及其应用

一、主要环境质量标准与应用实例

（一）主要环境质量标准

我国主要环境质量标准见表 2-20。

表 2-20 我国主要环境质量标准

分类	标准名称	编号	发布时间	实施时间
水环境质量标准	地表水环境质量标准	GB 3838—2002	2002 年 4 月 28 日	2002 年 6 月 1 日
	海水水质标准	GB 3097—1997	1997 年 12 月 3 日	1998 年 7 月 1 日
	地下水质量标准	GB/T 14848—93	1993 年 12 月 30 日	1994 年 10 月 1 日
	农田灌溉水质标准	GB 5084—92	1992 年 1 月 4 日	1992 年 10 月 1 日
	渔业水质标准	GB 11607—89	1989 年 8 月 12 日	1990 年 3 月 1 日
大气环境质量标准	环境空气质量标准修改单	GB 3095—1996	2001 年 1 月 6 日	2000 年 1 月 6 日
	环境空气质量标准	GB 3095—2012	2012 年 2 月 29 日	2016 年 1 月 1 日
	保护农作物的大气污染物最高允许浓度	GB 9137—88	1998 年 4 月 30 日	1998 年 10 月 1 日
	工业企业设计卫生标准	TJ 36—79	1979 年 9 月 30 日	1979 年 9 月 30 日
声环境质量标准	声环境质量标准	GB 3096—2008	2008 年 8 月 19 日	2008 年 10 月 1 日
	机场周围飞机噪声环境质量标准	GB 9660—88	1988 年 8 月 11 日	1988 年 11 月 1 日
	城市区域环境振动标准	GB 10070—88	1988 年 12 月 10 日	1989 年 7 月 1 日
土壤环境质量标准	展览会用地土壤环境质量评价标准(暂行)	HJ 350—2007	2007 年 6 月 15 日	2007 年 8 月 1 日
	食用农产品产地环境质量评价标准	HJ 332—2006	2006 年 11 月 17 日	2007 年 2 月 1 日
	温室蔬菜产地环境质量评价标准	HJ 333—2006	2006 年 11 月 17 日	2007 年 2 月 1 日
	拟开放场址土壤中剩余放射性可接受水平规定(暂行)	HJ 53—2000	2000 年 5 月 22 日	2000 年 12 月 1 日
	土壤环境质量标准	GB 15618—1995	1995 年 7 月 13 日	1996 年 3 月 1 日

(二) 应用实例

1. 实例一

【例 2-4】 以某生物质发电有限公司 1×15MW 生物质发电项目为例。

该生物质发电项目厂址位于 A 村北,距离某市北部 6.4km。厂址西距某国道 1km。厂址南侧紧邻某焦化有限公司的厂用铁路,西侧为某集团有限公司原料场,北侧为 2 万吨糠醛搬迁扩建项目(一期年产 1 万吨),东侧为农田。

该项目建设规模为 1×75t/h 高温高压生物质锅炉＋1×15MW 抽凝式汽轮发电机组,以糠醛渣为燃料,不掺烧秸秆,配套建设中水深度处理装置、烟气净化装置等。本项目总投资为 9971 万元,年供电量 8372.73×10⁴kW·h,年供蒸汽量 540475GJ。

该项目基本情况见表 2-21。

表 2-21 拟建项目基本情况

项目名称	某生物质发电有限公司 1×15MW 生物质发电项目
建设性质	新建
项目总投资	9971 万元,其中环保投资 998 万元,占总投资的 10%
厂址地理位置	厂址位于 A 村北,距离某市北部 6.4km,西距某国道 1km
建设规模	1×75t/h 高温高压生物质锅炉＋1×15MW 抽凝式汽轮发电机组
主要设备	新建 1 台 75t/h 高温高压生物质锅炉,1 台 15MW 抽凝式汽轮发电机组,配套中水深度处理、冷却塔、除灰渣、烟气净化等设施

项目名称	某生物质发电有限公司 1×15MW 生物质发电项目
灰渣贮存	厂区内新建 1 座 φ6.4m 灰库，用以临时贮存灰渣
供水	生活给水水源近期从邻厂现有给水管线接过来，远期用园区生活配水厂水源；工业用水为某市污水处理厂中水，由某煤化工园区供给。该项目配套的中水管线工程由某煤化工园区敷设到该项目围墙外 1m 处，并接入该项目用水点，且与该项目同时投入生产使用
环保设施	烟气脱硝采用 SNCR，脱硫采用炉内喷钙＋CFB，除尘采用布袋除尘器
劳动定员及工作制度	电厂劳动定员 63 人，年运行 6500h，实行四班三运转工作制
建设期限	项目预计××年××月投产试运行

【解】 该项目应执行的环境质量标准如下。

环境空气执行《环境空气质量标准》（GB 3095—2012）中二级标准。

硫酸雾参照执行《工业企业设计卫生标准》（TJ 36—79）中居住区大气中有害物质的最高容许浓度。

地下水执行《地下水质量标准》（GB/T 14848—93）Ⅲ类标准。

地表水环境执行《地表水环境质量标准》（GB 3838—2002）中Ⅴ类标准。

声环境执行《声环境质量标准》（GB 3096—2008）2 类标准。

环境质量标准见表 2-22。

表 2-22 环境质量标准一览表

环境要素	项目		标准	单位	标准来源
大气环境	SO₂	24 小时平均	150	μg/m³	《环境空气质量标准》（GB 3095—2012）二级
		1 小时平均	500		
	PM₁₀	24 小时平均	150		
	NO₂	24 小时平均	80		
		1 小时平均	200		
	硫酸雾	一次浓度	0.3	mg/m³	TJ 36—79 居住区大气中有害物质最高允许浓度
		日均浓度	0.1		
地下水	pH		6.5～8.5	无量纲	《地下水环境质量标准》（GB/T 14848—1993）Ⅲ类
	总硬度		450	mg/L	
	硫酸盐		250		
	氯化物		250		
	溶解性总固体		1000		
	氟化物		1.0		
	硝酸盐		20		
	亚硝酸盐		0.02		
声环境	昼间		60	dB(A)	《声环境质量标准》（GB 3096—2008）2 类
	夜间		50		

2. 实例二

【例 2-5】 以 S 县年产 3000t 有机肥项目为例。

S 县绿源生态有机肥厂位于 N 县西安庄 A 村东侧，项目总投资 40 万元，占地面积 3200m²，建筑面积 1807m²。该项目场址为租用的闲置厂房及空地，年产 3000t 有机肥。项目厂址东侧为一个体纺织厂，南侧紧邻村间公路，北侧为空地，厂界西侧 65m 为西安庄 A 村（村庄距离车间 110m）。

该项目用水使用厂区原有自备水井，能够满足项目用水需求。项目总用水量为 0.8m³/d，其中，职工生活用水量为 0.5m³/d；绿化用水量为 0.2m³/d；造粒工序加入新鲜水量为 0.1m³/d。

该项目生产工序不需用水，无生产废水排放。项目排水主要为职工盥洗废水，产生量为 0.4m³/d。职工盥洗废水用于厂区道路喷洒，职工粪便等排入防渗旱厕，定期清掏，由附近农民拉走用作农肥，项目给排水平衡图见图 2-3。项目厂区供电来自 S 县供电电网，其电力供应充裕，供电有保证。该项目生产不需供热，冬季职工、办公人员采暖使用电暖气。

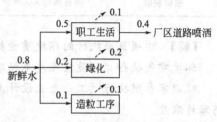

图 2-3 项目给排水平衡图（单位：m³/d）

【解】 该项目应执行的环境质量标准如下。

环境空气质量执行《环境空气质量标准》（GB 3095—2012）二级标准。

地下水质量执行《地下水质量标准》（GB/T 14848—93）中Ⅲ类标准。

声环境质量执行《声环境质量标准》（GB 3096—2008）2 类标准。

二、主要污染物排放标准与应用实例

（一）主要污染物排放标准

我国主要水污染物排放标准见表 2-23。

表 2-23 我国主要水污染物排放标准

分类	标准名称	编号	发布时间	实施时间
制造业	石油炼制工业污染物排放标准	GB 31570—2015	2015 年 4 月 16 日	2015 年 7 月 1 日
	再生铜、铝、铅、锌工业污染物排放标准	GB 31574—2015	2015 年 4 月 16 日	2015 年 7 月 1 日
	合成树脂工业污染物排放标准	GB 31572—2015	2015 年 4 月 16 日	2015 年 7 月 1 日
	无机化学工业污染物排放标准	GB 31573—2015	2015 年 4 月 16 日	2015 年 7 月 1 日
	制革及毛皮加工工业水污染物排放标准	GB 30486—2013	2013 年 12 月 27 日	2014 年 3 月 1 日
	电池工业污染物排放标准	GB 30484—2013	2013 年 12 月 27 日	2014 年 3 月 1 日
	合成氨工业水污染物排放标准	GB 13458—2013	2013 年 3 月 14 日	2013 年 7 月 1 日
	柠檬酸工业水污染物排放标准	GB 19430—2013	2013 年 3 月 14 日	2013 年 7 月 1 日
	纺织染整工业水污染物排放标准	GB 4287—2012	2012 年 10 月 19 日	2013 年 1 月 1 日
	缫丝工业水污染物排放标准	GB 28936—2012	2012 年 10 月 19 日	2013 年 1 月 1 日
	毛纺工业水污染物排放标准	GB 28937—2012	2012 年 10 月 19 日	2013 年 1 月 1 日

续表

分类	标准名称	编号	发布时间	实施时间
	麻纺工业水污染物排放标准	GB 28938—2012	2012 年 10 月 19 日	2012 年 1 月 1 日
	铁合金工业污染物排放标准	GB 28666—2012	2012 年 6 月 27 日	2012 年 10 月 1 日
	钢铁工业水污染物排放标准	GB 13456—2012	2012 年 6 月 27 日	2012 年 10 月 1 日
	炼焦化学工业污染物排放标准	GB 16171—2012	2012 年 6 月 27 日	2012 年 10 月 1 日
	铁合金工业水污染物排放标准	GB 28666—2012	2012 年 6 月 27 日	2012 年 10 月 1 日
	稀土工业污染物排放标准	GB 26451—2011	2011 年 1 月 24 日	2011 年 10 月 1 日
	钒工业污染物排放标准	GB 26452—2011	2011 年 4 月 2 日	2011 年 10 月 1 日
	磷肥工业水污染物排放标准	GB 15580—2011	2011 年 4 月 2 日	2011 年 10 月 1 日
	汽车维修业水污染物排放标准	GB 26877—2011	2011 年 7 月 29 日	2012 年 1 月 1 日
	发酵酒精和白酒工业水污染物排放标准	GB 27631—2011	2011 年 10 月 27 日	2012 年 1 月 1 日
	橡胶制品工业污染物排放标准	GB 27632—2011	2011 年 10 月 27 日	2012 年 1 月 1 日
	弹药装药行业水污染物排放标准	GB 14470.3—2011	2011 年 4 月 29 日	2012 年 1 月 1 日
	淀粉工业水污染物排放标准	GB 25461—2010	2010 年 9 月 27 日	2010 年 10 月 1 日
	酵母工业水污染物排放标准	GB 25462—2010	2010 年 9 月 27 日	2010 年 10 月 1 日
	油墨工业水污染物排放标准	GB 25463—2010	2010 年 9 月 27 日	2010 年 10 月 1 日
	陶瓷工业污染物排放标准	GB 25464—2010	2010 年 9 月 27 日	2010 年 10 月 1 日
	铝工业污染物排放标准	GB 25465—2010	2010 年 9 月 27 日	2010 年 10 月 1 日
	铅、锌工业污染物排放标准	GB 25466—2010	2010 年 9 月 27 日	2010 年 10 月 1 日
制造业	铜、镍、钴工业污染物排放标准	GB 25467—2010	2010 年 9 月 27 日	2010 年 10 月 1 日
	镁、钛工业污染物排放标准	GB 25468—2010	2010 年 9 月 27 日	2010 年 10 月 1 日
	硝酸工业污染物排放标准	GB 26131—2010	2010 年 12 月 30 日	2011 年 3 月 1 日
	硫酸工业污染物排放标准	GB 26132—2010	2010 年 12 月 30 日	2011 年 3 月 1 日
	杂环类农药工业水污染物排放标准	GB 21523—2008	2008 年 4 月 2 日	2008 年 7 月 1 日
	制浆造纸工业水污染物排放标准	GB 3544—2008	2008 年 7 月 25 日	2008 年 8 月 1 日
	电镀污染物排放标准	GB 21900—2008	2008 年 7 月 25 日	2008 年 8 月 1 日
	羽绒工业水污染物排放标准	GB 21901—2008	2008 年 7 月 25 日	2008 年 8 月 1 日
	合成革与人造革工业污染物排放标准	GB 21902—2008	2008 年 7 月 25 日	2008 年 8 月 1 日
	发酵类制药工业水污染物排放标准	GB 21903—2008	2008 年 7 月 25 日	2008 年 8 月 1 日
	化学合成类制药工业水污染物排放标准	GB 21904—2008	2008 年 7 月 25 日	2008 年 8 月 1 日
	提取类制药工业水污染物排放标准	GB 21905—2008	2008 年 7 月 25 日	2008 年 8 月 1 日
	中药类制药工业水污染物排放标准	GB 21906—2008	2008 年 7 月 25 日	2008 年 8 月 1 日
	生物工程类制药工业水污染物排放标准	GB 21907—2008	2008 年 7 月 25 日	2008 年 8 月 1 日
	混装制剂类制药工业水污染物排放标准	GB 21908—2008	2008 年 7 月 25 日	2008 年 8 月 1 日
	制糖工业水污染物排放标准	GB 21909—2008	2008 年 7 月 25 日	2008 年 8 月 1 日
	皂素工业水污染物排放标准	GB 20425—2006	2006 年 9 月 1 日	2007 年 1 月 1 日
	啤酒工业污染物排放标准	GB 19821—2005	2005 年 7 月 18 日	2006 年 1 月 1 日

续表

分类	标准名称	编号	发布时间	实施时间
制造业	味精工业污染物排放标准	GB 19431—2004	2004 年 1 月 18 日	2004 年 4 月 1 日
	兵器工业水污染物排放标准　火炸药	GB 14470.1—2002	2002 年 11 月 18 日	2003 年 7 月 1 日
	兵器工业水污染物排放标准　火工药剂	GB 14470.2—2002	2002 年 11 月 18 日	2003 年 7 月 1 日
	合成氨工业水污染物排放标准	GB 13458—2001	2001 年 11 月 12 日	2002 年 1 月 1 日
	烧碱、聚氯乙烯工业水污染物排放标准	GB 15581—1995	1995 年 6 月 12 日	1996 年 7 月 1 日
	航天推进剂水污染物排放与分析方法标准	GB 14374—93	1993 年 5 月 22 日	1993 年 12 月 1 日
	肉类加工工业水污染物排放标准	GB 13457—92	1992 年 5 月 18 日	1992 年 7 月 1 日
	船舶工业污染物排放标准	GB 4286—84	1984 年 5 月 18 日	1985 年 3 月 1 日
采矿业	铁矿采选工业污染物排放标准	GB 28661—2012	2012 年 6 月 27 日	2012 年 10 月 1 日
	海洋石油开发工业含油污水排放标准	GB 4914—85	1985 年 1 月 18 日	1985 年 8 月 1 日
	煤炭工业污染物排放标准	GB 20426—2006	2006 年 9 月 1 日	2006 年 10 月 1 日
农、林、牧、渔业	畜禽养殖业污染物排放标准	GB 18596—2001	2001 年 12 月 28 日	2003 年 1 月 1 日
交通运输、仓储和邮政业	船舶污染物排放标准	GB 3552—83	1983 年 4 月 9 日	1983 年 10 月 1 日
居民服务、修理和其他服务业	汽车维修业水污染物排放标准	GB 26877—2011	2011 年 7 月 29 日	2012 年 1 月 1 日
综合类	污水综合排放标准	GB 8978—1996	1996 年 10 月 4 日	1998 年 1 月 1 日
	《污水综合排放标准》(GB 8978—1996)中石化工业 COD 标准值修改单	环发[1999]285 号	1999 年 12 月 15 日	1999 年 12 月 15 日
	医疗机构水污染物排放标准	GB 18466—2005	2005 年 7 月 27 日	2006 年 1 月 1 日
	城镇污水处理厂污染物排放标准	GB 18918—2002	2002 年 11 月 19 日	2003 年 7 月 1 日
	污水海洋处置工程污染控制标准	GB 18486—2001	2001 年 11 月 12 日	2002 年 1 月 1 日

我国主要大气固定源污染物排放标准见表 2-24。

表 2-24　我国主要大气固定源污染物排放标准

分类	标准名称	编号	发布时间	实施时间
制造业	无机化学工业污染物排放标准	GB 31573—2015	2015 年 4 月 16 日	2015 年 7 月 1 日
	石油化学工业污染物排放标准	GB 31571—2015	2015 年 4 月 16 日	2015 年 7 月 1 日
	石油炼制工业污染物排放标准	GB 31570—2015	2015 年 4 月 16 日	2015 年 7 月 1 日
	火葬场大气污染物排放标准	GB 13801—2015	2015 年 4 月 16 日	2015 年 7 月 1 日
	再生铜、铝、铅、锌工业污染物排放标准	GB 31574—2015	2015 年 4 月 16 日	2015 年 7 月 1 日
	合成树脂工业污染物排放标准	GB 31572—2015	2015 年 4 月 16 日	2015 年 7 月 1 日
	锡、锑、汞工业污染物排放标准	GB 30770—2014	2014 年 5 月 16 日	2014 年 7 月 1 日
	水泥工业大气污染物排放标准	GB 4915—2013	2013 年 12 月 27 日	2014 年 3 月 1 日
	电池工业污染物排放标准	GB 30484—2013	2013 年 12 月 27 日	2014 年 3 月 1 日
	砖瓦工业大气污染物排放标准	GB 29620—2013	2013 年 9 月 17 日	2014 年 1 月 1 日
	电子玻璃工业大气污染物排放标准	GB 29495—2013	2013 年 3 月 14 日	2013 年 7 月 1 日

续表

分类	标准名称	编号	发布时间	实施时间
制造业	炼焦化学工业污染物排放标准	GB 16171—2012	2012 年 6 月 27 日	2012 年 10 月 1 日
	铁合金工业污染物排放标准	GB 28666—2012	2012 年 6 月 27 日	2012 年 10 月 1 日
	轧钢工业大气污染物排放标准	GB 28665—2012	2012 年 6 月 27 日	2012 年 10 月 1 日
	炼钢工业大气污染物排放标准	GB 28664—2012	2012 年 6 月 27 日	2012 年 10 月 1 日
	炼铁工业大气污染物排放标准	GB 28663—2012	2012 年 6 月 27 日	2012 年 10 月 1 日
	钢铁烧结、球团工业大气污染物排放标准	GB 28662—2012	2012 年 6 月 27 日	2012 年 10 月 1 日
	铜、镍、钴工业污染物排放标准	GB 25467—2010	2010 年 9 月 27 日	2010 年 10 月 1 日
	镁、钛工业污染物排放标准	GB 25468—2010	2010 年 9 月 27 日	2010 年 10 月 1 日
	硝酸工业污染物排放标准	GB 26131—2010	2010 年 12 月 30 日	2011 年 3 月 1 日
	硫酸工业污染物排放标准	GB 26132—2010	2010 年 12 月 30 日	2011 年 3 月 1 日
	电镀污染物排放标准	GB 21900—2008	2008 年 6 月 25 日	2008 年 8 月 1 日
	合成革与人造革工业污染物排放标准	GB 21902—2008	2008 年 6 月 25 日	2008 年 8 月 1 日
	水泥工业大气污染物排放标准	GB 4915—2004	2004 年 12 月 29 日	2005 年 1 月 1 日
	炼焦炉大气污染物排放标准	GB 16171—1996	1996 年 3 月 7 日	1997 年 1 月 1 日
采矿业	稀土工业污染物排放标准	GB 26451—2011	2011 年 1 月 24 日	2011 年 10 月 1 日
	钒工业污染物排放标准	GB 26452—2011	2011 年 4 月 2 日	2011 年 10 月 1 日
	平板玻璃工业大气污染物排放标准	GB 26453—2011	2011 年 4 月 2 日	2011 年 10 月 1 日
	橡胶制品工业污染物排放标准	GB 27632—2011	2011 年 10 月 27 日	2012 年 1 月 1 日
	陶瓷工业污染物排放标准	GB 25464—2010	2010 年 9 月 27 日	2010 年 10 月 1 日
	铝工业污染物排放标准	GB 25465—2010	2010 年 9 月 27 日	2010 年 10 月 1 日
	铅、锌工业污染物排放标准	GB 25466—2010	2010 年 9 月 27 日	2010 年 10 月 1 日
	煤炭工业污染物排放标准	GB 20426—2006	2006 年 9 月 1 日	2006 年 10 月 1 日
	铁矿采选工业污染物排放标准	GB 28661—2012	2012 年 6 月 27 日	2012 年 10 月 1 日
	煤层气（煤矿瓦斯）排放标准（暂行）	GB 21522—2008	2008 年 4 月 2 日	2008 年 7 月 1 日
电力、热力、燃气及水生产和供应业	火电厂大气污染物排放标准	GB 13223—2011	2011 年 7 月 29 日	2012 年 1 月 1 日
住宿和餐饮业	饮食业油烟排放标准（试行）	GB 18483—2001	2001 年 11 月 12 日	2002 年 1 月 1 日
综合类	大气污染物综合排放标准	GB 16297—1996	1996 年 4 月 12 日	1997 年 1 月 1 日
	锅炉大气污染物排放标准	GB 13271—2014	2014 年 5 月 16 日	2014 年 7 月 1 日
	工业炉窑大气污染物排放标准	GB 9078—1996	1996 年 3 月 7 日	1997 年 1 月 1 日
	恶臭污染物排放标准	GB 14554—93	1993 年 8 月 6 日	1994 年 1 月 15 日
	储油库大气污染物排放标准	GB 20950—2007	2007 年 6 月 22 日	2007 年 8 月 1 日
	加油站大气污染物排放标准	GB 20952—2007	2007 年 6 月 22 日	2007 年 8 月 1 日

我国主要环境噪声排放标准见表 2-25。

表 2-25 我国主要环境噪声排放标准

分类	标准名称	编号	发布时间	实施时间
环境噪声排放标准	建筑施工场界环境噪声排放标准	GB 12523—2011	2011 年 12 月 5 日	2012 年 7 月 1 日
	工业企业厂界环境噪声排放标准	GB 12348—2008	2008 年 8 月 19 日	2008 年 10 月 1 日
	社会生活环境噪声排放标准	GB 22337—2008	2008 年 8 月 19 日	2008 年 10 月 1 日
	摩托车和轻便摩托车定置噪声排放限值及测量方法	GB 4569—2005	2005 年 4 月 15 日	2005 年 7 月 1 日
	摩托车和轻便摩托车加速行驶噪声限值及测量方法	GB 16169—2005	2005 年 4 月 15 日	2005 年 7 月 1 日
	三轮汽车和低速货车加速行驶车外噪声限值及测量方法（中国Ⅰ、Ⅱ阶段）	GB 19757—2005	2005 年 5 月 30 日	2005 年 7 月 1 日
	汽车加速行驶车外噪声限值及测量方法	GB 1495—2002	2002 年 1 月 4 日	2002 年 10 月 1 日
	汽车定置噪声限值	GB 16170—1996	1996 年 3 月 7 日	1997 年 1 月 1 日
	关于发布《铁路边界噪声限值及其测量方法》(GB 12525—90)修改方案的公告		2008 年 7 月 30 日	2008 年 10 月 1 日
	铁路边界噪声限值及其测量方法	GB 12525—90	1990 年 11 月 9 日	1991 年 3 月 1 日

（二）应用实例

【例 2-6】 甲县集中供热锅炉改造项目位于该县循环经济示范区内，南侧为甲县碧水蓝天水务有限公司一期、二期污水处理厂，北侧、东侧、西侧均为空地。该项目厂区现状为空地。厂址西北距 A 村 910m，西距 B 村 990m，西南距 C 村 930m，南距 D 村 1470m，东距 E 河 1250m，东距 F 村 3360m。

该项目由甲县碧水蓝天水务有限公司建设，建设规模为 4×220t/h 高温高压循环流化床锅炉（3 用 1 备），燃料为某煤化有限责任公司所产混煤并掺烧甲县碧水蓝天水务有限公司污水处理过程中产生的污泥。配套建设烟气净化装置及污水处理设施。该项目为锅炉替代改造项目，工程投产后年供热量 6.74×10⁶ GJ。项目建成后保证入驻甲县循环经济示范区的各企业和部分城区居民采暖用户的热负荷需求。

该项目废水主要为锅炉排污水、化学水处理排污水、脱硫系统排污水、地坪冲洗废水及生活污水。

采暖期废水产生量 383.6m³/d，其中化学水处理排污水 150m³/d、锅炉排污水 220m³/d、生活污水 13.6m³/d。锅炉排污水 220m³/d 与化学水处理排污水 150m³/d 混合后，共计 370m³/d，10m³/d 用于锅炉除灰渣系统，8m³/d 用于厂区绿化，60m³/d 用于煤廊清洗，80 m³/d 用于脱硫系统补水，3m³/d 用于地坪冲洗，剩余 209m³/d 与地坪冲洗后废水 2.4m³/d、生活污水 13.6m³/d，共计 225m³/d 全部排入甲县污水处理厂。60m³/d 用于煤廊清洗后与脱硫系统排污水 25m³/d，共计 85 m³/d，一并经絮凝沉淀池处理后用于煤场洒水。

非采暖期废水产生量 325.6m³/d，其中化学水处理排污水 150m³/d、锅炉排污水 162m³/d、生活污水 13.6m³/d。锅炉排污水 162m³/d 与化学水处理排污水 150m³/d 混合后，共计 312m³/d，10m³/d 用于锅炉除灰渣系统，19m³/d 用于厂区绿化，60m³/d 用于煤廊清洗，80

m^3/d 用于脱硫系统补水，$3m^3/d$ 用于地坪冲洗，剩余 $140m^3/d$ 与地坪冲洗后废水 $2.4m^3/d$、生活污水 $13.6m^3/d$，共计 $156m^3/d$ 全部排入甲县污水处理厂。$60m^3/d$ 用于煤廊清洗后与脱硫系统排污水 $25m^3/d$，共计 $85m^3/d$，一并经絮凝沉淀池处理后用于煤场洒水。

厂区雨水为独立的排水系统，厂区设有完整的雨水口和雨水管道。雨水排水系统通过管道收集后，排入厂区内雨污水泵房，经提升外排水沟。

建设项目基本情况见表 2-26。

表 2-26 建设项目基本情况表

项目名称	甲县集中供热锅炉改造项目	
建设地点	厂址位于甲县循环经济示范区内，距最近的居民点 910m	
建设内容	主体工程	建设 4 台 220t/h 高温高压循环流化床锅炉(3 用 1 备)
	辅助工程	燃料输送系统、煤堆场、化学水处理系统、给排水系统、除灰渣系统、供汽系统、污泥脱水系统、自动控制系统等
	环保工程	脱硫系统、脱硝系统、烟气除尘系统、灰库、生活污水处理系统、安装在线烟气自动连续监测系统、防噪、绿化等
	公用工程	维修车间、综合办公大楼、职工宿舍等
项目投资	总投资 42041 万元，其中环保投资 6236.4 万元，占 14.8%	
锅炉情况	$4 \times 220t/h$ 高温高压循环流化床锅炉(3 用 1 备)	
机组年利用小时数	6000h	
排气筒	4 台炉合用一座烟囱，高度为 120m，出口内径 3.3m	
年供热量	6.74×10^6 GJ	
占地面积	占地面积 $253330m^2$	
绿化面积	$37999.5m^2$，绿化率为 15%	
劳动定员	144 人，连续工作制，四班三运转	
施工期	投产日期为 2014 年 12 月	
生产天数	每年生产 273 天	
工作制度	实行四班三运转工作制，年生产 273 天	

【解】 该项目锅炉烟气中烟尘、SO_2、NO_x 排放执行《锅炉大气污染物排放标准》(GB 13271—2014) 表 2 标准限值。恶臭以无组织形式释放，执行《恶臭污染物排放标准》(GB 14554—93) 中表 1 恶臭污染物厂界标准二级新扩改建标准值。

废水执行《污水综合排放标准》(GB 8978—1996) 表 4 三级标准及甲县污水处理厂进水水质要求。

运营期噪声排放厂界执行《工业企业厂界环境噪声排放标准》(GB 12348—2008) 中 2 类区标准。

施工期噪声执行《建筑施工场界环境噪声排放标准》(GB 12523—2011)。

固体废物执行《一般工业固体废物贮存、处置场污染控制标准》(GB 18599—2001) 及 2013 年修改单中相关要求。

思考题

1. 什么是环境标准？环境标准的作用表现在哪几方面？
2. 简述环境标准的构成。

3. 什么是环境基准？环境基准分为哪几类？

4. 简述环境基准和环境质量标准之间的关系。

5. 简述环境质量标准值和基准值之间的关系。

6. 环境标准可分为哪几类？

7. 不同类型的环境标准之间有何关系？

8. 简述环境标准的执行顺序。

9. 我国环境标准有何特点？

10. 何为功能区？简述功能区的分类。

11. 请以《环境空气质量标准》为例，说明我国环境质量标准具有分级的特点。

12. 简述标准执行级别和污染源位置、废物排入区之间的关系。

13. 请举例说明同一污染物在不同行业的排放标准。

14. 请以《大气污染物综合排放标准》为例，简述环境监测的具体要求。

15. 我国主要环境质量标准主要分为哪几类？

16. 请举例说明排放总量控制的要求。

第三章 确定评价等级及评价范围

一、大气评价工作等级及评价范围

（一）评价工作等级判据

选择推荐模式中的估算模式对项目的大气环境评价工作进行分级。结合项目的初步工程分析结果，选择正常排放的主要污染物及排放参数，采用估算模式计算各污染物在简单平坦地形、全气象组合情况条件下的最大影响程度和最远影响范围，然后按评价工作分级判据进行分级。

根据项目的初步工程分析结果，选择 1～3 种主要污染物，分别计算每一种污染物的最大地面质量浓度占标率 P_i（第 i 个污染物），及第 i 个污染物的地面质量浓度达标准限值 10% 时所对应的最远距离 $D_{10\%}$。其中 P_i 定义为：

$$P_i = \frac{C_i}{C_{0i}} \times 100\% \tag{3-1}$$

式中，P_i 为第 i 个污染物的最大地面质量浓度占标率，%；C_i 为采用估算模式计算出的第 i 个污染物的最大地面质量浓度，mg/m^3；C_{0i} 为第 i 个污染物的环境空气质量浓度标准，mg/m^3。

C_{0i} 一般选用 GB 3095 中 1 h 平均取样时间的二级标准的质量浓度限值；对于没有小时浓度限值的污染物，可取日平均浓度限值的 3 倍值；对该标准中未包含的污染物，可参照 TJ 36—79 中的居住区大气中有害物质的最高容许浓度的一次浓度限值。如已有地方标准，应选用地方标准中的相应值。对某些上述标准中都未包含的污染物，可参照国外有关标准选用，但应作出说明，报环保主管部门批准后执行。

评价工作等级按表 3-1 的分级判据进行划分。最大地面质量浓度占标率（P_i）按式（3-1）计算，如污染物数 i 大于 1，取 P 值中最大者（P_{max}）和其对应的 $D_{10\%max}$。

表 3-1 大气环境评价工作等级划分

评价工作等级	评价工作分级判据
一级	$P_{max} \geqslant 80\%$，且 $D_{10\%} \geqslant 5km$
二级	其他
三级	$P_{max} < 10\%$，或 $D_{10\%} <$ 污染源距厂界最近距离

此外，评价工作等级的确定还应符合表 3-2 的规定。

表 3-2 评价工作等级确定的其他规定

序号	内容
1	同一项目有多个（两个以上，含两个）污染源排放同一种污染物时，则按各污染源分别确定其评价等级，并取评价级别最高者作为项目的评价等级

序号	内容
2	对于高耗能行业的多源(两个以上,含两个)项目,评价等级应不低于二级
3	对于建成后全厂的主要污染物排放总量都有明显减少的改、扩建项目,评价等级可低于一级
4	如果评价范围内包含一类环境空气质量功能区、或者评价范围内主要评价因子的环境质量已接近或超过环境质量标准、或者项目排放的污染物对人体健康或生态环境有严重危害的特殊项目,评价等级一般不低于二级
5	对于公路、铁路等项目,应分别按项目沿线主要集中式排放源(如服务区车站等大气污染源)排放的污染物计算其评价等级
6	对于以城市快速路、主干路等城市道路为主的新建、扩建项目,应考虑交通线源对道路两侧的环境保护目标的影响,评价等级应不低于二级
7	一、二级评价应选择推荐模式清单中的进一步预测模式进行大气环境影响预测工作,三级评价可不进行大气环境影响预测工作,直接以估算模式的计算结果作为预测与分析依据
8	确定评价工作等级的同时应说明估算模式计算参数和选项

(二)评价范围的确定

根据项目排放污染物的最远影响范围确定项目的大气环境影响评价范围,即以排放源为中心点,以 $D_{10\%}$ 为半径的圆或 $2 \times D_{10\%}$ 为边长的矩形作为大气环境影响评价范围;当最远距离超过 25km 时,确定评价范围为半径 25km 的圆形区域,或边长 50km 矩形区域。

评价范围的直径或边长一般不应小于 5km。

对于以线源为主的城市道路等项目,评价范围可设定为线源中心两侧各 200m 的范围。

此外,还应考虑评价区内和评价区边界外有关区域(以下简称界外区)的地形、地理特征及该区域内是否包括大、中城市的城区、自然保护区、风景名胜区等环境保护敏感区。

(三)实例

1. 实例一

【例 3-1】某煤矿有两座锅炉房,两座锅炉房相距约 20m,1 号锅炉房有 4 台 4t/h 蒸汽锅炉,采暖季全部运行,非采暖季运行 2 台;2 号锅炉房有 2 台 10t/h 锅炉,采暖季全部运行,非采暖季不运行。两座锅炉房锅炉均采用 TC-10 型花岗岩冲击式水浴脱硫除尘器,除尘效率不低于 96%,脱硫效率不低于 50%。两座锅炉房锅炉污染物排放情况见表 3-3,采用 HJ 2.2—2008 推荐的估算模式(Screen3 System)计算出各污染源最大地面质量浓度见表 3-4。

表 3-3 锅炉污染物排放及大气环境评价等级确定计算参数

项目	1 号锅炉房	2 号锅炉房	等效锅炉房
污染源类型	点源	点源	点源
SO_2 排放速率/(g/s)	3.42	4.27	7.69
PM_{10} 排放速率/(g/s)	1.25	1.57	2.82
烟气排放速率/(m³/s)	8.71	10.88	19.59
烟囱高度/m	40	45	42.6

续表

项目	1号锅炉房	2号锅炉房	等效锅炉房
烟囱出口内径/m	1.2	1.2	1.2
烟气温度/K		358	
环境温度/K		281	

表 3-4　最大地面质量浓度计算结果

项目	污染物	小时最大地面质量浓度/(mg/m³)	占标率/%	最大落地距离/m
1号锅炉房	SO_2	0.04738	9.48	456
	PM_{10}	0.01732	3.85	
2号锅炉房	SO_2	0.04701	9.40	496
	PM_{10}	0.01728	3.84	
等效锅炉房	SO_2	0.05593	11.19	498
	PM_{10}	0.02051	4.10	

【解】　等效排气筒高度按下式计算：

$$H=\sqrt{\frac{1}{2}(h_1^2+h_2^2)} \tag{3-2}$$

式中，H 为等效排气筒高度；h_1、h_2 分别为排气筒 1 和排气筒 2 的高度。

由上述实例分析可知：若分别计算各污染源污染物小时最大地面质量浓度，则各污染源污染物小时最大地面质量浓度占标率均未超过 10%，最大占标率为 9.48%，按照大气导则，评价工作等级应为三级。采用等效源后，该建设项目污染物小时最大地面质量浓度占标率为 11.19%，超过 10%，从而确定该项目大气环境评价工作等级为二级。

2. 实例二

【例 3-2】　以某生物质发电有限公司 $1\times75t/h$ 生物质发电项目为例，该项目建设规模为 $1\times75t/h$ 高温高压生物质锅炉＋$1\times15MW$ 抽凝式汽轮发电机组，以糠醛渣为燃料，秸秆为备用燃料，配套建设中水深度处理装置、烟气净化装置等。该项目总投资 9971 万元，年供电量为 $8372.73\times10^4kW\cdot h$，年供蒸汽量 540475GJ。脱硝采用 SNCR，脱硫设施为炉内喷钙＋CFB，除尘设施为布袋除尘器。

问：该项目大气环境评价工作等级为几级？

【解】　根据《环境影响评价技术导则》（HJ 2.2—2008）中最大地面浓度占标率的计算公式，即式（3-1）进行计算，估算模型环境质量标准选取见表 3-5。

表 3-5　估算模型环境质量标准选取

污染物	标准值/(mg/m³)	备注
SO_2	0.50	GB 3095—2012 二级标准的一小时浓度限值
NO_2	0.20	
硫酸雾	0.3	TJ 36—79 居住区大气中有害物质最高允许浓度一次浓度
PM_{10}	0.45	GB 3095—2012 二级标准的日平均浓度值 3 倍
TSP	0.90	GB 3095—2012 二级标准的日平均浓度值 3 倍

对所有污染源采用估算模式计算，污染源估算结果见表 3-6。

表 3-6　最大地面浓度及计算结果

污染源	污染因子	$C_i/(mg/m^3)$	$P_{max}/\%$	最大地面浓度出现的距离/m	$D_{10\%}/m$
锅炉烟气	SO_2	0.01036	2.073	825	未出现
	PM_{10}	0.00188	0.42		未出现
	NO_2	0.01651	8.255		未出现
	硫酸雾	0.00286	0.95		未出现
炉前料仓废气	PM_{10}	0.0073	1.630	365	未出现
渣仓废气	PM_{10}	0.0110	2.436	222	未出现
灰库废气	PM_{10}	0.0305	6.767	247	未出现
石灰粉仓	PM_{10}	0.0025	0.548	277	未出现
无组织排放粉尘	TSP	0.0216	2.40	193	未出现

由表 3-6 可知，该项目锅炉烟气排放 NO_2 的占标率最大为 8.255%，$P_{max}<10\%$，因此确定该项目大气环境影响评价工作等级为三级。

二、地表水评价工作等级及评价范围

（一）评价工作等级确定依据

水环境质量评价等级根据《环境影响评价技术导则　地面水环境》（HJ/T 2.3—93）进行划分，具体考虑四个因素：建设项目的污水排放量、污水水质的复杂程度、各种受纳污水水域的规模以及对水质的要求，将地表水环境影响评价分为三级。对于地表水体的大小规模划分：其中河流与河口按建设项目排污口附近河段的多年平均流量或平水期平均流量划分，湖泊和水库按枯水期湖泊或水库的平均水深以及水面面积划分，见表 3-7。地表水分级依据见表 3-8。

表 3-7　地表水评价分级依据

项目	名称	说明
污染物类型	持久性污染物	包括在环境中难降解、毒性大、易长期积累的有毒物质，如 Cu、Pb、Zn、Cd 等
	非持久性污染物	如易降解有机物、挥发酚等
	酸和碱	以 pH 值计
	热污染	以温度表示
污水水质的复杂程度	复杂	污染物类型数≥3，或只含两类污染物，但需预测其浓度的水质参数数目≥10
	中等	污染物类型数=2，且需预测其浓度的水质参数数目<10；或含一类污染物，但需预测其浓度的水质参数数目≥7
	简单	污染物类型数=1，需预测其浓度的水质参数数目<7

项目	名称		说明	
水域的规模	河流与河口	大河	流量≥150m³/s	
		中河	流量为15~150m³/s	
		小河	流量<15m³/s	
	湖泊和水库	当平均水深≥10m时	大湖(库)	水面面积≥25km²
			中湖(库)	水面面积为2.5~25km²
			小湖(库)	水面面积<2.5km²
		当平均水深<10m时	大湖(库)	水面面积≥50km²
			中湖(库)	水面面积为5~50km²
			小湖(库)	水面面积<5km²

表 3-8 地表水环境影响评价分级判据

建设项目污水排放量/(m³/d)	建设项目污水水质的复杂程度	一级 地面水域规模(大小规模)	一级 地面水水质要求(水质类别)	二级 地面水域规模(大小规模)	二级 地面水水质要求(水质类别)	三级 地面水域规模(大小规模)	三级 地面水水质要求(水质类别)
≥20000	复杂	大 中、小	Ⅰ~Ⅲ Ⅰ~Ⅳ	大 中、小	Ⅳ、Ⅴ Ⅴ		
	中等	大 中、小	Ⅰ~Ⅲ Ⅰ~Ⅳ	大 中、小	Ⅳ、Ⅴ Ⅴ		
	简单	大 中、小	Ⅰ、Ⅱ Ⅰ~Ⅲ	大 中、小	Ⅲ~Ⅴ Ⅳ、Ⅴ		
<20000 ≥10000	复杂	大 中、小	Ⅰ~Ⅲ Ⅰ~Ⅳ	大 中、小	Ⅳ、Ⅴ Ⅴ		
	中等	大 中、小	Ⅰ、Ⅱ Ⅰ、Ⅱ	大 中、小	Ⅲ、Ⅳ Ⅲ~Ⅴ	大	Ⅴ
	简单	中、小	Ⅰ	大 中、小	Ⅰ~Ⅲ Ⅱ~Ⅴ	大 中、小	Ⅳ、Ⅴ Ⅴ
<10000 ≥5000	复杂	大、中、小	Ⅰ、Ⅱ Ⅰ、Ⅱ	大、中、小	Ⅲ、Ⅳ Ⅲ、Ⅳ	大、中 小	Ⅴ Ⅴ
	中等	小	Ⅰ	大、中、小	Ⅰ~Ⅲ Ⅱ~Ⅴ	大、中 小	Ⅳ、Ⅴ Ⅴ
	简单			大、中、小	Ⅰ、Ⅱ Ⅰ~Ⅲ	大、中 小	Ⅲ~Ⅴ Ⅳ、Ⅴ
<5000 ≥1000	复杂	小	Ⅰ	大、中 小	Ⅰ~Ⅲ Ⅱ~Ⅳ	大、中 小	Ⅳ、Ⅴ Ⅴ
	中等			大、中 小	Ⅰ、Ⅱ Ⅰ~Ⅲ	大、中 小	Ⅲ~Ⅴ Ⅳ、Ⅴ
	简单			小	Ⅰ	大、中 小	Ⅰ~Ⅳ Ⅱ~Ⅴ
<1000 ≥200	复杂					大、中 小	Ⅰ~Ⅳ Ⅰ~Ⅴ
	中等					大、中、小	Ⅰ~Ⅳ Ⅰ~Ⅴ
	简单					中、小	Ⅰ~Ⅳ

（二）评价范围的确定

地表水评价范围应包括建设项目对周围地面水环境影响较显著的区域。

（三）实例

1. 实例一

【例 3-3】 某建设项目的污水排放量为 5800m³/d，经类比调查可知，污水中含有 COD、BOD、Cd、Hg，pH 为酸性，受纳水体为一河流，多年平均流量为 90m³/s，水质要求为 IV 类，此地表水环境影响评价应按几级进行评价？

【解】 因污水排放量在 5000～20000m³/d 的范围内；污染物含三类（COD 和 BOD 属于非持久性污染物，Cd、Hg 属于持久性污染物，pH 为酸性，属于酸碱污染物），水质为复杂；河流流量在 15～150m³/s，属于中河；水质要求Ⅳ类。查表 3-8 可知，地表水评价等级为二级。

2. 实例二

【例 3-4】 某县集中供热锅炉改造项目建于该县循环经济示范区内，建设规模为 4×220t/h 高温高压循环流化床锅炉（3 用 1 备），燃料为 D 煤化有限责任公司所产混煤并掺烧某污水厂污水处理过程中产生的污泥。配套建设烟气净化装置及污水处理设施。该项目为锅炉替代改造项目，工程投产后年供热量 6.74×10⁶GJ。项目建成后保证入驻该县循环经济示范区的各企业和部分城区居民采暖用户的热负荷需求。

问：请对该项目的地表水环境评价等级进行分析。

【解】 根据项目工程分析，该项目废水主要为锅炉排污水、化学水处理排污水、脱硫系统排污水、地坪冲洗废水及生活污水。该项目生产过程中产生的废水除水温和浑浊度升高外，污染物主要为 SS，基本无其他污染物。从节约水资源和保护环境角度，要求该项目废水尽可能处理后回用。

锅炉排污水与化学水处理排污水混合后，部分用于锅炉除灰渣系统、厂区绿化、煤廊清洗、脱硫系统补水、地坪冲洗，剩余部分与地坪冲洗后废水、生活污水，全部排入该县污水处理厂。煤廊清洗后废水与脱硫系统排污水一并经絮凝沉淀池处理后用于煤场洒水。

厂区雨水为独立的排水系统，厂区设有完整的雨水口和雨水管道。雨水排水系统通过管道收集后，排入厂区内雨污水泵房，经提升外排水沟。

本项目废水不直接排入地表水环境。因此，本次评价仅对项目废水水质达标情况进行分析。

三、地下水评价工作等级及评价范围

（一）地下水环境影响评价工作等级

1. 划分原则

评价工作等级的划分应依据建设项目行业分类和地下水环境敏感程度分级进行判定，可划分一、二、三级。

2. 评价工作等级划分

根据《环境影响评价技术导则 地下水环境》（HJ 610—2016）附录 A 确定建设项目所属的地下水环境影响评价项目类别，见表 3-9。

表 3-9　地下水环境影响评价行业分类表

序号	行业类别
A 水利	
1	水库
2	灌区工程
3	引水工程
4	防洪治涝工程
5	河湖整治工程
6	地下水开采工程
B 农、林、牧、渔、海洋	
7	农业垦殖
8	农田改造项目
9	农产品基地项目
10	农业转基因项目、物种引进项目
11	经济林基地项目
12	森林采伐工程
13	防沙治沙工程
14	畜禽养殖场、养殖小区
15	淡水养殖工程
16	海水养殖工程
17	海洋人工鱼礁工程
18	围填海工程及海上堤坝工程
19	海上和海底物资储藏设施工程
20	跨海桥梁工程
21	海底隧道、管道、电(光)缆工程
C 地质勘查	
22	基础地质勘查
23	水利、水电工程地质勘查
24	矿产资源地质勘查(包括勘探活动)
D 煤炭	
25	煤层气开采
26	煤炭开采
27	洗选、配煤
28	煤炭储存、集运
29	型煤、水煤浆生产
E 电力	
30	火力发电(包括热电)
31	水力发电
32	生物质发电

续表

序号	行　业　类　别
33	综合利用发电
34	其他能源发电
35	送(输)变电工程
36	脱硫、脱硝、除尘等环保工程
F 石油、天然气	
37	石油开采
38	天然气、页岩气开采(含净化)
39	油库(不含加油站的油库)
40	气库(不含加气站的气库)
41	石油、天然气、成品油管线(不含城市天然气管线)
G 黑色金属	
42	采选(含单独尾矿库)
43	炼铁、球团、烧结
44	炼钢
45	铁合金制造;锰、铬冶炼
46	压延加工
H 有色金属	
47	采选(含单独尾矿库)
48	冶炼(含再生有色金属冶炼)
49	合金制造
50	压延加工
I 金属制品	
51	表面处理及热处理加工
52	金属铸件
53	金属制品加工制造
J 非金属矿采选及制品制造	
54	土砂石开采
55	化学矿采选
56	采盐
57	石棉及其他非金属矿采选
58	水泥制造
59	水泥粉磨站
60	混凝土结构构件制造、商品混凝土加工
61	石灰和石膏制造
62	石材加工
63	人造石制造
64	砖瓦制造

续表

序号	行 业 类 别
65	玻璃及玻璃制品
66	玻璃纤维及玻璃纤维增强塑料制品
67	陶瓷制品
68	耐火材料及其制品
69	石墨及其他非金属矿物制品
70	防水建筑材料制造、沥青搅拌站
K 机械、电子	
71	通用、专用设备制造及维修
72	铁路运输设备制造及修理
73	汽车、摩托车制造
74	自行车制造
75	船舶及相关装置制造
76	航空航天器制造
77	交通器材及其他交通运输设备制造
78	电气机械及器材制造
79	仪器仪表及文化、办公用机械制造
80	电子真空器件、集成电路、半导体分立器件制造、光电子器件及其他电子器件制造
81	印刷电路板、电子元件及组件制造
82	半导体材料、电子陶瓷、有机薄膜、荧光粉、贵金属粉等电子专用材料
83	电子配件组装
L 石化、化工	
84	原油加工、天然气加工、油母页岩提炼原油、煤制油、生物制油及其他石油制品
85	基本化学原料制造;化学肥料制造;农药制造;涂料、染料、颜料、油墨及其类似产品制造;合成材料制造;专用化学品制造;炸药、火工及焰火产品制造;饲料添加剂、食品添加剂及水处理剂等制造
86	日用化学品制造
87	焦化、电石
88	煤炭液化、气化
89	化学品输送管线
M 医药	
90	化学药品制造;生物、生化制品制造
91	单纯药品分装、复配
92	中成药制造、中药饮片加工
93	卫生材料及医药用品制造
N 轻工	
94	粮食及饲料加工
95	植物油加工

续表

序号	行　业　类　别
96	生物质纤维素乙醇生产
97	制糖、糖制品加工
98	屠宰
99	肉禽类加工
100	蛋品加工
101	水产品加工
102	食盐加工
103	乳制品加工
104	调味品、发酵制品制造
105	酒精饮料及酒类制造
106	果菜汁类及其他软饮料制造
107	其他食品制造
108	卷烟
109	锯材、木片加工、家具制造
110	人造板制造
111	竹、藤、棕、草制品制造
112	纸浆、溶解浆、纤维浆等制造；造纸（含废纸造纸）
113	纸制品
114	印刷；文教、体育、娱乐用品制造；磁材料制品制造
115	轮胎制造、再生橡胶制造、橡胶加工、橡胶制品翻新
116	塑料制品制造
117	工艺品制造
118	皮革、毛皮、羽毛（绒）制品
O 纺织品化纤	
119	化学纤维制造
120	纺织品制造
121	服装制造
122	鞋业制造
P 公路	
123	公路
Q 铁路	
124	新建铁路
125	改建铁路
126	枢纽
R 民航机场	
127	机场
128	导航台站、供油工程、维修保障等配套工程

续表

序号	行业类别
S水运	
129	油气、液体化工码头
130	干散货(含煤炭、矿石)、件杂、多用途、通用码头
131	集装箱专用码头
132	滚装、客运、工作船、游艇码头
133	铁路轮渡码头
134	航道工程、水运辅助工程
135	航电枢纽工程
136	中心渔港码头
T城市交通设施	
137	轨道交通
138	城市道路
139	城市桥梁、隧道
U城市基础设施及房地产	
140	煤气生产和供应工程
141	城市天然气供应工程
142	热力生产和供应工程
143	自来水生产和供应工程
144	生活污水集中处理
145	工业废水集中处理
146	海水淡化、其他水处理和利用
147	管网建设
148	生活垃圾转运站
149	生活垃圾(含餐厨废弃物)集中处理
150	粪便处置工程
151	危险废物(含医疗废物)集中处置及综合利用
152	工业固体废物(含污泥)集中处置
153	污染场地治理修复工程
154	仓储(不含油库、气库、煤炭储存)
155	废旧资源(含生物质)加工、再生利用
156	房地产开发、宾馆、酒店、办公用房等
V社会事业与服务业	
157	学校、幼儿园、托儿所
158	医院
159	专科防治院(所、站)
160	疾病预防控制中心
161	社区医疗、卫生院(所、站)、血站、急救中心等其他卫生机构

续表

序号	行 业 类 别
162	疗养院、福利院、养老院
163	专业实验室
164	研发基地
165	动物医院
166	体育场、体育馆
167	高尔夫球场、滑雪场、狩猎场、赛车场、跑马场、射击场、水上运动中心
168	展览馆、博物馆、美术馆、影剧院、音乐厅、文化馆、图书馆、档案馆、纪念馆
169	公园（含动物园、植物园、主题公园）
170	旅游开发
171	影视基地建设
172	影视拍摄、大型实景演出
173	胶片洗印厂
174	批发、零售市场
175	餐饮场所
176	娱乐场所
177	洗浴场所
178	Ⅱ类社区服务项目
179	驾驶员训练基地
180	公交枢纽、大型停车场
181	长途客运站
182	加油、加气站
183	洗车场
184	汽车、摩托车维修场所
185	殡仪馆
186	陵园、公墓

建设项目的地下水环境敏感程度可分为敏感、较敏感、不敏感三级，分级原则见表 3-10。

表 3-10　地下水环境敏感程度分级表

敏感程度	地下水环境敏感特征
敏感	集中式饮用水水源（包括已建成的在用、备用、应急水源，在建和规划的饮用水水源）准保护区；除集中式饮用水水源地以外的国家或地方政府设定的与地下水环境相关的其他保护区，如热水、矿泉水、温泉等特殊地下水资源保护区
较敏感	集中式饮用水水源（包括已建成的在用、备用、应急水源，在建和规划的饮用水水源）准保护区以外的补给径流区；未划定准保护区的集中式饮用水水源，其保护区以外的补给径流区；分散式饮用水水源地；特殊地下水资源（如矿泉水、温泉等）保护区以外的分布区等其他未列入上述敏感分级的环境敏感区
不敏感	上述地区之外的其他地区

建设项目地下水环境影响评价工作等级划分见表 3-11。

表 3-11　评价工作等级分级表

项目类别 环境敏感程度	Ⅰ类项目	Ⅱ类项目	Ⅲ类项目
敏感	一	一	二
较敏感	一	二	三
不敏感	二	三	三

注：对于利用废弃盐岩矿井洞穴或人工专制盐岩洞穴、废气矿井巷道加水幕系统、人工硬岩洞库加水幕系统、地质条件较好的含水层储油、枯竭的油气层储油等形式的地下储油库，危险废物填埋场应进行一级评价，不按表 3-11 划分评价工作等级。

当同一建设项目涉及两个或两个以上场地时，各场地应分别判定评价工作等级，并按相应等级开展评价工作。

线性工程根据所涉地下水环境敏感程度和主要站场位置（如输油站、泵站、加油站、机务段、服务站等）进行分段判定评价等级，并按相应等级分别开展评价工作。

（二）地下水环境调查与评价范围

1. 基本原则

① 地下水环境现状调查与评价工作应遵循资料搜集与现场调查相结合、项目所在场地调查（勘察）与类比考察相结合、现状监测与长期动态资料分析相结合的原则。

② 对于一、二级评价的改、扩建类建设项目，应开展现有工业场地的包气带污染现状调查。

③ 对于长输油品、化学品管线等线性工程，调查评价工作应重点针对场站、服务站等可能对地下水产生污染的地区开展。

2. 基本要求

地下水环境现状调查评价范围应包括与建设项目相关的地下水环境保护目标，以能说明地下水环境的现状，反映调查评价区地下水基本流场特征，满足地下水环境影响预测和评价为基本原则。

污染场地修复工程项目的地下水环境影响现状调查参照《场地环境调查技术导则》（HJ 25.1—2014）执行。

3. 调查评价范围确定

建设项目（除线性工程外）地下水环境影响现状调查评价范围可采用公式计算法、查表法和自定义法确定。

当建设项目所在地水文地质条件相对简单，且所掌握的资料能够满足公式计算法的要求时，应采用公式计算法确定［参照《饮用水水源保护区划分技术规范》（HJ/T 338-2007）］；当不满足公式计算法的要求时，可采用查表法确定。当计算或查表范围超出所处水文地质单元边界时，应以所处水文地质单元边界为宜。

① 公式计算法

$$L = \alpha \times K \times I \times T / n_e \tag{3-3}$$

式中，L 为下游迁移距离，m；α 为变化系数，$\alpha \geqslant 1$，一般取 2；K 为渗透系数，m/d，常见渗透系数表见表 3-12；I 为水力坡度，无量纲；T 为质点迁移天数，取值不小于 5000d；n_e 为有效孔隙度，无量纲。

表 3-12　渗透系数经验值表

岩性名称	主要颗粒粒径/mm	渗透系数/(m/d)	渗透系数/(cm/s)
轻亚黏土		0.05~0.1	$5.79\times10^{-5}\sim1.16\times10^{-4}$
亚黏土		0.1~0.25	$1.16\times10^{-4}\sim2.89\times10^{-4}$
黄土		0.25~0.5	$2.89\times10^{-4}\sim5.79\times10^{-4}$
粉土质砂		0.5~1.0	$5.79\times10^{-4}\sim1.16\times10^{-3}$
粉砂	0.05~0.1	1.0~1.5	$1.16\times10^{-3}\sim1.74\times10^{-3}$
细砂	0.1~0.25	5.0~10	$5.79\times10^{-3}\sim1.16\times10^{-2}$
中砂	0.25~0.5	10.0~25	$1.16\times10^{-2}\sim2.89\times10^{-2}$
粗砂	0.5~1.0	25~50	$2.89\times10^{-2}\sim5.78\times10^{-2}$
砾砂	1.0~2.0	50~100	$5.78\times10^{-2}\sim1.16\times10^{-1}$
圆砾		75~150	$8.68\times10^{-2}\sim1.74\times10^{-1}$
卵石		100~200	$1.16\times10^{-1}\sim2.31\times10^{-1}$
块石		200~500	$2.31\times10^{-1}\sim5.79\times10^{-1}$
漂石		500~1000	$5.79\times10^{-1}\sim1.16\times10^{0}$

采用该方法时应包含重要的地下水环境保护目标，所得的调查评价范围如图 3-1 所示。

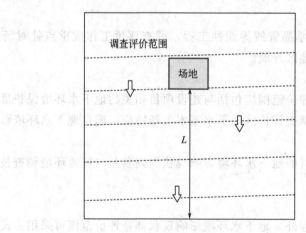

图 3-1　调查评价范围示意图

（虚线表示等水位线；空心箭头表示地下水流向；场地上的距离根据
评价需求确定，场地两侧不小于 $L/2$）

② 查表法　参照表 3-13。

表 3-13　地下水环境现状调查评价范围参照表

评价等级	调查评价面积/km²	备注
一级	≥20	应包括重要的地下水环境保护目标，必要时适当扩大范围
二级	6~20	
三级	≤6	

③ 自定义法　可根据建设项目所在地水文地质条件自行确定，需说明理由。

④ 线性工程应以工程边界两侧向外延伸 200m 作为调查评价范围；穿越饮用水源准保护区时，调查评价范围应至少包含水源保护区。

⑤ 线性工程站场的调查评价范围参照上述①～③方法确定。

四、噪声评价工作等级及评价范围

（一）评价工作等级确定依据

声环境影响评价工作等级划分依据如下所示。

① 建设项目所在区域的声环境功能区类别。

② 建设项目建设前后所在区域的声环境质量变化程度。

③ 受建设项目影响人口的数量。

（二）评价工作等级判据

声环境影响评价工作等级一般分为三级，一级为详细评价，二级为一般性评价，三级为简要评价。声环境影响评价等级判据见表 3-14。

表 3-14　声环境影响评价等级判据

评价等级	项目区域声环境功能区类别	敏感目标噪声级变化程度	受项目影响人口数量
一级评价	0 类区以及有特别限制要求的保护区	增高量达 5dB(A)以上	显著增多
二级评价	1 类、2 类区	增高量达 3～5dB(A)	增加较多
三级评价	3 类、4 类区	增高量在 3dB(A)以下	变化不大

注：在确定评价工作等级时，若建设项目符合两个以上级别的划分原则，按较高级别评价等级进行评价。

（三）评价范围

声环境影响评价范围依据评价工作等级确定，具体见表 3-15。

表 3-15　声环境影响评价范围

评价等级	以固定声源为主的建设项目	城市道路、公路、铁路、城市轨道交通地上线路和水运线路等建设项目	机场噪声评价(范围应根据飞行量计算到 L_{WECPN} 为 70dB 的区域)
一级评价	项目边界向外 200m	道路中心线外两侧 200m	主要航迹离跑道两端各 6～12km、侧向各 1～2km
二级、三级评价	可根据声环境功能区类别及敏感目标等实际情况适当缩小或增大，评价距离要满足相应功能区标准值要求	可根据声环境功能区类别及敏感目标等实际情况适当缩小或增加，评价距离要满足相应功能区标准值要求	可根据声环境功能区类别及敏感目标等实际情况适当缩小

（四）实例

【例 3-5】　案例背景

某市南部新开发的凌南新区规划为该市的高新技术产业园区和行政办公区，总面积 7.58km²。拟在该新区内规划建设一条主干路，呈东西走向，起点位于凌西大街，终点位于云飞南街，与已有的4条主次干路相交，其交叉口形式均为平面交叉。拟建道路全长3.212km，红线宽度44m。其中机动车道28m，两侧非机动车道各4m，绿化带各2m，人行道各2m。绿化带种植银杏和国槐，树间距5～6m，绿化面积为12848m²。路段断面最大纵坡度≤3%，最小纵坡度≥0.3%。用土量65391.81m³，弃土量149226.82m³。

拟建道路所在区域地表形态为平原，地质构造为第四季冲积层亚黏土、中砂、砾石组成的稳定区。道路施工期1年，道路设计使用年限≥15年。

【解】 1. 环境保护目标与执行标准

拟建道路所经区域大部分为空地，无居民区，附近有一所大学和一所中学，是该项目的声环境保护目标。两处环境保护目标的具体情况见表3-16。

表3-16 声环境保护目标一览表

保护目标	距红线距离/m	楼数/栋（临街）	层数	户（人）数（临街）	临街窗户数/扇	详细信息
某大学	50	1	5	办公人员60人	5	1栋与道路垂直的办公楼
某中学	90	1	5	16个班级,1100名学生	50	与道路平行,临街为操场,其后有1栋教学楼

根据"该市城市区域环境噪声标准适用区域划分"通知的要求，新建道路属于交通干线4类功能区。

对于交通干线两侧的第一排环境保护目标，按照原国家环境保护总局《城市区域环境噪声适用区域划分技术规范》（GB/T 15190—1994）的规定，应执行《声环境质量标准》（GB 3096—2008）中的交通干线道路两侧区域即4类区标准。同时参照原国家环境保护总局环发〔2003〕94号《关于公路、铁路（含轻轨）等建设项目环境影响评价中环境噪声有关问题的通知》的规定，评价范围内的学校属于特殊敏感建筑，须执行2类区标准，第一排居民区执行4类区标准。2类区在昼间和夜间的环境噪声限值分别为60dB、50dB；4类区在昼间和夜间的环境噪声限值分别为70dB、55dB。

2. 评价工作等级和评价范围

根据《环境影响评价技术导则 声环境》（HJ 2.4—2009）的相关规定，确定该项目的声环境影响评价等级为二级。

结合本项目工程的建设性质、所在地区周围环境状况及本项目的污染影响特点，噪声评价范围为道路中心线两侧各200m范围内，在该范围内的某大学和某中学两处噪声敏感点作为重点评价对象。

五、风险评价工作等级及评价范围

（一）评价工作等级确定依据

根据评价项目施工和运营过程中涉及的物质危险性和功能单元重大危险源判定结果，以及环境敏感程度等因素，将环境风险评价工作划分为一、二级。

经过对建设项目的初步工程分析，选择生产、加工、运输、使用或贮存中涉及的1～3个主要化学品，按表3-17，进行物质危险性判定。

表 3-17　物质危险性标准

物质类别	序号	LD$_{50}$(大鼠经口)/(mg/kg)	LD$_{50}$(大鼠经皮)/(mg/kg)	LC$_{50}$(小鼠吸入,4 小时)/(mg/L)
有毒物质	1	<5	<1	<0.01
	2	5<LD$_{50}$<25	10<LD$_{50}$<50	0.1<LD$_{50}$<0.5
	3	25<LD$_{50}$<200	50<LD$_{50}$<400	0.5<LD$_{50}$<2
易燃物质	1	可燃气体:在常压下以气态存在并与空气混合形成可燃混合物;其沸点(常压下)是 200℃或 200℃以下的物质		
	2	易燃液体:闪点低于 21℃,沸点高于 20℃的物质		
	3	可燃液体:闪点低于 550℃,压力下保持液态,在实际操作条件下(如高温高压)可以引起重大事故的物质		
爆炸性物质		在火焰影响下可以爆炸,或者对冲击、摩擦比硝基苯更为敏感的物质		

凡符合表 3-18 有毒物质判定标准序号为 1、2 的物质,属于剧毒物质;符合有毒物质判定标准序号 3 的属于一般毒物。

凡符合表 3-19 和表 3-20 易燃物质和爆炸性物质标准的物质,均视为火灾、爆炸危险物质。

根据建设项目初步工程分析,划分功能单元。凡生产、加工、运输、使用或贮存危险性物质,且危险性物质的数量等于或超过临界量的功能单元,定为重大危险源。危险物名称及临界量见表 3-18~表 3-20。

表 3-18　有毒物质名称及临界量

序号	物质名称	生产场所临界量/t	贮存场所临界量/t
1	氨、二硫化碳、溴、甲苯、2,4-二异氰酸酯、丙烯腈、乙腈、丙酮氰醇、2-丙烯-1-醇、丙烯醛、3-氨基丙烯、甲基苯、二甲苯	40	100
2	氯	10	25
3	碳酰氯、八氟异丁烯、异氰酸甲酯	0.30	0.75
4	三氧化硫	30	75
5	一氧化碳、硫化氢、氟化氢、羰基硫	2	5
6	氯化氢、氮氧化物、氯乙烯、2-氯-1,3-丁二烯、三氯乙烯、六氟丙烯、3-氯丙烯、硫酸(二)甲酯、苯、甲醛、烷基铅类、3-氯-1,2-环氧丙烷、四氯化碳、氯甲烷、溴甲烷、氯甲基甲醚、一甲胺、二甲胺、N,N-二甲基甲酰胺	20	50
7	砷化氢、锑化氢、磷化氢、硒化氢、六氟化硒、六氟化碲、二氟化氧、二氯化硫、羰基镍、乙硼烷、戊硼烷	0.4	1
8	氰化氢、氯化氰、二甲亚胺、氟、三氟化氯、三氟化硼、三氯化磷、氧氯化磷、氯甲酸甲酯	8	20
9	氯酸钾、过氧化钾	2	20
10	过乙酸(浓度大于 60%)、过氧化顺式丁烯二酸叔丁酯、过氧化(二)异丁酰(浓度大于 50%)	1	10

表 3-19　易燃物质名称及临界量

序号	物质名称	生产场所临界量/t	贮存区临界量/t
1	正戊烷、环戊烷、甲醇、乙醚、乙酸甲酯、汽油	2	20
2	2-丁烯-1-醇、正丁醚、乙酸正丁酯、环己胺、乙酸	10	100
3	乙炔、1,3-丁二烯、环氧乙烷、石油气、天然气	1	10

表 3-20　爆炸性物质名称及临界量

序号	物质名称	生产场所临界量/t	贮存区临界量/t
1	硝化丙三醇、二乙二醇二硝酸酯、叠氮(化)钡、叠氮(化)铅	0.1	1
2	2,4,6-三硝基苯酚、2,4,6-三硝基苯胺、三硝基苯甲醚、二硝基(苯)酚、2,4,6-三硝基甲苯、1,3,5-三硝基苯、2,4,6-三硝基间苯二酚、六硝基-1,2-二苯乙烯	5	50
3	硝化纤维素	10	100
4	硝酸铵	25	250

(二) 评价工作等级判据

评价工作等级判据见表 3-21。

表 3-21　评价工作级别

类型	剧毒危险性物质	一般毒性危险物质	可燃、易燃危险性物质	爆炸危险性物质
重大危险源	一	二	一	一
非重大危险源	二	二	二	二
环境敏感地区	一	一	一	一

由表 3-21 可见，处于环境敏感地区的建设项目，其风险评价等级为一级。经风险源识别，非重大危险源的建设项目的风险评价为二级。经风险源识别，有重大危险源的建设项目的风险评价为一级和二级。根据危险物质的类型，再判定为一级或二级评价。

一级评价应按《建设项目环境风险评价技术导则》对事故影响进行定量预测，说明影响范围和程度，提出防范、减缓和应急措施。二级评价可参照《建设项目环境风险评价技术导则》进行风险识别、源项分析和对事故影响进行简要分析，提出防范、减缓和应急措施。

(三) 评价范围

环境风险一级评价范围，距离源点不少于 5km；二级评价范围，距离源点不少于 3km。

(四) 实例

【例 3-6】　某环氧树脂装置项目分析。

【解】　1. 工程分析

(1) 建设规模　环氧树脂装置项目生产规模为 5.0×10^4 t/a 液体环氧树脂；其中 3.5×10^4 t/a YD-51 环氧树脂，1.0×10^4 t/a Ex-23-A80 溴环氧树脂，5.0×10^3 t/a JF-43 邻甲酚甲醛环氧树脂。年操作时间为 8000h。

（2）产品方案 生产液体环氧树脂以双酚A和环氧氯丙烷为原料，在氢氧化钠作用下，在一定的反应条件下，生成通用型环氧树脂产品双酚A二缩水甘油醚型环氧树脂。该装置主要生产电子级YD-51环氧树脂、以YD-51为原料的Ex-23-A80溴环氧树脂。

（3）全厂主要原辅材料 主要原辅料的品种、规格、年需用量、来源及运输条件见表3-22。

表 3-22 主要原辅料的品种、规格、年需用量、来源及运输条件

序号	名称	主要规格	用量(t/a)	标准	供应来源	运输条件
1	环氧氯丙烷	99.5%（质量分数）	23140	GB/T 13097—1991	市场购入	汽车
2	双酚A	优等品	23905	GB/T 28113—2011	市场购入	汽车
3	丙酮		2000	GB/T 6026—1998	市场购入	汽车
4	液碱	48%	20315	GB 209—1993	市场购入	汽车
5	四溴双酚		2680		市场购入	汽车
6	甲苯		950	GB 3406—1990	市场购入	汽车
7	邻甲酚		3400		市场购入	汽车
8	甲醛		2300		市场购入	汽车

2. 重点保护目标

根据现场调查，建设项目所在地北面为雪佛龙公司，东面为南光用地，西临十字港，南面为华大涂层。A公司周围500m内无居民点，本项目环境保护目标见表3-23。

表 3-23 环境保护目标

编号	保护目标	方位	距离/m	功能
1	C粮油工业有限公司	N	2100	粮油加工
2	D镇	WSW	3200	居民
3	E镇	NE	4600	居民

3. 评价工作等级和评价范围

根据评价项目的物质危险性和功能单元重大危险源判定，本项目无剧毒危险性物质、可燃、易燃危险性物质和爆炸危险性物质，周围无重大危险源、环境敏感地区，因此确定风险环境评价等级为二级。

环境风险评价范围为厂区主要生产装置及物料储存区周围3km范围内。

六、生态评价工作等级及评价范围

（一）评价工作等级确定依据

按生态敏感性，评价工作等级确定依据有两个，即影响区域生态敏感性和工程占地范围。把生态敏感区域分为特殊、重要和一般区域，具体类型见表3-24。工程占地包括陆地和水域。

表 3-24 生态敏感区分类

类别名称	敏感区
特殊生态敏感区	自然保护区、世界文化和自然遗产地
重要生态敏感区	风景名胜区、森林公园、地质公园、重要湿地、原始天然林、珍稀濒危野生动植物天然集中分布区、重要水生生物的自然产卵场及索饵场、越冬场和洄游通道、天然渔场等
一般区域	除特殊生态敏感区和重要生态敏感区以外的其他区域

（二）评价工作等级判据

依据影响区域的生态敏感性和评价项目的工程占地（含水域）范围，包括永久占地和临时占地，将生态影响评价工作等级划分为一级、二级和三级，如表 3-25 所示。

表 3-25 生态影响评价工作等级划分表

影响区域生态敏感性	工程占地(水域)范围		
	面积≥20km² 或长度≥100km	面积 2～20km² 或长度 50～100km	面积≤2km² 或长度≤50km
特殊生态敏感区	一级	一级	一级
重要生态敏感区	一级	二级	三级
一般区域	二级	三级	三级

注：1. 当工程占地（含水域）范围的面积或长度分别属于两个不同评价工作等级时，原则上应按其中较高的评价工作等级进行评价。改扩建工程的工程占地范围以新增占地（含水域）面积或长度计算。

2. 在矿山开采可能导致矿区土地利用类型明显改变，或拦河闸坝建设可能明显改变水文情势等情况下，评价工作等级应上调一级。

3. 位于原厂界（或永久用地）范围内的工业类改扩建项目，可作生态影响分析。

（三）评价范围

生态影响评价应能够充分体现生态完整性，涵盖评价项目全部活动的直接影响区域和间接影响区域。评价工作范围应依据评价项目对生态因子的影响方式、影响程度和生态因子之间的相互影响和相互依存关系确定。可综合考虑评价项目与项目区的气候过程、水文过程、生物过程等生物地球化学循环过程的相互作用关系，以评价项目影响区域所涉及的完整气候单元、水文单元、生态单元、地理单元界限为参照边界。

（四）实例

1. 实例一

【例 3-7】 某县环路项目工程概况如下所述。

工程概况 路线方案：某县环路（高速公路城市道路连接线）工程新建道路 14.774km，与已建在建 17.956km 公路和城市道路相连接，形成环状方格，其中已建在建道路路段均不属于本次评价范围。

主要控制点：本次评价内容为环城线新建路段，共 14.774km，包括东线（F9～F15）、南线（C3～B9）、西线（C3～K5、E5～G7）。

【解】 （1）生态环境保护目标 本工程沿线的水土流失问题涉及大桥、隧道施工段、弃土场、土地利用格局的变化和基本农田保护问题。具体的生态环境敏感点见表 3-26。

表 3-26　生态环境敏感点

桩号	占地面积/hm²	土地利用	备注
GK1+000 右侧	0.17	水田	南线
GK1+650 右侧	0.14	水田	西线

（2）评价工作等级和评价范围　本工程路线经过区域大部分为丘陵，工程建设对沿线生态环境有一定的影响，但工程影响范围约为 12km²，小于 20km²，且不会造成生物量的锐减和物种多样性的减少，因此确定生态环境评价等级为三级。

生态环境评价范围为道路中心线两侧各 200m 范围。

2. 实例二

【例 3-8】　某油田项目工程概况　某油田拟新开发一个 35km² 区块，年产原油 6.0×10^5 t，采用注水开采，管道输送。该区块新建油井 800 口，大多数采用丛式井；钻井废弃泥浆、钻井岩屑、钻井废水在井场泥浆池中自然干化，就地处理；集输管线长约 110km，均采用埋地敷设方式。开发区块土地类型主要为林地、草地和耕地。区内有小水塘分布，小河甲流经区内，并在区块外 9km 处汇入中型河乙，在交汇口下游 8km 处进入县城集中式饮用水源地二级保护区，区块内有一省级天然林自然保护区，面积约 600hm²，在自然保护区内不进行任何生产活动，井场和管线与自然保护区边缘的最近距离为 500m。集输管线穿越河流甲一次。开发区块内主要土地类型和工程永久占地类型见表 3-27。

表 3-27　开发区块主要土地类型和工程永久占地　　　　单位：hm²

类型	基本农田	草地	林地	河流水塘	合计
区块现状	1210	900	1300	90	3500
工程占用	7.9	11.9	0.8	0.4	21.0

【解】　（1）生态环境保护目标　省级天然林保护区、饮用水源保护区、基本农田、草地、林地、河流水塘。

（2）评价工作等级和评价范围　工程开发境界范围较大，且区块内的省级自然保护区、基本农田均为生态敏感区，因此确定生态环境评价等级为一级。

生态评价范围：根据该类项目特点，开采境界的生态影响评价范围应为开采境界外延 3km 范围（根据陆地石油天然气导则判断）。井场及集输管线评价范围为工程占地区外围 500m，但由于 500m 外涉及敏感保护目标——省级自然保护区，虽然在保护区内没有任何生产活动，井场、集输管理生态影响评价范围应将该保护区包括在内。

思考题

1. 简述大气环境影响评价分级方法。

2. 大气环境影响评价工作分级判据是什么？

3. 大气环境影响评价范围如何确定？

4. 某拟建项目设在平原地区，大气污染物 SO_2 排放量为 40kg/h，根据环境影响评价导则，该项目的大气环境影响评价应定为几级？（SO_2 标准值 0.50mg/m³）

5. 地表水环境影响评价工作分级判据是什么？

6. 影响地表水环境影响评价的因素有哪些？

7. 地表水污染物的类型有哪些？特点是什么？

8. 地下水环境影响评价工作分级的划分依据是什么？

9. 地下水环境调查的基本原则是什么？

10. 声环境影响评价工作分级判据是什么？

11. 声环境影响评价范围如何确定？

12. 环境风险评价工作等级确定依据有哪些？

13. 生态评价工作等级确定依据有哪些？

14. 某 500kV 输变电工程由 500kV 变电所及 500kV 同塔双回、π 接送电线路组成，线路全长 2×91.3km。其中，500kV 送电线路包括两部分，一部分由某电厂起至 500kV 变电所止，线路路径长度 2×37.5km；另一部分由甲、乙线双 "π" 入 500kV 变电所，线路路径长度 2×53.8km。线路跨越 2 条河流。变电所建设地点位于某市高岭镇飞云寨村境内。工程静态投资 76000 万元。线路工程永久占地 9.14hm^2，临时占地 155.62hm^2；变电所永久占地 9.93hm^2，临时占地 2.7hm^2。初步分析表明，本项目环境敏感点为社会关注区之一的人口密集区，环境保护目标主要为线路两侧一定范围内和变电所周围一定范围内的村屯、有人员活动地带以及排水受纳地表水体——某河流。试确定噪声和生态环境影响评价的范围。

15. 炼焦车间废水生产量为 9m^3/h，干熄焦系统设备间接冷却污水排放量为 180m^3/h，这部分污染水经设备制冷站处理后回用 60%；煤气净化车间各工艺废水产生量为 124m^3/h，其中 26m^3 废水回用。项目废水经处理后排到附近的小河，河流水体功能为景观用水。则项目污水总排放量是多少？水环境影响评价为几级？

第四章 环境现状调查

环境现状调查是建设项目环境影响评价工作不可缺少的重要环节。通过这一环节,不仅可以了解建设项目的社会经济背景和相关产业政策等信息,掌握项目建设地的自然环境概况和环境功能区划,获得建设项目实施前该地区的大气环境、水环境和声环境质量现状数据,为建设项目的环境影响预测提供科学的背景。

一、环境现状调查的基本要求和方法

(一)环境现状调查的基本要求

① 根据建设项目污染源及所在地区的环境特点,结合各专项评价的工作等级和调查范围,筛选出应调查的有关参数。

② 充分搜集和利用现有的有效资料,当现有资料不能满足要求时,需进行现场调查和测试,并分析现状监测数据的可靠性和代表性。

③ 对与建设项目有密切关系的环境状况应全面、详细调查,给出定量的数据并作出分析或评价;对一般自然环境与社会环境的调查,应根据地区的实际情况,适当增减。

(二)环境现状调查的方法

环境现状调查的方法主要有收集资料法、现场调查法、遥感和地理信息系统分析方法等。这三种调查方法互相补充,在实际调查工作中,应根据具体情况加以选择和应用。三种方法的特点见表4-1。

表 4-1　环境现状调查方法

方法	优点	缺点
收集资料法	应用范围广、收效大,比较节省人力、物力和时间	此方法只能获得第二手资料,往往不全面,需要其他方法补充
现场调查法	直接获得第一手的数据和资料,以弥补收集资料法的不足	此方法工作量大,需占用较多的人力、物力和时间,往往受季节、仪器设备条件的限制
遥感调查法	可从整体上了解环境特点,可以弄清人类无法到达地区的地表环境情况,如一些大面积的森林、草原、荒漠、海洋等。此方法调查精度较低,一般只用于辅助性调查	此方法精度不高,不宜用于微观环境状况调查

二、环境现状调查的内容

环境现状调查的内容包括自然环境调查、社会环境调查、环境质量现状调查。环境质量现状调查内容包括:大气、地面水、噪声和生态环境现状调查。

（一）自然环境调查

自然环境调查包括地理地质概况、地形地貌、气候与气象、水文、土壤、水土流失、生态、水环境、大气环境、声环境等调查内容。自然环境调查内容见表 4-2。

表 4-2 自然环境现状调查内容

调查项目	调查内容
地理位置	了解建设项目所处的经度、纬度、行政区位置、交通条件和周围情况，并附区域平面图、对于原辅材料和产品运输量较大的建设项目应较详细地了解交通运输条件；对于污染型建设项目，要重点关注周围敏感保护对象的规模、方位和距离，一般应在区域平面图中标注位置；对于易于受到污染影响的建设项目(如学校、医院等)应重点关注周围的污染源规模、方位和距离，一般应在区域平面图中标注位置
地质环境	一般情况下只需根据现有资料，概要说明当地的地质概况；若建设项目较小或与地质条件无关时，地质环境情况可不了解。 生态影响类建设项目如矿山等，与地质条件密切相关，应进行较为详细的调查，一些特别有危害的地质现象需加以说明
地形地貌	一般只需收集现有资料，包括建设项目所在地区海拔高度、地形特征、地貌类型等，以及滑坡、泥石流以及有危害的地貌现象及分布情况。 与地形地貌密切相关的建设项目，应对上述资料进行详细收集，包括地形图，必要时还应进行一定的现场调查
气候与气象	一般情况下，应根据现有资料概要说明大气环境状况，如建设项目所在地区的主要气候特征，年平均风速和主导风向，风玫瑰图，年平均气温，极端气温与最冷月和最热月的月平均气温，年平均相对湿度，平均降雨量，降水天数，降水量极值，日照，主要的灾害性天气特征如梅雨、寒潮、雹和台风、飓风等。如需进行建设项目的大气环境影响评价，除应详细叙述上面全部或部分内容外，还应根据评价需要，对大气环境影响评价区的大气边界层和大气湍流等污染气象特征进行调查与必要的实际观测
地面水环境	应根据现有资料，概要说明地面水状况，如水系分布、水文特征、极端水情；地面水资源的分布及利用情况，主要取水口分布，地面水各部分如河、湖、库之间及其与河口、海湾、地下水的联系，地面水的水文特征及水质现状，以及地面水的污染来源等。如果建设项目建在海边时，应根据现有资料概要说明海湾环境状况，如海洋资源及利用情况，海湾的地理概况，海湾与当地地面水及地下水之间的联系，海湾的水文特征及水质现状，污染来源等
地下水环境	应根据资料简要说明项目建设地地下水的类型、埋藏深度、水质类型以及开采利用情况等。若需进行地下水环境影响评价，应进一步调查地下水的物理、化学特性和污染情况等，资料不全时，应进行现场采样分析
声环境	现有噪声源种类、数量及相应的噪声级；现有噪声敏感目标、噪声功能区划分情况；各噪声功能区的环境噪声现状、各功能区环境噪声超标情况、边界噪声超标以及受噪声影响人口分布
土壤与水土流失	建设项目周围地区的主要土壤类型及其分布，成土母质、土壤层厚度、肥力与使用情况，土壤污染的主要来源及其质量现状，建设项目周围地区的水土流失现状及原因等。对于有《水土保持方案》的建设项目，可充分利用其相关资料和结论
动植物与生态	项目建设区周围植被情况。如生态类型、主要组成、植被覆盖率，有无国家保护的野生动物、野生植物等情况。如项目较小时，也可不叙述，当项目较大时应进行详细叙述

（二）社会环境调查

社会环境调查包括人口、工业、农业、能源、土地利用、交通运输等现状及相关发展规模、环境保护规划的调查。当建设项目拟排放的污染物毒性较大时，应进行人群健康调查，并根据环境中现有污染物及建设项目将排放污染物的特性选定调查目标。

（三）大气环境现状调查

1. 环境空气质量现状调查资料来源

现状调查资料来源分三种途径，可视不同评价等级对数据的要求结合进行。①评价范围内及邻近评价范围的各例行空气质量监测点的近3年与项目有关的监测资料。②收集近3年与项目有关的历史监测资料。③进行现场监测。

2. 现有监测资料的分析

对照各污染物有关的环境质量标准，分析其长期质量浓度（年平均质量浓度、季平均质量浓度、月平均质量浓度）、短期质量浓度（日平均质量浓度、小时平均质量浓度）的达标情况。若监测结果出现超标，应分析其超标率、最大超标倍数以及超标原因。分析评价范围内的污染水平和变化趋势。

3. 污染气象观测资料调查内容

（1）地面气象观测资料调查内容　地面观测资料的时次：根据所调查地面气象观测站的类别，并遵循先基准站，次基本站，后一般站的原则，收集每日实际逐次观测资料。观测资料的常规调查项目为：时间（年、月、日、时）、风向（以角度或按16个方位表示）、风速、干球温度、低云量、总云量。根据不同评价等级预测精度要求及预测因子特征，可选择调查的观测资料的内容有：湿球温度、露点温度、相对湿度、降水量、降水类型、海平面气压、观测站地面气压、云底高度、水平能见度等。地面气象观测资料内容汇总见表4-3。

表 4-3　地面气象观测资料内容

名称	单位	名称	单位
年		湿球温度	℃
月		露点温度	℃
日		相对湿度	%
时		降水量	mm/h
风向	度（方位）	降水类型	
风速	m/s	海平面气压	hPa（百帕）
总云量	十分量	观测站地面气压	hPa（百帕）
低云量	十分量	云底高度	km
干球温度	℃	水平能见度	km

（2）常规高空气象探测资料　常规高空气象探测资料的时次：根据所调查常规高空气象探测站的实际探测时次确定，一般应至少调查每日1次（北京时间08点）距地面1500 m高度以下的高空气象探测资料。观测资料的常规调查项目为：时间（年、月、日、时）、探空数据层数、每层的气压、高度、气温、风速、风向（以角度或按16个方位表示）。常规高空气象探测资料内容汇总见表4-4。

（3）常规气象资料分析内容　常规气象资料分析内容主要包括温度、风速、风向、风频等。常规气象资料分析内容见表4-5。

表 4-4　常规高空气象探测资料内容

名称	单位	名称	单位
年		高度	m
月		干球温度	℃
日		露点温度	℃
时		风速	m/s
探空数据层数		风向	度（方位）
气压	hPa（百帕）		

表 4-5　常规气象资料分析内容

名称	分析内容
温度	统计长期地面气象资料中每月平均温度的变化情况，并绘制年平均温度月变化曲线图。对于一级评价项目，需酌情对污染较严重时的高空气象探测资料作温廓线的分析，分析逆温层出现的频率、平均高度范围和强度
风速	统计月平均风速随月份的变化和季小时平均风速的日变化。即根据长期气象资料统计每月平均风速、各季每小时的平均风速变化情况，并绘制平均风速的月变化曲线图和季小时平均风速的日变化曲线图。风廓线对于一级评价项目，需酌情对污染较严重时的高空气象探测资料作风廓线的分析，分析不同时间段大气边界层内的风速变化规律
风向、风频	统计所收集的长期地面气象资料中，每月、各季及长期平均各风向风频变化情况；统计所收集的长期地面气象资料中，各风向出现的频率，静风频率单独统计。在极坐标中按各风向标出其频率的大小，绘制各季及年平均风向玫瑰图。风向玫瑰图应同时附当地气象台站多年（20 年以上）气候统计资料的统计结果
主导风向	主导风向指风频最大的风向角的范围。风向角范围一般在连续 45°左右，对于以 16 方位角表示的风向，主导风向一般是指连续 2～3 个风向角的范围。某区域的主导风向应有明显的优势，其主导风向角风频之和应≥30%，否则可称该区域没有主导风向或主导风向不明显。在没有主导风向的地区，应考虑项目对全方位的环境空气敏感区的影响

（四）地表水环境现状调查

1. 环境现状的调查范围

环境现状的调查范围，包括建设项目对周围地面水环境影响较显著的区域。在此区域内进行的调查，能全面说明与地面水环境相联系的环境基本状况，并能充分满足环境影响预测的要求。《环境影响评价技术导则　地面水环境》（HJ/T 2.3—1993）中给出的不同污水排放量时河流、湖泊、海湾的环境现状调查范围见表 4-6～表 4-8。

表 4-6　不同污水排放量时河流环境现状调查范围参考表

污水排放量/(m³/d)	河流规模/km		
	大河	中河	小河
>50000	15～30	20～40	30～50
50000～20000	10～20	15～30	25～40
20000～10000	5～10	10～20	15～30
10000～5000	2～5	5～10	10～25
<5000	<3	<5	5～15

注：表中数据为排污口下游应调查的河段长度。

表 4-7 不同污水排放量时湖泊（水库）环境现状调查范围参考表

污水排放量/(m³/d)	调查范围	
	调查半径/km	调查面积①（按半圆计算）/km²
＞50000	4～7	25～80
50000～20000	2.5～4	10～25
20000～10000	1.5～2.5	3.5～10
10000～5000	1～1.5	2～3.5
＜5000	≤1	≤2

①为以排污口为圆心，以调查半径为半径的半圆形面积。

表 4-8 不同污水排放量时海湾环境现状调查范围参考表

污水排放量/(m³/d)	调查范围	
	调查半径/km	调查面积①（按半圆计算）/km²
＞50000	5～8	40～100
50000～20000	3～5	15～40
20000～10000	1.5～3	3.5～15
＜5000	≤1.5	≤3.5

①为以排污口为圆心，以调查半径为半径的半圆形面积。

在确定某项具体工程的地面水环境调查范围时，应尽量按照将来污染物排放后可能的达标范围，并考虑评价等级的高低（评价等级高时可取调查范围，略大，反之可略小）后决定。

2. 环境现状的调查时间

根据当地的水文资料初步确定河流、河口、湖泊、水库的丰水期、平水期、枯水期，同时确定最能代表这三个时期的季节或月份。对于海湾，应确定评价期限间的大潮期和小潮期。

评价等级不同，对各类水域调查时期的要求也不同。不同评价等级时各类水域的水质调查时期见表 4-9。

表 4-9 不同评价等级时各类水域的调查时期

水域	一级	二级	三级
河流	一般情况，为一个水文年的丰水期、平水期和枯水期；若评价时间不够，至少应调查平水期和枯水期	条件许可，可调查一个水文年的丰水期、平水期和枯水期；一般情况，可只调查枯水期和平水期；若评价时间不够，可只调查枯水期	一般情况，可只在枯水期限调查
河口	一般情况，为一个潮汐年的丰水期、平水期限和枯水期；若评价时间不够，至少应调查平水期和枯水期	一般情况，应调查平水期和枯水期；若评价时间不够，可只调查枯水期	一般情况，可只在枯水期调查
湖泊（水库）	一般情况，为一个水文年的丰水期、平水期限和枯水期；若评价时间不够，至少应调查平水期和枯水期	一般情况，应调查平水期和枯水期；若评价时间不够，可只调查枯水期	一般情况，可只在枯水期调查

续表

水域	一级	二级	三级
海	一般情况,应调查评价工作期间的大潮期和小潮期	一般情况,应调查评价工作期间的大潮期和小潮期	一般情况,应调查评价工作期间的大潮期和小潮期

注:1. 当调查区域面源污染严重,丰水期水质劣于枯水期时,一、二级评价的各类水域应调查丰水期,若时间允许,三级评价也应调查丰水期。

2. 冰封期较长的水域,且作为生活饮用水、食品加工用水的水源或渔业用水时,应调查冰封期的水质、水文情况。

3. 水文调查与水文测量

水文调查应尽量向有关的水文测量和水质监测等部门收集现有资料,当上述资料不足时,应进行一定的水文调查与测量,特别是与水质调查同步进行的水文测量。一般情况,水文调查与水文测量在枯水期进行,必要时,其他时期（丰水期、平水期、冰封期等）可进行补充调查。

河流水文调查与水文测量的内容应根据评价等级、河流的规模决定。不同水域的调查内容见表4-10。

表 4-10　不同水域的调查内容

水域	调查内容
河流	丰水期、平水期、枯水期的划分;河流平直及弯曲情况;横断面、坡度、水位、水深、河宽、流量、流速及其分布、水温、糙率及泥沙含量等;丰水期有无分流漫滩,枯水期有无浅滩、沙洲和断流;北方河流需了解结冰、封冰、解冻等现象。河网地区应调查各河段流向、流速、流量关系及其变化特点
感潮河口	除与河流相同的内容外,还有感潮河段的范围,涨潮、落潮及平潮时的水位、水深、流向、流速及其分布,横断面、水面坡度以及潮间隙、潮差和历时等
湖泊、水库	湖泊水库的面积和形状(附平面图),丰水期、平水期、枯水期的划分,流入、流出的水量,停留时间,水量的调度和贮量,湖泊、水库的水深,水温分层情况及水流状况等
海湾	海岸形状、海底地形、潮位及水深变化、潮流状况(小潮和大潮循环期间的水流变化、平行于海岸线流动的落潮和涨潮)、流入的河水流量、盐度和温度造成的分层情况、水温、波浪的情况以及内海水与外海水的交换周期等
降雨调查	需要预测建设项目的面源污染时,应调查历年的降雨资料,并根据预测的需要对资料统计分析

4. 水质调查

(1) 选择监测参数　水质调查时应尽量采用现有数据资料,如资料不足时应实测。水质调查所选择的水质参数包括两类;一类是常规水质参数,能反映水域水质一般状况;另一类是特征水质参数,能代表建设项目将来排放的水质。在某些情况下,还需调查一些其他补充项目。水质调查选择的监测参数见表4-11。

表 4-11　水质调查选择的监测参数

分类	监测参数
常规水质参数	pH、DO、COD_{Mn} 或 COD_{Cr}、BOD_5、凯氏氮或非离子氨、酚、氰化物、砷、汞、铬(六价)、总磷以及水温为基础,根据水域类别、评价等级、污染源状况适当删减
特征水质参数	根据建设项目特点、水域类别及评价等级选定。可按行业编制的特征水质参数表进行选择,具体情况可以适当删减

分类	监测参数
其他补充项目	当受纳水域的环境保护要求较高(如自然保护区、饮用水源地、珍贵水生生物保护区、经济鱼类养殖区等),且评价等级为一、二级时,应考虑调查水生生物和底质。水生生物方面:浮游动植物、藻类、底栖无脊椎动物的种类和数量、水生生物群落结构等。底质方面:主要调查与拟建工程排水水质有关的易积累的污染物

(2) 各类水域布设水质取样断面及取样点的原则与方法

① 河流、河口取样断面及取样点布设　河流与河口的取样断面及取样点的布设原则与取样方法见表4-12。取样断面上取样点的布设方法见表4-13、表4-14。

表 4-12　河流、河口的取样断面及取样点的布设原则与方法

原则	河　流	河口
取样断面的布设原则	在调查范围的两端应布设取样断面,调查范围内重点保护水域及重点保护对象附近的水域、水文特征突变处(如支流汇入处等)、水质急剧变化处(如污水排入处等)、重点水工构筑物(如取水口、桥梁涵洞)等附近、水文站附近等应布设取样断面。还应适当考虑拟进行水质预测的地点。 在建设项目拟建排污口上游500m处应设置一个取样断面	同河流部分
取样方法	三级评价:需要预测混合过程段水质的场合,每次应将该段内各取样断面中每条垂线上的水样混合成一个水样。其他情况每个取样断面每次只取一个混合水样,即在该断面上各处所取的水样混匀成一个水样。 二级评价:同三级评价。 一级评价:每个取样点的水样均应分析,不取混合样	同河流部分

表 4-13　地表水取样垂线要求

江、河水系水面宽度	垂线条数	垂线位置
≤50m	1	中泓垂线
50~100m	2	近左、右岸有明显水流处各设一条
≥100m	3	设左、中、右三条(中泓及近左、右岸明显水流处)

表 4-14　垂线上取样水深要求

水深	垂线条数	垂线位置
≤0.5m	1	1/2 水深处
0.5~5m	1	水面下 0.5m 处
5~10m	2	水面下 0.5m 处和水底以上 0.5m 处
>10m	3	水面下 0.5m 处,水底以上 0.5m 处和 1/2 水深处

② 湖泊、水库、海湾取样断面及取样点布设　湖泊、水库、海湾的取样断面及取样点的原则与方法见表4-15。

表 4-15 湖泊、水库的取样断面及取样点的布设原则与方法

原则	湖泊、水库	海湾
取样位置的布设原则、方法和数目	大、中型湖泊、水库： ①当建设项目污水排放量小于 50000m³/d 时 一级评价：每 1~2.5km² 布设一个取样位置； 二级评价：每 1.5~3.5km² 布设一个取样位置； 三级评价：每 2~4km² 布设一个取样位置。 ②当建设项目污水排放量大于 50000m³/d 时 一级评价：每 3~6km² 布设一个取样位置； 二、三级评价：每 4~7km² 布设一个取样位置 小型湖泊、水库： ①当建设项目污水排放量水于 50000m³/d 时 一级评价：每 0.5~1.5km² 布设一个取样位置； 二、三级评价：每 1~2km² 布设一个取样位置。 ②当建设项污水排放量大于 50000m³/d 时，各级评价均为每 0.5~1.5km² 布设一个取样位置	①当建设项目污水排放量小于 50000m³/d 时 一级评价：每 1.5~3.5km 布设一个样位置； 二级评价：每 2~4.5km² 布设一个取样位置； 三级评价：每 3~5.5km² 布设一个取样位置。 ②当建设项目污水排放量大于 50000m³/d 时 一级评价：每 4~7km² 布设一个取样位置； 二、三级评价：每 5~8km² 布设一个取样位置
取样位置上取样点的确定	大、中型湖泊、水库： 当平均水深小于 10m 时，取样点设在水面下 0.5m 处，但此点距底不应小于 0.5m。 平均水深大于等于 10m 时，首先要根据现有资料查明此湖泊(水库)有无温度分层现象，如无资料可供调查，则先测水温。在取样位置水面下 0.5m 处测水温，以下每隔 2m 水深测一个水温值，如发现两点间温度变化较大时，应在这两点间酌量加测几点的水温，目的是找到斜温层。找到斜温层后，在水面下 0.5m 及斜温层以下，距底 0.5m 以上各取一个水样 小型湖泊、水库： 当平均水深小于 10m 时，水面下 0.5m，并距底不小于 0.5m 处设一取样点； 当平均水深大于等于 10m 时，水面下 0.5m 处和水深 10m，并距底不小于 0.5m 处各设一取样点	一般情况，在水深小于等于 10m 时，只在海面下 0.5m 处取一个水样，此点与海底的距离不应小于 0.5m；在水深大于 10m 时，在海面下 0.5 处和水深 10m，并距海底不小于 0.5m 处分别设取样点
取样方法	大、中型湖泊、水库： 各取样位置上不同深度的水样均不混合 小型湖泊、水库： 如水深小于 10m 时，每个取样位置取一个水样； 如水深大于等于 10m 时，则一般只取一个混合样，在上下层水质差距较大时，可不进行混合	每个取样位置一般只有一个水样，即在水深大于 10m 时，将两个水深所取的水样混合成一个水样，但在上下层水质差距较大时，可不进行混合

（3）各类水域水质调查取样的次数与天数　表 4-9 已列出不同评价等级时各类水域的水质调查时期。一般情况下取样时应选择流量稳定、水质变化小、连续晴天、风速不大的时期进行。不同评价等级、各类水域每个水质调查时期取样的次数及每次取样的天数规定见表 4-16。

表 4-16 各类水域水质调查取样的次数与天数

水 域	水质调查取样的次数
河流	① 在调查时期中,每期调查一次,每次调查三四天; ② 至少有一天对所有已选取定的水质参数取样分析; ③ 其他天数对拟预测的水质参数取样; ④ 不预测水温时,只在采样时测水温;在预测水温时,要测日平均水温,一般可采用每隔 6h 测一次的方法求平均水温; ⑤ 一般情况,每天每个水质参数只取一个样,在水质变化很大时,应采用每间隔一定时间采样一次的方法
湖泊、水库	① 在调查时期中(见表 4-9),每期调查一次,每次调查三四天; ② 至少有一天对所有已选定的水质参数取样分析; ③ 其他天数对拟预测的水质参数取样; ④ 表层溶解氧和水温每隔 6h 测一次,并在调查期内适当检测藻类
河口	① 在调查时期中,每次调查三四天,一次在大潮期,一次在小潮期;每个潮期的调查,均应分别采集同一天的高、低潮水样;各监测断面的采样,尽可能同步进行; ② 两天调查中,要对已选定的所有水质参数取样; ③ 在不预测水温时,只在采样时测水温;在预测水温时,要测日平均水温,一般可采用每隔 4~6h 测一次的方法求平均水温
海湾	① 在调查时期中,每期调查一次,每次调查三四天; ② 至少有一天在大潮期,另一天在小潮期,对所有已选定的水质参数取样分析; ③ 其他天数对拟预测的水质参数取样; ④ 所有的水质参数每天在高潮和低潮时各取样一次; ⑤ 在不预测水温时,只在采样时测水温;在预测水温时,每间隔 2~4h 测水温一次

（4）现有水质资料的收集整理 现有水质资料主要向当地水质监测部门搜集。搜集的对象是有关的水质监测报表、环境质量报告书及建于附近的建设项目的环境影响报告书等技术文件中的水质资料。按照时间、地点和分析项目排列整理所搜集的资料,并尽量找出其中各水质参数间的关系及水质变化趋势,同时与可能找到的同步的水文资料一起,分析查找地面水环境对各种污染物的净化能力。

5. 水利用状况（即水域功能）的调查

（1）调查方法 调查的方法以间接为主,并辅以必要的实地踏勘。

（2）调查内容 水利用状况调查可根据需要选择下述全部或部分内容：城市、工业、农业、渔业、水产养殖业等各行业的用水情况,以及各类用水的供需关系、水质要求和渔业、水产养殖等所需的水面面积等。此外,对用于排泄污水或灌溉退水的水体也应调查。在水利用状况调查时还应注意地面水与地下水之间的水力联系。

（五）地下水环境现状调查

地下水环境现状调查包括水文地质条件调查、地下水污染源调查,具体调查要求与内容见表 4-17。

（六）环境噪声现状调查

声环境现状调查内容见表 4-18。

表 4-17　地下水环境现状调查要求与内容

调查项目	调查内容
水文地质条件调查	① 气象、水文、土壤和植被状况； ② 地层岩性、地质构造、地貌特征与矿产资源； ③ 包气带岩性、结构、厚度、分布及垂向渗透系数等； ④ 含水层岩性、分布、结构、厚度、埋藏条件、渗透性、富水程度等，隔水层(弱透水层)的岩性、厚度、渗透性等； ⑤ 地下水类型、地下水补径排条件； ⑥ 地下水水位、水质、水温、地下水化学类型； ⑦ 泉的成因类型、出露位置、形成条件及泉水流量、水质、水温，开发利用情况； ⑧ 集中供水水源地和水源井的分布情况(包括开采层的成井密度、水井结构、深度以及开采历史)； ⑨ 地下水现状监测井的深度、结构以及成井历史、使用功能； ⑩ 地下水环境现状值(或地下水污染对照值)
地下水污染源调查	① 调查评价区内具有与建设项目产生或排放同种特征因子的地下水污染源。 ② 对于一、二级的改、扩建项目，应在可能造成地下水污染的主要装置或设施附近开展包气带污染现状调查，对包气带进行分层取样，一般在 0～20 cm 埋深范围内取一个样品，其他取样深度应根据污染源特征和包气带岩性、结构特征等确定，并说明理由。样品进行浸溶实验，测试分析浸溶液成分

表 4-18　声环境调查内容

项目	调查内容
气象特征	调查建设项目所在区域的主要气象特征：年平均风速和主导风向，年平均气温，年平均相对湿度等
地形地貌特征	收集评价范围内 1:(2000～50000)地理地形图，说明评价范围内声源和敏感目标之间的地貌特征、地形高差及影响声波传播的环境要素
声环境功能区划分	调查评价范围内不同区域的声环境功能区划情况，调查各声环境功能区的声环境质量现状
敏感目标	调查评价范围内的敏感目标的名称、规模、人口的分布等情况，并以图、表相结合的方式说明敏感目标与建设项目的关系(如方位、距离、高差等)
现状声源	建设项目所在区域的声环境功能区的声环境质量现状超过相应标准要求或噪声值相对较高时，需对区域内的主要声源的名称、数量、位置、影响的噪声级等相关情况进行调查。有厂界(或场界、边界)噪声的改、扩建项目，应说明现有建设项目厂界(或场界、边界)噪声的超标、达标情况及超标原因

(七) 生态环境现状调查

1. 生态环境现状调查要求

生态现状调查是生态现状评价、影响预测的基础和依据，调查的内容和指标应能反映评价工作范围内的生态背景特征和现存的主要生态问题。在有敏感生态保护目标（包括特殊生态敏感区和重要生态敏感区）或其他特别保护要求对象时，应作专题调查。

生态现状调查应在收集资料的基础上开展现场工作，生态现状调查的范围应不小于评价工作的范围。生态环境现状评价应达到的具体要求见表 4-19。生态现状调查方法见表 4-20。

表 4-19　生态环境现状调查应达到的具体要求

评价等级	调查要求
一级评价	应给出采样地样方实测、遥感等方法测定的生物量、物种多样性等数据，给出主要生物物种名录、受保护的野生动物植物物种等调查资料
二级评价	生物量和物种多样性调查可依据已有资料推断，或实测一定数量的、具有代表性的样方予以验证
三级评价	可充分借鉴已有资料进行说明

表 4-20　生态现状调查方法

调查方法	调查内容
资料收集法	收集现有的能反映生态现状或生态背景的资料,从表现形式上分为文字资料和图形资料,从时间上可分为历史资料和现状资料,从收集行业类别上可分为农、林、牧、渔和环境保护部门,从资料性质上可分为环境影响报告书、有关污染源调查、生态保护规划、规定、生态功能区划、生态敏感目标的基本情况以及其他生态调查材料等。使用资料收集法时,应保证资料的现时性,引用资料必须建立在现场校验的基础上
现场勘察法	现场勘察应遵循整体与重点相结合的原则,在综合考虑主导生态因子结构与功能的完整性的同时,突出重点区域和关键时段的调查,并通过对影响区域的实际踏勘,核实收集资料的准确性,以获取实际资料和数据
专家和公众咨询法	专家和公众咨询法是对现场勘察的有益补充。通过咨询有关专家,收集评价工作范围内的公众、社会团体和相关管理部门对项目影响的意见,发现现场踏勘中遗漏的生态问题。专家和公众咨询应与资料收集和现场勘察同步开展
生态监测法	当资料收集、现场勘察、专家和公众咨询提供的数据无法满足评价的定量需要,或项目可能产生潜在的或长期累积效应时,可考虑选用生态监测法。生态监测应根据监测因子的生态学特点和干扰活动的特点确定监测位置和频次,有代表性地布点。生态监测方法与技术要求须符合国家现行的有关生态监测规范和监测标准分析方法;对于生态系统生产力的调查,必要时需现场采样、实验室测定
遥感调查法	当涉及区域较大或主导生态因子的空间等级尺度较大,通过人力踏勘较为困难或难以完成评价时,可采用遥感调查法。遥感调查过程中必须辅助必要的现场勘察工作
海洋生态调查方法	海洋生态要素调查包括海洋生物要素调查、海洋环境要素调查及人类活动要素调查。其中海洋生物要素调查包括海洋生物群落结构要素调查、海洋生态系统功能要素调查;海洋环境要素调查包括海洋水文要素调查、海洋气象要素调查、海洋光学要素调查、海水化学要素调查、海洋底质要素调查;人类活动要素调查包括海水养殖生产要素调查、海洋捕捞生产要素调查、入海污染要素调查、海上油田生产要素调查、其他人类活动要素调查
水库渔业资源调查方法	水库形态与自然环境调查、水库污染状况调查、水库沉积物调查、水的理化性质调查、浮游植物和浮游动物调查、浮游植物叶绿素测定、浮游植物初级生产力测定、微生物调查、底栖动物调查、着生生物调查、大型水生植物调查、鱼类调查、经济鱼类的鱼卵场调查、其他水生经济动物调查

2. 调查内容

(1) 生态背景调查　根据生态影响的空间和时间尺度特点,调查受影响区域内涉及的生态系统类型、结构、功能和过程,以及相关的非生物因子特征（如气候、土壤、地形地貌、水文及水文地质等）,重点调查受保护的珍稀濒危物种、关键种、土著种、建群种和特有种、天然的重要经济物种等。如涉及国家级和省级保护物种、珍稀濒危物种和地方特有物种时,应逐个说明其类型、分布、保护级别、保护状态等;如涉及特殊生态敏感区和重要生态敏感区时,应逐个说明其类型、等级、分布、保护对象、功能区划、保护要求等。

(2) 主要生态问题调查　调查受影响区域内已经存在的制约本区域可持续发展的主要生态问题,如水土流失、沙漠化、石漠化、盐渍化、自然灾害、生物入侵和污染危害等,指出其类型、成因、空间分布、发生特点等。

3. 实例

【例 4-1】 水利建设项目

一水利建设项目包括修水库＋水坝＋取水工程,水库库容 $2.4 \times 10^9 \, m^3$,坝高为 54m,装机容量为 80MW,拟移民安置当地居民 1870 人,就地后退安置,并且耕地被淹 3000 亩（1 亩＝667m^2）,水坝的回水距离为 27km,河水下游是经济鱼类栖息地、土著鱼的索饵场和产卵场。

项目区域面积 35km²，区域内有一省级自然保护区，但不影响该区。邻近 8km 有一二级水源保护区，占有基本农田 15 亩。

问：大坝上游陆域生态环境现状调查应包括哪些内容？

【解】大坝上游陆域生态环境现状调查应包括以下内容。

① 森林调查：阐明植被类型、组成、结构特点、生物多样性等；评价生物损失量、物种影响、有无重点保护物种，有无重要功能要求。

② 陆生动物：种群、分布、数量及其物种影响、评价生物损失；有无重点保护物种，如有重点保护动物分布范围、栖息地、生活习性、迁徙途径和区域的生态完整性等。

③ 农业生态：占地类型、面积、占用基本农田数量，农业土地生产力、农业土地质量。

④ 水土流失：侵蚀模数、程度、侵蚀量及损失，发展趋势及造成生态问题，工程与水土流失关系。

⑤ 景观资源：项目涉及自然保护区、风景名胜区等敏感区域，需阐明敏感区与工程的区位关系，各敏感区内保护动植物数量、名录、分布及生活习性。

（八）风险源调查

1. 风险识别的范围和类型

（1）风险识别范围　包括生产设施风险识别和生产过程所涉及的物质风险识别。

① 生产设施风险识别范围：主要生产装置、贮运系统、公用工程系统、环保设施及辅助生产设施等；

② 物质风险识别范围：主要原材料及辅助材料、燃料、中间产品、最终产品以及生产过程排放的"三废"污染物等。

（2）风险类型　根据有毒有害物质放散起因，分为火灾、爆炸和泄漏三种类型。

2. 风险识别内容

（1）资料收集和准备　进行风险识别需要收集的资料和准备的内容见表 4-21。

表 4-21　风险识别需要收集的资料和准备的内容

资料类型	资料内容
建设项目工程资料	可行性研究、工程设计资料、建设项目安全评价资料、安全管理体制及事故应急预案资料
环境资料	利用环境影响报告书中有关厂址周边环境和区域环境资料，重点收集人口分布资料
事故资料	国内外同行业事故统计分析及典型事故案例资料

（2）生产过程潜在危险性识别　根据建设项目的生产特征，结合物质危险性识别，对项目功能系统划分功能单元，按表 3-18～表 3-20 确定潜在的危险单元及重大危险源。

（3）物质危险性识别　按表 3-17 对项目所涉及的有毒有害、易燃易爆物质进行危险性识别和综合评价，筛选环境风险评价因子。

三、厂址周边环境敏感区调查

（一）环境敏感区

环境敏感区，是指依法设立的各级各类自然、文化保护地，以及对建设项目的某类污染因子或者生态影响因子特别敏感的区域，敏感区分类见表 4-22。

表 4-22　敏感区分类

类别名称	敏感区
一类	自然保护区、风景名胜区、世界文化和自然遗产地、饮用水水源保护区
二类	基本农田保护区、基本草原、森林公园、地质公园、重要湿地、天然林、珍稀濒危野生动植物天然集中分布区、重要水生生物的自然产卵场、索饵场、越冬场和洄游通道、天然渔场、资源性缺水地区、水土流失重点防治区、沙化土地封禁保护区、封闭及半封闭海域、富营养化水域
三类	以居住、医疗卫生、文化教育、科研、行政办公等为主要功能的区域,文物保护单位,具有特殊历史、文化、科学、民族意义的保护地

注：摘自《建设项目环境影响评价分类管理名录》,2015。

（二）生态敏感区

生态敏感区分类见表 3-24。

四、现状调查产生的图件

环境现状调查过程中产生的图件见表 4-23。

表 4-23　现状调查产生的图件

调查内容	产生的图件
地理位置	地理位置图
地质环境	地层图
地形地貌	地形图
土壤与水土流失	土壤和水土流失现状图、植被图、土壤分布图
气象要素	风向、风速、风玫瑰图
地面水	水系图
水文地质（地下水）	地质剖面图,地下水等深线图
生态环境	① 特殊生态敏感区和重要生态敏感区空间分布图; ② 土壤侵蚀分布图; ③ 水环境功能区划图; ④ 当涉及地下水时,可提供水文地质图件等; ⑤ 当评价工作范围涉及海洋和海岸带时,可提供海域岸线图、海洋功能区划图; ⑥ 根据评价需要选作海洋渔业资源分布图、主要经济鱼类产卵场分布图、滩涂分布现状图; ⑦ 当评价工作范围内已有土地利用规划时,可提供已有土地利用规划图和生态功能分区图; ⑧ 当评价工作范围内涉及地表塌陷时,可提供塌陷等值线图; ⑨ 此外,可根据评价工作范围内涉及的不同生态系统类型,选作动植物资源分布图、珍稀濒危物种分布图、基本农田分布图、绿化布置图、荒漠化土地分布图等

思考题

1. 简述环境现状调查的概念以及环境现状调查的好处。
2. 简述环境现状调查的基本要求。

3. 环境现状调查的方法有哪些以及这些方法的优缺点？

4. 环境现状调查都包括哪些内容？

5. 请举例说明各类水域水质调查取样的次数和天数。

6. 何为环境敏感区？环境敏感区可分为几类？

7. 简述现状调查产生的图件。

第五章 环境现状监测与评价

第一节 环境监测方案

一、环境监测方案的构成

进行环境质量监测的第一步工作是制定监测方案，因为能否从监测结果中正确和准确地得到关于环境质量的信息，除了仪器设备的先进程度和所处的工作状态外，更重要的是取决于监测方案是否得当。一个完整的监测方案应包括以下内容。

① 监测因子；
② 监测点位/断面；
③ 监测时间；
④ 取样要求。

二、环境监测方案的制订

（一）确定监测因子

能表明环境质量的因子有很多，在实际工作中没有必要也没有可能对所有的因子进行监测，只能从中选择一些能起指示作用的项目进行监测。

1. 地表水环境质量现状监测因子

（1）监测因子确定原则　地表水环境现状监测因子的确定原则见表 5-1。

表 5-1　地表水环境现状监测因子的确定原则

序号	确定原则
1	选择国家和地方的地表水环境质量标准中要求控制的监测因子
2	选择对人和生物危害大、对地表水环境影响范围广的污染物
3	选择国家水污染物排放标准中要求控制的监测因子
4	所选监测因子有"标准分析方法"、"全国统一监测分析方法"
5	各地区可根据本地区污染源的特征和水环境保护功能的划分,酌情增加某些选测项目

（2）监测因子　地表水的监测因子分为常规因子和特征因子。常规因子从《地表水环境质量标准》（GB 3838—2002）表 1 中的 24 项基本项目中筛选，如果监测的地表水体为集中式生活饮用水水源地的话，除表 1 中的基本项目外，还要从表 2 中的补充项目以及表 3 中的特定项目中筛选，见表 5-2～表 5-4。

表 5-2　地表水环境质量标准基本项目

序号	项目	序号	项目	序号	项目
1	水温/℃	9	总氮(湖、库,以 N 计)	17	铬(六价)
2	pH 值(无量纲)	10	铜	18	铅
3	溶解氧	11	锌	19	氰化物
4	高锰酸盐指数	12	氟化物(以 F⁻ 计)	20	挥发酚
5	化学需氧量(COD)	13	硒	21	石油类
6	五日生化需氧量(BOD₅)	14	砷	22	阴离子表面活性剂
7	氨氮(NH₃-N)	15	汞	23	硫化物
8	总磷(以 P 计)	16	镉	24	粪大肠菌群/(个/L)

表 5-3　集中生活饮用水地表水源地补充项目

序号	项目	序号	项目
1	硫酸盐(以 SO_4^{2-} 计)	4	铁
2	氯化物(以 Cl⁻ 计)	5	锰
3	硝酸盐(以 N 计)		

表 5-4　集中式生活饮用水地表水源地特定项目

序号	项目	序号	项目	序号	项目	序号	项目
1	三氯甲烷	21	乙苯	41	丙烯酰胺	61	内吸磷
2	四氯化碳	22	二甲苯①	42	丙烯腈	62	百菌清
3	三溴甲烷	23	异丙苯	43	邻苯二甲酸二丁酯	63	甲萘威
4	二氯甲烷	24	氯苯	44	邻苯二甲酸二(2-乙基己基)酯	64	溴氰菊酯
5	1,2-二氯乙烷	25	1,2-二氯苯	45	水合肼	65	阿特拉津
6	环氧氯丙烷	26	1,4-二氯苯	46	四乙基铅	66	苯并[a]芘
7	氯乙烯	27	三氯苯②	47	吡啶	67	甲基汞
8	1,1-二氯乙烯	28	四氯苯③	48	松节油	68	多氯联苯⑥
9	1,2-二氯乙烯	29	六氯苯	49	苦味酸	69	微囊藻毒素-LR
10	三氯乙烯	30	硝基苯	50	丁基黄原酸	70	黄磷
11	四氯乙烯	31	二硝基苯④	51	活性氯	71	钼
12	氯丁二烯	32	2,4-二硝基甲苯	52	滴滴涕	72	钴
13	六氯丁二烯	33	2,3,6-三硝基甲苯	53	林丹	73	铍
14	苯乙烯	34	硝基氯苯⑤	54	环氧七氯	74	硼
15	甲醛	35	2,4-二硝基氯苯	55	对硫磷	75	锑
16	乙醛	36	2,4-二硝基苯酚	56	甲基对硫磷	76	镍
17	丙烯醛	37	2,4,6-三氯苯酚	57	马拉硫磷	77	钡
18	三氯乙醛	38	五氯酚	58	乐果	78	钒
19	苯	39	苯胺	59	敌敌畏	79	钛
20	甲苯	40	联苯胺	60	敌百虫	80	铊

① 二甲苯:指对二甲苯、间二甲苯、邻二甲苯。

② 三氯苯:指 1,2,3-三氯苯、1,2,4-三氯苯、1,3,5-三氯苯。

③ 四氯苯:指 1,2,3,4-四氯苯、1,2,3,5-四氯苯、1,2,4,5-四氯苯。

④ 二硝基苯:指对二硝基苯、间二硝基苯、邻二硝基苯。

⑤ 硝基氯苯:指对硝基氯苯、间硝基氯苯、邻硝基氯苯。

⑥ 多氯联苯:指 PCB-1016、PCB-1221、PCB-1232、PCB-1242、PCB-1248、PCB-1254、PCB-1260。

特征因子一般根据项目排放污染物的类型决定，各种行业废水中的常见污染因子见表5-5。

表5-5　各种行业废水中的常见污染因子

序号	建设项目类别		污染因子
1	城市生活污水及生活污水处理场		pH、BOD$_5$、COD、悬浮物、总磷、氨氮、表面活性剂、磷酸盐、水温、细菌总数、大肠杆菌、动植物油、色度、溶解氧
2	生产区及娱乐设施		pH、BOD$_5$、COD、悬浮物、氨氮、磷酸盐、表面活性剂、动植物油、水温、溶解氧
3	黑色金属矿山（包括磷铁矿、赤铁矿、锰矿等）		pH、COD、悬浮物、硫化物、铜、铅、锌、镉、镍、铬、锰、砷、汞、六价铬
4	黑色冶金（包括选矿、烧结、炼焦、炼钢、轧钢等）		pH、COD、悬浮物、硫化物、氟化物、挥发酚、石油类、铜、铅、锌、镉、镍、铬、锰、砷、汞、六价铬
5	选矿药剂		pH、COD、悬浮物、硫化物、铜、铅、锌、镉、镍、铬、锰砷、汞、六价铬
6	有色金属矿山及冶炼（包括选矿、烧结、电解、精炼等）		pH、COD、悬浮物、氰化物、硫化物、铜、铅、锌、镉、镍、铬、锰、砷、汞、六价铬、铍
7	火力发电（热电）		pH、COD、悬浮物、硫化物、石油类、水温、氟化物等
8	煤矿（包括洗煤）		pH、COD、悬浮物、硫化物、石油类、砷
9	焦化及煤气制气		pH、COD、BOD$_5$、悬浮物、硫化物、氰化物、挥发酚、石油类、氨氮、苯系物、多环芳烃、砷、苯并[a]芘、溶解氧
10	石油开采		pH、COD、悬浮物、石油类、硫化物、挥发酚、总铬
11	石油炼制		pH、COD、悬浮物、石油类、硫化物、挥发酚、氰化物、苯系物、多环芳烃、苯并[a]芘
12	化学矿开采	硫铁矿	pH、COD、悬浮物、硫化物、铜、铅、锌、镉、砷、汞、六价铬
		磷矿	pH、COD、悬浮物、氟化物、硫化物、铅、砷、汞、磷
		萤石矿	pH、COD、悬浮物、氟化物
		汞矿	pH、COD、悬浮物、硫化物、铅、砷、汞
		雄黄矿	pH、COD、悬浮物、硫化物、砷
13	无机原料	硫酸	pH、COD、悬浮物、氟化物、硫化物、铜、铅、砷
		氯碱	pH、COD、悬浮物、汞
		铬盐	pH、COD、悬浮物、六价铬、总铬
14	有机原料		pH、COD、悬浮物、挥发酚、氰化物、苯系物、硝基苯类、有机氯类
15	塑料		pH、COD、悬浮物、石油类硫化物、氰化物、氟化物、苯系物、苯并[a]芘
16	化纤		pH、COD、悬浮物、石油类、色度
17	橡胶		pH、COD、悬浮物、硫化物、石油类、六价铬、苯系物、苯并[a]芘、铜、铅、锌、镉、镍、铬、砷、汞
18	制药		pH、COD、悬浮物、石油类、挥发酚、苯胺类、硝基苯类
19	染料		pH、COD、悬浮物、挥发酚、色度、硫化物、苯胺类、硝基苯类、TOC
20	颜料		pH、COD、悬浮物、硫化物、汞、六价铬、色度、铜、铅、锌、镉、镍、铬、砷
21	油漆		pH、COD、悬浮物、挥发酚、石油类、六价铬、铅、苯系物、硝基苯类
22	合成洗涤剂		pH、COD、悬浮物、阴离子合成洗涤剂、石油类、苯系物、动植物油、磷酸盐
23	合成脂肪酸		pH、COD、悬浮物、动植物油
24	感光材料		pH、COD、悬浮物、挥发酚、硫化物、氰化物、银、显影剂及其氧化物

续表

序号	建设项目类别		污染因子
25	其他有机化工		pH、COD、悬浮物、石油类、挥发酚、氰化物、硝基苯类
26	化肥	磷肥	pH、COD、悬浮物、磷酸盐、氟化物、元素磷、砷
		氮肥	pH、COD、悬浮物、氨氮、挥发酚、氰化物、砷、铜
27	农药	有机磷	pH、COD、悬浮物、挥发酚、硫化物、有机磷、元素磷
		有机氮	pH、COD、悬浮物、挥发酚、硫化物、有机氮
28	电镀		pH、COD、悬浮物、氰化物、铜、铅、锌、镉、镍、铬
29	机械制造		pH、COD、悬浮物、石油类、氰化物、铜、铅、锌、镉、镍、铬
30	电子仪器、仪表		pH、COD、悬浮物、石油类、氰化物、铜、铅、锌、镉、镍、铬、汞、氟化物、苯系物
31	造纸		pH、COD、悬浮物、挥发酚、硫化物、色度
32	纺织印染		pH、COD、悬浮物、挥发酚、硫化物、色度
33	皮革		pH、COD、BOD$_5$、悬浮物、硫化物、氯化物、色度、动植物油、总铬、六价铬
34	水泥		pH、COD、悬浮物、石油类
35	油毡		pH、COD、BOD$_5$、悬浮物、挥发酚、硫化物、石油类、苯并[a]芘
36	玻璃、玻璃纤维		pH、COD、悬浮物、挥发酚、氰化物、铅、氟化物
37	陶瓷制造		pH、COD、悬浮物、铜、铅、锌、镉、镍、铬、汞、砷
38	石棉(开采与加工)		pH、COD、悬浮物、石棉、挥发酚
39	食品加工、发酵、酿造、味精		pH、COD、BOD$_5$、悬浮物、氨氮、硝酸盐氮、动植物油、大肠杆菌数、含盐量
40	制糖		pH、COD、BOD$_5$、悬浮物、硫化物、大肠杆菌数
41	火工		pH、COD、悬浮物、硫化物、硝基苯类、铜、铅、锌、镉、镍、铬
42	电池		pH、COD、悬浮物、铜、铅、锌、镉、镍、铬、汞
43	绝缘材料		pH、COD、悬浮物、挥发酚、甲醛
44	人造板材、木器加工		pH、COD、悬浮物、挥发酚、木质素

注：摘自《关于建设项目环境保护设施竣工验收监测管理有关问题的通知》（环发〔2000〕38号）。

2. 地下水环境质量现状监测因子

地下水环境质量现状监测因子主要根据《地下水环境质量标准》（GB/T 14848—93）和《环境影响评价技术导则 地下水环境》（HJ 610—2016）确定。

根据《地下水环境质量标准》（GB/T 14848—93）的规定，地下水监测项目为39项，其中常规的监测项目为pH、氨氮、硝酸盐、亚硝酸盐、挥发性酚类、氰化物、砷、汞、铬（六价）、总硬度、铅、氟、镉、铁、锰、溶解性总固体、高锰酸盐指数、硫酸盐、氯化物、大肠菌群，以及反映项目或规划实施所在地区的主要水质问题的其他项目。

根据《环境影响评价技术导则 地下水环境》（HJ 610—2016）规定，对项目或规划实施所在地区的地下水水质和水位均要进行监测，地下水水质现状监测因子见表5-6。

3. 大气环境质量现状监测因子

① 凡项目或规划实施后排放的大气污染物属于《环境空气质量标准》（GB 3095—2012）中表1环境空气污染物基本项目和表2环境空气污染物其他项目中的污染物，见表5-7、表5-8，应作为常规污染物进行监测，如 SO$_2$、NO$_2$、PM$_{10}$ 等。

表 5-6　地下水水质现状监测因子

监测因子类型	监测因子
八大离子	K^+、Na^+、Ca^{2+}、Mg^{2+}、CO_3^{2-}、HCO_3^-、Cl^-、SO_4^{2-}
基本水质因子	以 pH、氨氮、硝酸盐、亚硝酸盐、挥发性酚类、氰化物、砷、汞、铬（六价）、总硬度、铅、氟、镉、铁、锰、溶解性总固体、高锰酸盐指数、硫酸盐、氯化物、总大肠菌群、细菌总数等及背景值超标的水质因子为基础。 可根据区域地下水类型、污染源状况适当调整
特征因子	根据《环境影响评价技术导则　地下水环境》（HJ 610—2016）中地下水环境影响的识别结果确定。 特征因子应根据建设项目污废水成分（可参照 HJ/T 2.3）、液体物料成分、固体废物浸出液成分等确定。 可根据区域地下水化学类型、污染源状况适当调整

表 5-7　环境空气污染物基本项目

序号	污染物项目	序号	污染物项目
1	二氧化硫	4	臭氧
2	二氧化氮	5	颗粒物（粒径小于等于 10 μm）
3	一氧化碳	6	颗粒物（粒径小于等于 2.5 μm）

表 5-8　环境空气污染物其他项目

序号	污染物项目	序号	污染物项目
1	总悬浮颗粒物	3	铅
2	氮氧化物	4	苯并[a]芘（BaP）

② 凡项目或规划实施后排放的特征污染物有国家或地方环境质量标准的、或者有《工业企业设计卫生标准》（TJ 36—79）中规定的居住区大气中有害物质的最高允许浓度的，应筛选为监测因子，如 NH_3、H_2S 等，见表 5-9。

表 5-9　居住区大气中有害物质

序号	物质名称	序号	物质名称
1	一氧化碳	18	环氧氯丙烷
2	乙醛	19	氟化物
3	二甲苯	20	氨
4	二氧化硫	21	氧化氮
5	二硫化碳	22	砷化物
6	五氧化二磷	23	敌百虫
7	丙烯腈	24	酚
8	丙烯醛	25	硫化氢
9	丙酮	26	硫酸
10	甲基对硫磷（甲基 E605）	27	硝基苯
11	甲醇	28	铅及其无机化合物
12	甲醛	29	氯
13	汞	30	氯丁二烯
14	吡啶	31	氯化氢
15	苯	32	铬（六价）
16	苯乙烯	33	锰及其化合物
17	苯胺	34	飘尘

③ 对没有相应环境质量标准的污染物，且属于毒性较大的，应按照实际情况选取有代表性的污染物作为监测因子，同时应给出参考标准值和出处，如 CS_2。

4. 声环境质量现状监测因子

环境噪声监测因子为等效连续 A 声级；突发性噪声监测因子为最大 A 声级及噪声持续时间；机场飞机噪声的监测因子为计权等效连续感觉噪声级（WECPNL）。

（二）确定监测点位/断面

确定监测点位/断面是为了掌握环境质量及其变化在空间上的分布特征。在不同的环境要素中和对不同的监测项目，监测点位/断面的布置也不同。

1. 地表水环境质量现状监测断面

（1）监测断面布设原则　监测断面在总体和宏观上须能反映水系或所在区域的水环境质量状况。各断面的具体位置须能反映所在区域环境的污染特征；并尽可能以最少的断面获取足够的有代表性的环境信息；同时还须考虑实际采样时的可行性和方便性。地表水监测断面布设原则见表 5-10。

表 5-10　地表水监测断面布设原则

序号	布设原则
1	对流域或水系要设立背景断面、控制断面（若干）和入海口断面。对行政区域可设背景断面（对水系源头）或入境断面（对过境河流）或对照断面、控制断面（若干）和入海河口断面或出境断面。在各控制断面下游，如果河段有足够长度（至少 10km），还应设消减断面
2	根据水体功能区设置控制监测断面，同一水体功能区至少要设置 1 个监测断面
3	断面位置应避开死水区、回水区、排污口处，尽量选择顺直河段、河床稳定、水流平稳、水面宽阔、无急流、无浅滩处

（2）监测断面设置方法　地表水监测断面设置方法见表 5-11。

表 5-11　监测断面设置方法

序号	断面名称	设置方法
1	背景断面	能反映水系未受污染时的背景值。原则上应设在水系源头处或未受污染的上游河段，如选定断面处于地球化学异常区，则要在异常区的上、下游分别设置。如有较严重的水土流失情况，则设在水土流失区的上游
2	入境断面	用来反映水系进入某行政区域时的水质状况，应设置在水系进入本区域且尚未受到本区域污染源影响处
3	控制断面	用来反映某排污区（口）排放的污水对水质的影响，应设置在排污区（口）的下游，污水与河水基本混匀处。 控制断面的数量、控制断面与排污区（口）的距离可根据以下因素决定：主要污染区的数量及其间的距离、各污染源的实际情况、主要污染物的迁移转化规律和其他水文特征等。此外，还应考虑对纳污量的控制程度，即由各控制断面所控制的纳污量不应小于该河段总纳污量的 80%。如某河段的各控制断面均有五年以上的监测资料，可用这些资料进行优化，用优化结论来确定控制断面的位置和数量
4	出境断面	用来反映水系进入下一行政区域前的水质。因此应设置在本区域最后的污水排放口下游，污水与河水已基本混匀并尽可能靠近水系出境处。如在此行政区域内，河流有足够长度，则应设消减断面
5	消减断面	主要反映河流对污染物的稀释净化情况，应设置在控制断面下游，主要污染物浓度有显著下降处
6	省（自治区、直辖市）交界断面	省、自治区和直辖市内主要河流的干流，一、二级支流的交界断面，这是环境保护管理的重点断面

2. 地下水环境质量现状监测点位

根据《环境影响评价技术导则 地下水环境》（HJ 610—2016），地下水环境质量现状监测点位遵循的布设原则见表5-12。

表5-12 地下水环境现状监测点位布设原则

序号	布设原则
1	地下水环境现状监测点采用控制性布点与功能性布点相结合的布设原则。监测点应主要布设在建设项目场地、周围环境敏感点、地下水污染源以及对于确定边界条件有控制意义的地点。当现有监测点不能满足监测位置和监测深度要求时，应布设新的地下水现状监测井，现状监测井的布设应兼顾地下水环境影响跟踪监测计划
2	监测层位应包括潜水含水层、可能受建设项目影响且具有饮用水开发利用价值的含水层
3	一般情况下，地下水水位监测点数宜大于相应评价级别地下水水质监测点数的2倍
4	管道型岩溶区等水文地质条件复杂的地区，地下水现状监测点应视情况确定，并说明布设理由
5	在包气带厚度超过100m的评价区或监测井较难布置的基岩山区，地下水水质监测点数无法满足地下水水质监测点布设具体要求（见表5-13）时，可视情况调整数量，并说明调整理由。一般情况下，该类地区一、二级评价项目至少设置3个监测点，三级评价项目根据需要设置一定数量的监测点

地下水水质监测点布设应尽可能靠近建设项目场地或主体工程，监测点数应根据评价等级和水文地质条件确定，监测点布设具体要求见表5-13。

表5-13 地下水水质监测点布设具体要求

序号	评价等级	监测点布设要求
1	一级	潜水含水层的水质监测点应不少于7个点，可能受建设项目影响且具有饮用水开发利用价值的含水层3~5个点。原则上建设项目场地上游和两侧的地下水水质监测点均不得少于1个，建设项目场地及其下游影响区的地下水水质监测点不得少于3个点
2	二级	潜水含水层的水质监测点应不少于5个点，可能受建设项目影响且具有饮用水开发利用价值的含水层2~4个点。原则上建设项目场地上游和两侧的地下水水质监测点均不得少于1个，建设项目场地及其下游影响区的地下水水质监测点不得少于2个点
3	三级	潜水含水层水质监测点应不少于3个，可能受建设项目影响且具有饮用水开发利用价值的含水层1~2个。原则上建设项目场地上游及下游影响区的地下水水质监测点不得少于1个

3. 大气环境质量现状监测点位

大气环境质量现状监测点位的布设应尽量全面、客观、真实地反映评价范围内的环境空气质量。依大气评价等级和污染源布局不同，按照表5-14所示的原则进行监测布点。

表5-14 现状监测布点原则

评价等级	一级评价	二级评价	三级评价
监测点数	≥10	≥6	2~4
布点法	极坐标布点法	极坐标布点法	极坐标布点法

续表

评价等级	一级评价	二级评价	三级评价
布点方位	以监测期间所处季节的主导风向为轴向，取上风向为0°，至少在约0°、45°、90°、135°、180°、225°、270°、315°方向上各设置1个监测点，在主导风向下风向距离中心点（或主要排放源）不同距离，加密布设1~3个监测点。各监测期环境空气敏感区的监测点位置应重合	以监测期间所处季节的主导风向为轴向，取上风向为0°，至少在约0°、90°、180°、270°方向上各设置1个监测点，主导风向下风向应加密布点。如需要进行2期监测，应与一级评价项目相同，根据各监测期所处季节主导风向调整监测点位	以监测期所处季节的主导风向为轴向，取上风向为0°，至少在约0°、180°方向上各设置1个监测点，主导风向下风向应加密布点。如果评价范围内已有例行监测点可不再安排监测
	具体监测点位可根据局地地形条件、风频分布特征以及环境功能区、环境空气保护目标所在方位作适当调整		
布点要求	各个监测点要有代表性，环境监测值应能反映各环境敏感区域、各环境功能区的环境质量，以及预计受项目影响的高浓度区的环境质量		

4. 声环境质量现状监测点位

(1) 区域声环境监测点位设置

① 监测区域网格化　参照 GB 3096 附录 B 中声环境功能区普查监测方法，将整个城市建成区划分成多个等大的正方形网格（如 1000m×1000m），对于未连成片的建成区，正方形网格可以不衔接。网格中水面面积或无法监测的区域（如禁区）面积为 100% 及非建成区面积大于 50% 的网格为无效网格。整个城市建成区有效网格总数应多于 100 个。

② 监测点位布设　在每个网格的中心布设 1 个监测点位。若网格中心点不宜测量（如水面、禁区、马路行车道等），应将监测点位移动到距离中心点最近的可测量位置进行测量。测点位置要符合 GB 3096 中测点选择的要求。

(2) 功能区声环境监测点位设置

① 监测点位筛选　功能区监测采用 GB 3096 附录 B 中定点监测法。按照 GB 3096 附录 B 中普查监测法，各类功能区粗选出其等效声级与该功能区平均等效声级无显著差异，能反映该功能区声环境质量特征的测点若干个，监测点位要满足监测仪器测试条件、监测点位能保持长期稳定、避开反射面和附近的固定噪声源、兼顾行政区划分、4 类声环境功能区选择有噪声敏感建筑物的区域。

② 监测点位数量　巨大、特大城市≥20 个；大城市≥15 个；中等城市≥10 个；小城市≥7 个。各类功能区监测点位数量比例按照各自城市功能区面积比例确定。

(3) 工业企业厂界环境噪声监测点位设置　根据工业企业声源、周围噪声敏感建筑物的布局以及毗邻的区域类别，在工业企业厂界布设多个测点。一般情况下，测点选在工业企业厂界外 1m、高度 1.2m 以上、距任一反射面距离不小于 1m 的位置。当厂界有围墙且周围有受影响的噪声敏感建筑物时，测点应选在厂界外 1m、高于围墙 0.5m 以上的位置。

(4) 交通噪声监测点位设置

① 选点原则

a. 能反映城市建成区内各类道路（城市快速路、城市主干路、城市次干路、含轨道交通走廊的道路及穿过城市的高速公路等）交通噪声排放特征。

b. 能反映不同道路（考虑车辆类型、车流量、车辆速度、路面结构、道路宽度、敏感建筑物分布等）交通噪声排放特征。

② 监测点数量　巨大、特大城市≥100 个；大城市≥80 个；中等城市≥50 个；小城市≥20 个。一个测点可代表一条或多条相近的道路。根据各类道路的路长比例分配点位数量。

③ 监测点位　监测点位选在路段两路口之间，距任一路口的距离大于 50m，路段不足 100m 的选路段中心，测点位于人行道上距路面（含慢车道）20cm 处。

（5）铁路边界噪声监测点位设置　铁路边界噪声监测点位选在铁路边界（距铁路外侧轨道中心线 30m 处）高于地面 1.2m，距反射物不小于 1m 处，点位设置应兼顾铁路两侧噪声敏感建筑物的分布，并且监测布点最好沿着铁路的垂直线布设，可以在一条垂直线上布设多个点位。

（三）确定监测时间

选择监测时间的目的是为了掌握环境质量在时间域上的变化规律。该规律既决定于污染物的排放规律，又受到相应的环境要素特性的影响，因此监测时间必须根据污染物排放的实际情况和环境要素的实际情况决定。

1. 地表水环境质量现状监测时间

地表水环境评价等级不同，对监测时间的要求亦不同。对各类水域监测时间的要求详见表 5-15。

表 5-15　不同评价等级对地表水环境监测的时间要求

水域	一级	二级	三级
河流	一般情况为一个水文年的丰水期、平水期、枯水期。 若评价时间不够，至少应监测平水期和枯水期	条件许可，可监测一个水文年的丰水期、枯水期，一般情况可监测平水期和枯水期。 若评价时间不够，可监测枯水期	监测枯水期
河口	一般情况为一个潮汐年的丰水期、平水期、枯水期。 若评价时间不够，至少应监测平水期和枯水期	一般情况可只监测平水期和枯水期。 若评价时间不够，可只监测枯水期	监测枯水期
湖(库)	一般情况为一个水文年的丰水期、平水期、枯水期。 若评价时间不够，至少应监测平水期和枯水期	一般情况可只调查平水期和枯水期。 若评价时间不够，可只监测枯水期	监测枯水期

注：1. 根据当地水文资料初步确定河流、湖泊、水库的丰水期、平水期、枯水期，同时确定最能代表这三个时期的季节或月份。遇气候异常年份，要根据流量实际变化情况确定。对有水库调节的河流，要注意水库放水或不放水时量的变化。

2. 当被调查的范围内面源污染严重，丰水期水质劣于枯水期时，一级、二级评价的各类水域监测丰水期，时间允许，三级评价也监测丰水期。

3. 冰封期较长的水域，且作为生活饮用水、食品加工用水的水源或渔业用水时，应监测冰封期的水质、水文情况。

2. 地下水环境质量现状监测时间

① 地下水水位监测频率的要求见表 5-16。地下水环境现状监测频率推荐表见表 5-17。

② 基本水质因子的水质监测频率应参照表 5-17，若掌握近 3 年内至少一期水质监测数据，基本水质因子可在评价期补充开展一期现状监测；特征因子在评价期内需至少开展一期现状值监测。

表 5-16 地下水水位监测频率要求

序号	评价等级	水位监测频率
1	一级	若掌握近 3 年内至少一个连续水文年的枯、平、丰期地下水位动态监测资料,评价期内至少开展一次地下水水位监测;若无上述资料,依据表 5-17 开展水位监测
2	二级	若掌握近 3 年内至少一个连续水文年的枯、丰水期地下水动态监测资料,评价期可不再开展现状地下水位监测;若无上述资料,依据表 5-17 开展水位监测
3	三级	若掌握近 3 年内至少一期的监测资料,评价期内可不再进行现状水位监测;若无上述资料,依据表 5-17 开展水位监测

表 5-17 地下水环境现状监测频率推荐表

频次 分布区	水位监测频率			水质监测频率		
评价等级	一级	二级	三级	一级	二级	三级
山前冲(洪)积	枯平丰	枯丰	一期	枯丰	枯	一期
滨海(含填海区)	二期①	一期	一期	一期	一期	一期
其他平原区	枯丰	一期	一期	枯	一期	一期
黄土地区	枯平丰	一期	一期	二期	一期	一期
沙漠地区	枯丰	一期	一期	一期	一期	一期
丘陵山区	枯丰	一期	一期	一期	一期	一期
岩溶裂隙	枯丰	一期	一期	枯丰	一期	一期
岩溶管道	二期	一期	一期	二期	一期	一期

① "二期"的间隔有明显水位变化,其变化幅度接近近年内变幅。

③ 在包气带厚度超过 100m 的评价区或监测井较难布置的基岩山区,若掌握近 3 年内至少一期的监测资料,评价期内可不进行现状水位、水质监测;若无上述资料,至少开展一期现状水位、水质监测。

3. 大气环境质量现状监测时间

一级评价项目应进行二期(冬季、夏季)监测;二级评价项目可取一期不利季节进行监测,必要时应作二期监测;三级评价项目必要时可作一期监测。

每期监测时间,至少应取得有季节代表性的 7 天有效数据。对于评价范围内没有排放同种特征污染物的项目,可减少监测天数。对于部分无法进行连续监测的特殊污染物,可监测其一次质量浓度值,监测时间须满足所用评价标准值的取值时间要求。

4. 声环境质量现状监测时间

《环境影响评价技术导则 声环境》(HJ 2.4—2009)对噪声现状监测的时段作出了如下规定。

① 在声源正常运转或运行工况的条件下测量。

② 每一测点,应分别进行昼间、夜间的测量。

③ 对于噪声起伏较大的情况(如道路交通噪声、铁路噪声、机场噪声),应适当增加昼间、夜间的测量次数,或进行昼夜 24h 的连续监测。

④ 机场噪声必要时要进行一个飞行周期(一般为一周)的监测。

根据环境噪声源的特征,可优化测量时间。

① 固定噪声源 稳态噪声,可测量 1min 的等效声级 L_{eq};非稳态噪声,需要测量整个正常工作时间(或代表性时段)的等效声级 L_{eq}。

② 交通噪声源 对于铁路、城市轨道交通(地面段)、内河航道,昼、夜测量不低于平

均运行密度的 1h 等效声级 L_{eq}，若城市轨道交通（地面段）的运行车次密集，测量时间可缩短至 20min。对于道路交通，昼、夜测量不低于平均运行密度的 20min 等效声级 L_{eq}。

③ 突发噪声　以上监测对象夜间存在突发噪声的，应同时监测测量时段内的最大声级 L_{max}。

（四）取样要求

1. 地表水取样要求

（1）取样垂线　地表水取样垂线的要求见表 4-13。

（2）垂线上取样的水深　地表水垂线上取样水深要求见表 4-14。

2. 地下水取样要求

地下水取样要求根据《环境影响评价技术导则　地下水环境》（HJ 610—2016）确定。具体要求见表 5-18。

表 5-18　地下水取样要求

序号	取样要求
1	根据特征因子在地下水中的迁移特性，选取适当的取样方法
2	一般情况下，只取一个水质样品，取样点深度宜在地下水位以下 1.0m 左右
3	建设项目为改、扩建项目，且特征因子为 DNAPLs（重质非水相液体）时，应至少在含水层底部取一个样品

3. 大气取样要求

《环境空气质量标准》（GB 3095—2012）中对大气污染物监测数据的有效性规定，见表 5-19。

表 5-19　污染物浓度数据有效性的最低要求

污染物项目	平均时间	数据有效性规定
二氧化硫（SO_2）、二氧化氮（NO_2）、颗粒物（粒径小于等于 $10\mu m$）、颗粒物（粒径小于等于 $2.5\mu m$）、氮氧化物（NO_x）	年平均	每年至少有 324 个日平均浓度值 每月至少有 27 个日平均浓度值（二月至少有 25 个日平均浓度值）
二氧化硫（SO_2）、二氧化氮（NO_2）、一氧化碳（CO）、颗粒物（粒径小于等于 $10\mu m$）、颗粒物（粒径小于等于 $2.5\mu m$）、氮氧化物（NO_x）	24 小时平均	每日至少有 20 个小时平均浓度值或采样时间
臭氧（O_3）	8 小时平均	每 8 小时至少有 6 小时平均浓度值
二氧化硫（SO_2）、二氧化氮（NO_2）、一氧化碳（CO）、氮氧化物（NO_x）	1 小时平均	每小时至少有 45 分钟的采样时间
总悬浮颗粒物（TSP）、苯并[a]芘（BaP）、铅（Pb）	年平均	每年至少有分布均匀的 60 个日平均浓度值 每月至少有分布均匀的 5 个日平均浓度值
铅（Pb）	季平均	每季至少有分布均匀的 15 个日平均浓度值 每月至少有分布均匀的 5 个日平均浓度值
总悬浮颗粒物（TSP）、苯并[a]芘（BaP）、铅（Pb）	24 小时平均	每日应有 24 小时的采样时间

三、实例

【例 5-1】　H 造纸公司林纸一体化项目监测方案

H 造纸公司拟在位于大洪河流域的 A 市近郊工业园内新建生产规模为 $1.5 \times 10^5 t/a$ 的化学制浆工程，在距公司 20km、大洪河流域附近建设速生丰产原料林基地。项目组成包括：原料林基地、主体工程（制浆和造纸）、辅助工程（碱回收系统、热电站、化学品制备、空压站、机修、白水回收、堆场及仓库)、公用工程(给水站、污水处理站、配电站、消防站、场内外运输、油库、办公楼及职工生活区)。H公司年工作时间为340天,三班四运转制,其主要生产工艺流程如图5-1所示。

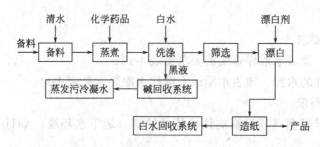

图 5-1　H公司主要生产工艺流程图

厂址东南方向为大洪河,其纳污段水体功能为一般工业用水及一般景观用水。大洪河自东向西流经A市市区。该地区内雨水丰富,多年平均降雨量为1 987.6mm,最大年降雨量为3125.7mm,大洪河多年平均流量为63m³/s,河宽为30~40m,平均水深为7.3m。大洪河在公司排污口下游3km处有一个饮用水源取水口,下游9km处为国家级森林公园,下游约18km处该水体汇入另一较大河流。初步工程分析表明,该项目废水排放量为2230m³/d。

【解】 根据题目给定的已知条件,污水排放量不大(2230m³/d)、污水水质复杂程度属简单(污染物类型为1,均为非持久性污染物,水质参数数目小于7),地面水域规模属中河(流量63m³/s>15m³/s),地表水水质要求Ⅳ类水体(一般工业用水及一般景观要求水域),故地表水评价等级为三级。

制定水环境质量现状调查监测方案如下。

监测水期:枯水期监测一期(三级评价);

监测项目:pH、COD、BOD₅、DO、SS,同步观测水文参数;

监测断面:排污口上游500m处布设1号监测断面,森林公园布设2号监测断面,大洪河入口处布设3号监测断面,在入口处的大河上、下游各设一个4号、5号监测断面,共设5个监测断面。

水质监测时间为5天,大洪河上共设两条取样垂线,水深大于5m,在水面下0.5m深处及距河底0.5m处各取样一个,各4个水样。各取样断面中每条垂线上的水样混合成一个水样。

第二节　环境监测报告

一、监测报告内容

(一)前言

简单介绍项目的名称、监测报告的监测单位、监测时间等。

(二)内容

一份完整的环境监测报告应包括以下内容。

① 监测因子;

② 监测点位；

③ 监测时间和频率；

④ 监测分析方法及主要仪器；

⑤ 监测结果。

二、实例

(一) 实例一

【例 5-2】 某县集中供热锅炉改造项目环境监测报告

现以某县集中供热锅炉改造项目为例，具体介绍环境空气质量监测报告和声环境质量监测报告。该项目环境质量监测报告内容如下。

1. 前言

受某县碧水蓝天水务有限公司委托，某市环境保护监测站于 2013 年 7 月 24 日—7 月 30 日对某县碧水蓝天水务有限公司"某县集中供热锅炉改造项目"所在地周围环境影响区域的环境质量进行了监测，根据监测数据编制了本监测报告。

2. 监测内容

(1) 环境空气质量监测　监测点位及监测因子：厂区、某县、A 村监测 PM_{10}、SO_2、NO_2、NH_3、H_2S、臭氧浓度；B 村、C 村、D 村只监测 PM_{10}、SO_2、NO_2。

监测时间及频率：于 2013 年 7 月 24 日—30 日连续监测 7 天。PM_{10}、SO_2、NO_2 24 小时平均浓度每天采样 20 小时；SO_2、NO_2 1 小时平均浓度每天采样 4 次，每次采样 45min，具体时间为 02：00、08：00、14：00、20：00。NH_3、H_2S 小时均值，每天监测 4 次，连续监测 7 天。臭氧浓度于 2013 年 7 月 25 日—26 日连续监测 2 天，每天 4 次。

本次环境空气质量现状监测共设 6 个监测点位，各监测点位编号及对应的监测因子如表 5-20 所示。

表 5-20　监测点位编号及对应监测因子

点位编号	监测点位名称	监测因子
1	厂区	PM_{10}、SO_2、NO_2、NH_3、H_2S、臭氧浓度
2	某县	PM_{10}、SO_2、NO_2、NH_3、H_2S、臭氧浓度
3	A村	PM_{10}、SO_2、NO_2、NH_3、H_2S、臭氧浓度
4	B村	PM_{10}、SO_2、NO_2
5	C村	PM_{10}、SO_2、NO_2
6	D村	PM_{10}、SO_2、NO_2

(2) 声环境质量现状监测　监测点位：厂界四周各设 1 个监测点。

监测因子：等效连续 A 声级 (L_{eq})。

监测时间及频率：于 2013 年 7 月 25 日—26 日监测 2 天。每天昼夜各一次。

本次声环境质量现状监测共设 4 个监测点位，监测点位示意图如图 5-2 所示。

3. 监测分析方法及主要仪器

本次监测中所用分析方法及主要仪器见表 5-21。

4. 监测结果

(1) 环境空气质量监测结果　环境空气质量监测结果见表 5-22～表 5-28。

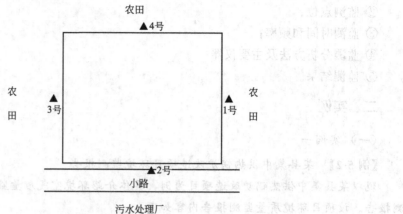

▲为噪声监测点位

图 5-2 声环境质量现状监测点位示意图

表 5-21 监测分析方法及主要仪器

序号	监测因子	分析方法	方法检出限	仪器名称及型号
1	SO_2	甲醛吸收-副玫瑰苯胺分光光度法 （HJ 482—2009）	吸收液 10mL-0.007mg/m³ 吸收液 50mL-0.004mg/m³	大气采样器 TH-150CⅢ 722 型分光光度计
2	NO_2	盐酸萘乙二胺分光光度法 （HJ 479—2009）	吸收液 10mL-0.005mg/m³ 吸收液 50mL-0.003mg/m³	大气采样器 TH-150CⅢ 722 型分光光度计
3	PM_{10}	重量法 （GB/T 15432—1995）	0.001mg/m³	大气采样器 TH-150CⅢ 电子天平 AL104
4	H_2S	亚甲基蓝分光光度法 （GB/T 14678—93）	0.07µg/10mL 0.001mg/m³	大气采样器 TH-150CⅢ 721 型分光光度计
5	NH_3	次氯酸钠-水杨酸风光光度法 （HJ 534—2009）	0.004mg/m³	大气采样器 TH-150CⅢ 721 型分光光度计
6	臭氧浓度	三点比较式臭袋法 （GB/T 14675—93）	10	—
7	等效连续 A 声级（L_{eq}）	声环境质量标准 （GB 3096—2008）	—	多功能噪声分析仪 HS5618A

表 5-22 臭氧浓度监测结果

日期	点位	臭氧浓度监测结果		
		厂区	某县	A 村
2013 年 7 月 25 日	1	<10	<10	<10
	2	<10	<10	<10
	3	<10	<10	<10
	4	<10	<10	<10
2013 年 7 月 26 日	1	<10	<10	<10
	2	<10	<10	<10
	3	<10	<10	<10
	4	<10	<10	<10

表 5-23 1 号厂区监测结果

日期	采样时间	1 号监测结果/(mg/m^3)				
		SO_2	NO_2	PM_{10}	NH_3	H_2S
2013 年 7 月 24 日	02:00—02:45	0.0187	0.012		0.004L	0.005
	08:00—08:45	0.007	0.021		0.004L	0.005
	14:00—14:45	0.009	0.017	—	0.004L	0.005
	20:00—20:45	0.024	0.010		0.004L	0.006
	02:00—22:00	0.029	0.007	0.022	—	
2013 年 7 月 25 日	02:00—02:45	0.011	0.008		0.009	0.005
	08:00—08:45	0.025	0.013		0.013	0.005
	14:00—14:45	0.007L	0.011	—	—	0.005
	20:00—20:45	0.010	0.018		—	0.006
	02:00—22:00	0.021	0.009	0.021	—	
2013 年 7 月 26 日	02:00—02:45	0.015	0.020		0.004L	0.005
	08:00—08:45	0.009	0.025		0.004L	0.005
	14:00—14:45	0.058	0.018	—	0.018	0.006
	20:00—20:45	0.008	0.013		0.012	0.005
	02:00—22:00	0.022	0.014	0.016	—	
2013 年 7 月 27 日	02:00—02:45	0.021	0.017		0.004L	0.006
	08:00—08:45	0.015	0.012		0.004L	0.006
	14:00—14:45	0.010	0.024	—	0.004L	0.006
	20:00—20:45	0.010	0.019		0.004L	0.005
	02:00—22:00	0.022	0.007	0.011	—	
2013 年 7 月 28 日	02:00—02:45	0.028	0.022		0.017	0.005
	08:00—08:45	0.015	0.028		0.019	0.006
	14:00—14:45	0.015	0.017	—	0.004L	0.006
	20:00—20:45	0.014	0.024		0.004L	0.005
	02:00—22:00	0.006	0.008	0.014	—	
2013 年 7 月 29 日	02:00—02:45	0.032	0.028		0.004L	0.005
	08:00—08:45	0.021	0.026		0.004L	0.005
	14:00—14:45	0.022	0.024	—	0.025	0.006
	20:00—20:45	0.014	0.031		0.021	0.005
	02:00—22:00	0.016	0.008	0.011	—	
2013 年 7 月 30 日	02:00—02:45	0.008	0.020		0.015	0.005
	08:00—08:45	0.010	0.026		0.006	0.005
	14:00—14:45	0.009	0.024	—	0.004L	0.006
	20:00—20:45	0.007L	0.028		0.004L	0.006
	02:00—22:00	0.014	0.009	0.010	—	

表 5-24 2号某县监测结果

日期	采样时间	2号监测结果/(mg/m³)				
		SO₂	NO₂	PM₁₀	NH₃	H₂S
2013年 7月24日	02:00—02:45	0.016	0.018		0.004L	0.005
	08:00—08:45	0.015	0.023		0.004L	0.005
	14:00—14:45	0.008	0.020	—	0.030	0.005
	20:00—20:45	0.015	0.014		0.023	0.005
	02:00—22:00	0.018	0.011	0.017		—
2013年 7月25日	02:00—02:45	0.007L	0.020		0.054	0.005
	08:00—08:45	0.008	0.018		0.028	0.005
	14:00—14:45	0.039	0.014	—	0.004L	0.005
	20:00—20:45	0.015	0.019		0.004L	0.004
	02:00—22:00	0.013	0.011	0.019		—
2013年 7月26日	02:00—02:45	0.016	0.030		0.004L	0.005
	08:00—08:45	0.010	0.020		0.004L	0.005
	14:00—14:45	0.009	0.044	—	0.006	0.004
	20:00—20:45	0.009	0.025		0.004L	0.004
	02:00—22:00	0.015	0.008	0.026		—
2013年 7月27日	02:00—02:45	0.025	0.010		0.004L	0.004
	08:00—08:45	0.015	0.016		0.004L	0.004
	14:00—14:45	0.008	0.022	—	0.012	0.005
	20:00—20:45	0.009	0.018		0.007	0.005
	02:00—22:00	0.015	0.008	0.022		—
2013年 7月28日	02:00—02:45	0.028	0.033		0.004L	0.005
	08:00—08:45	0.015	0.027		0.007	0.005
	14:00—14:45	0.015	0.015	—	0.025	0.005
	20:00—20:45	0.014	0.019		0.040	0.005
	02:00—22:00	0.006	0.012	0.013		—
2013年 7月29日	02:00—02:45	0.015	0.017		0.004L	0.005
	08:00—08:45	0.015	0.021		0.004L	0.005
	14:00—14:45	0.014	0.024	—	0.015	0.005
	20:00—20:45	0.007	0.028		0.004L	0.005
	02:00—22:00	0.024	0.006	0.039		—
2013年 7月30日	02:00—02:45	0.022	0.024		0.004L	0.005
	08:00—08:45	0.018	0.029		0.004L	0.005
	14:00—14:45	0.015	0.019	—	0.004L	0.005
	20:00—20:45	0.007L	0.030		0.009	0.005
	02:00—22:00	0.010	0.012	0.036		—

表 5-25　3 号 A 村监测结果

日期	采样时间	3 号监测结果/(mg/m³)				
		SO₂	NO₂	PM₁₀	NH₃	H₂S
2013 年 7 月 24 日	02:00—02:45	0.009	0.021		0.007	0.004
	08:00—08:45	0.011	0.017		0.004L	0.005
	14:00—14:45	0.008	0.010	—	0.004L	0.005
	20:00—20:45	0.041	0.025		0.004L	0.005
	02:00—22:00	0.015	0.010	0.014		—
2013 年 7 月 25 日	02:00—02:45	0.007L	0.017		0.004L	0.005
	08:00—08:45	0.012	0.013		0.004L	0.004
	14:00—14:45	0.007L	0.023	—	0.004L	0.005
	20:00—20:45	0.009	0.025		0.004L	0.005
	02:00—22:00	0.008	0.004	0.010		—
2013 年 7 月 26 日	02:00—02:45	0.016	0.012		0.004L	0.005
	08:00—08:45	0.014	0.018		0.027	0.005
	14:00—14:45	0.014	0.030		0.028	0.005
	20:00—20:45	0.024	0.021		0.018L	0.005
	02:00—22:00	0.022	0.011	0.014		—
2013 年 7 月 27 日	02:00—02:45	0.028	0.022		0.004L	0.005
	08:00—08:45	0.018	0.027		0.004L	0.005
	14:00—14:45	0.015	0.019		0.004L	0.005
	20:00—20:45	0.022	0.024		0.004L	0.004
	02:00—22:00	0.012	0.010	0.034		—
2013 年 7 月 28 日	02:00—02:45	0.013	0.018		0.017	0.004
	08:00—08:45	0.009	0.020		0.006	0.004
	14:00—14:45	0.015	0.024		0.016	0.005
	20:00—20:45	0.029	0.028		0.011	0.005
	02:00—22:00	0.018	0.010	0.011		—
2013 年 7 月 29 日	02:00—02:45	0.007	0.017		0.004L	0.005
	08:00—08:45	0.007L	0.021		0.003	0.005
	14:00—14:45	0.017	0.028		0.004	0.005
	20:00—20:45	0.028	0.024		0.004	0.004
	02:00—22:00	0.020	0.008	0.010		—
2013 年 7 月 30 日	02:00—02:45	0.011	0.022		0.029	0.005
	08:00—08:45	0.018	0.019		0.004L	0.004
	14:00—14:45	0.022	0.016		0.004L	0.005
	20:00—20:45	0.039	0.021		0.017	0.005
	02:00—22:00	0.006	0.009	0.016		—

表 5-26　4 号 B 村监测结果

日期	采样时间	4 号监测结果/(mg/m³)		
		SO₂	NO₂	PM₁₀
2013 年 7 月 24 日	02:00—02:45	0.009	0.022	
	08:00—08:45	0.018	0.017	
	14:00—14:45	0.007	0.010	—
	20:00—20:45	0.012	0.017	
	02:00—22:00	0.018	0.007	0.010
2013 年 7 月 25 日	02:00—02:45	0.018	0.021	
	08:00—08:45	0.011	0.018	
	14:00—14:45	0.017	0.020	—
	20:00—20:45	0.010	0.013	
	02:00—22:00	0.015	0.009	0.015
2013 年 7 月 26 日	02:00—02:45	0.010	0.028	
	08:00—08:45	0.033	0.025	
	14:00—14:45	0.024	0.021	—
	20:00—20:45	0.009	0.031	
	02:00—22:00	0.018	0.015	0.018
2013 年 7 月 27 日	02:00—02:45	0.026	0.017	
	08:00—08:45	0.021	0.021	
	14:00—14:45	0.010	0.027	—
	20:00—20:45	0.007L	0.019	
	02:00—22:00	0.021	0.009	0.012
2013 年 7 月 28 日	02:00—02:45	0.012	0.017	
	08:00—08:45	0.008	0.022	
	14:00—14:45	0.017	0.019	—
	20:00—20:45	0.015	0.024	
	02:00—22:00	0.015	0.006	0.010
2013 年 7 月 29 日	02:00—02:45	0.009	0.029	
	08:00—08:45	0.012	0.024	
	14:00—14:45	0.024	0.015	—
	20:00—20:45	0.029	0.030	
	02:00—22:00	0.012	0.006	0.015
2013 年 7 月 30 日	02:00—02:45	0.007L	0.025	
	08:00—08:45	0.007L	0.029	
	14:00—14:45	0.014	0.037	—
	20:00—20:45	0.007	0.024	
	02:00—22:00	0.012	0.009	0.016

表 5-27　5 号 C 村监测结果

日期	采样时间	5 号监测结果/(mg/m³)		
		SO₂	NO₂	PM₁₀
2013 年 7 月 24 日	02:00—02:45	0.094	0.023	
	08:00—08:45	0.007L	0.008	—
	14:00—14:45	0.016	0.018	
	20:00—20:45	0.010	0.013	
	02:00—22:00	0.007	0.007	0.018
2013 年 7 月 25 日	02:00—02:45	0.007	0.020	
	08:00—08:45	0.007	0.026	
	14:00—14:45	0.018	0.019	—
	20:00—20:45	0.040	0.028	
	02:00—22:00	0.012	0.013	0.018
2013 年 7 月 26 日	02:00—02:45	0.015	0.017	
	08:00—08:45	0.049	0.023	
	14:00—14:45	0.007L	0.027	—
	20:00—20:45	0.007L	0.017	
	02:00—22:00	0.015	0.010	0.017
2013 年 7 月 27 日	02:00—02:45	0.007	0.027	
	08:00—08:45	0.015	0.022	
	14:00—14:45	0.009	0.030	—
	20:00—20:45	0.007	0.017	
	02:00—22:00	0.008	0.008	0.011
2013 年 7 月 28 日	02:00—02:45	0.011	0.032	
	08:00—08:45	0.008	0.025	
	14:00—14:45	0.017	0.026	—
	20:00—20:45	0.022	0.029	
	02:00—22:00	0.012	0.007	0.018
2013 年 7 月 29 日	02:00—02:45	0.021	0.026	
	08:00—08:45	0.024	0.032	
	14:00—14:45	0.014	0.024	—
	20:00—20:45	0.007L	0.021	
	02:00—22:00	0.012	0.008	0.018
2013 年 7 月 30 日	02:00—02:45	0.027	0.017	
	08:00—08:45	0.020	0.019	
	14:00—14:45	0.021	0.026	—
	20:00—20:45	0.015	0.021	
	02:00—22:00	0.014	0.012	0.018

表 5-28　6 号 D 村监测结果

日期	采样时间	6 号监测结果/(mg/m³)		
		SO₂	NO₂	PM₁₀
2013 年 7 月 24 日	02:00—02:45	0.007	0.010	
	08:00—08:45	0.010	0.021	
	14:00—14:45	0.010	0.013	—
	20:00—20:45	0.007L	0.018	
	02:00—22:00	0.007	0.008	0.015
2013 年 7 月 25 日	02:00—02:45	0.016	0.023	
	08:00—08:45	0.007L	0.018	
	14:00—14:45	0.035	0.030	—
	20:00—20:45	0.009	0.025	
	02:00—22:00	0.031	0.009	0.021
2013 年 7 月 26 日	02:00—02:45	0.007	0.022	
	08:00—08:45	0.015	0.025	
	14:00—14:45	0.015	0.030	—
	20:00—20:45	0.016	0.018	
	02:00—22:00	0.017	0.008	0.039
2013 年 7 月 27 日	02:00—02:45	0.013	0.022	
	08:00—08:45	0.009	0.012	
	14:00—14:45	0.015	0.024	—
	20:00—20:45	0.022	0.029	
	02:00—22:00	0.013	0.011	0.021
2013 年 7 月 28 日	02:00—02:45	0.033	0.020	
	08:00—08:45	0.007	0.026	
	14:00—14:45	0.010	0.029	—
	20:00—20:45	0.022	0.031	
	02:00—22:00	0.005	0.005	0.020
2013 年 7 月 29 日	02:00—02:45	0.017	0.014	
	08:00—08:45	0.021	0.022	
	14:00—14:45	0.028	0.018	—
	20:00—20:45	0.013	0.029	
	02:00—22:00	0.012	0.009	0.014
2013 年 7 月 30 日	02:00—02:45	0.017	0.024	
	08:00—08:45	0.018	0.028	
	14:00—14:45	0.015	0.018	—
	20:00—20:45	0.022	0.017	
	02:00—22:00	0.018	0.010	0.017

（2）声环境质量监测结果 声环境质量监测结果见表5-29。

表5-29 声环境质量监测结果

日期	点位	1号东	2号南	3号西	4号北
2013年7月25日	昼间	42.7	44.5	43.5	40.1
	夜间	36.4	37.8	38.3	35.2
2013年7月26日	昼间	43.4	45.2	44.6	41.8
	夜间	35.7	38.8	37.0	36.3

（二）实例二

【例5-3】 某集团棚户区改造项目环境监测报告

现以某集团棚户区改造项目为例，介绍地下水环境监测报告。该项目地下水环境质量监测报告如下。

1. 前言

受某集团有限公司委托，某市环境监测中心于2013年5月17日—5月23日对某集团有限公司"A小区"所在地周围环境影响区域的地下水进行了监测，根据监测数据编制了本监测报告。

2. 地下水环境质量监测

（1）监测点位、监测因子及频率 根据某集团有限公司A小区环境影响评价监测方案，本次地下水环境监测点位、监测因子及频率见表5-30。

表5-30 监测点位编号及对应监测因子、监测频率

监测点位	编号	监测因子	监测频率
H村	☆1	pH、总硬度、溶解性总固体、高锰酸盐指数、硝酸盐、亚硝酸盐、氨氮、硫酸盐	连续监测1天每天采样1次
M村	☆2		
N村	☆3		

（2）监测分析方法 地下水环境质量监测因子分析方法、来源及检出限见表5-31。

表5-31 地下水环境质量监测因子分析方法、来源及检出限

监测因子	分析方法	检出限	分析仪器名称、编号
pH	生活饮用水标准检验方法感官性状和物理指标（GB/T 5750.4—2006）玻璃电极法中5.1	—	PB-21酸度计 J018C
总硬度	水质钙和镁总量的测定 EDTA滴定法（GB/T 7477—1987）	5.0mg/L	滴定管规格及编号 D25-02-06
溶解性总固体	生活饮用水标准检验方法感官性状和物理指标（GB/T 5750.4—2006）称量法中8.1	4mg/L	AB304-S电子天平 J011C 101-3AB烘箱 J055
高锰酸盐指数	生活饮用水标准检验方法有机物综合指标（GB/T 5750.7—2006）酸（碱）性滴定法中1.1和1.2	0.5mg/L	滴定管规格及编号 D25-01-05
硝酸盐	离子色谱法《水和废水监测分析方法》（第四版）（3.3.10.2）	0.08mg/L	ICS-1100离子色谱仪 J004B

续表

监测因子	分析方法	检出限	分析仪器名称、编号
亚硝酸盐	生活饮用水标准检验方法无机非金属指标（GB/T 5750.5—2006)重氮偶合分光光度法中 10.1	0.001mg/L	723 分光光度计 J017E
氨氮	水质氨氮的测定纳氏试剂分光光度法（HJ 535—2009)	0.025mg/L	SK-100AR 氨氮自动分析仪 J044
硫酸盐	生活饮用水标准检验方法无机非金属指标（GB/T 5750.5—2006)离子色谱法中 1.2	0.009mg/L	ICS-1100 离子色谱仪 J004B
水温	水质水温的测定温度计或颠倒温度计测定法（GB/T 13195—1991)	—	水银温度计 J001A

（3）监测结果　地下水质量监测结果见表 5-32。

表 5-32　地下水质量监测结果

监测因子（单位）地点、采样时间	H 村 2013.5.21	M 村 2013.5.21	N 村 2013.5.21
pH	8.27	7.94	7.99
总硬度/(mg/L)	85.9	243	215
溶解性总固体/(mg/L)	566	444	624
高锰酸盐指数/(mg/L)	0.91	0.93	0.97
硝酸盐氮/(mg/L)	0.85	1.91	2.56
亚硝酸盐氮/(mg/L)	0.004	ND	0.016
氨氮/(mg/L)	0.179	0.030	0.200
硫酸盐/(mg/L)	32.4	88.6	55.2
水温/℃	15.6	15.6	15.4

注：ND 为未检出。

（三）实例三

【例 5-4】　某公司裘皮深加工项目环境监测报告

现以某公司裘皮深加工项目为例，介绍地表水环境监测报告。该地表水环境质量监测报告如下。

1. 前言

受某公司委托，某市环境监测站于 2008 年 3 月 25 日—3 月 27 日对某公司裘皮深加工项目所在地周围的地表水环境质量进行了监测，根据监测数据编制了本监测报告。

2. 地表水环境质量监测

（1）监测点位、监测因子及频率　根据某公司裘皮深加工项目环境影响评价监测方案，本次地表水环境监测点位、监测因子及频率见表 5-33。

表 5-33　地表水监测点位、监测因子及频率

监测点位	监测因子	频率
A 河段	pH、COD、氨氮、六价铬	每天取样 2 次混合后分析，连续监测 3 天

（2）分析方法、仪器及检出限　本次监测中所用分析方法、来源及主要仪器见表 5-34。

表 5-34 分析方法、仪器及检出限

监测因子	分析方法	方法来源	仪器名称	检出限
pH	玻璃电极法	GB/T 6920—1986	酸度计	—
COD	重铬酸钾法	GB/T 11914—1989	滴定装置	10
氨氮	纳氏试剂比色法	GB/T 7479—1987	722 型分光光度计	0.05
六价铬	二苯碳酰二肼比色法	GB/T 7467—1987	722 型分光光度计	0.004

3. 监测结果 地表水质量监测结果见表 5-35。

表 5-35 地表水监测结果

点位 监测因子		pH	COD /(mg/L)	氨氮 /(mg/L)	六价铬 /(mg/L)	流量 /(m³/d)
A 河段	3 月 25 日	7.80	82.3	36.9	未检出	4000
	3 月 26 日	7.74	103	35.7	未检出	
	3 月 27 日	7.83	90.6	38.7	未检出	

第三节 环境质量现状评价

一、通用方法: 单因子指数法

(一) 通用公式

单因子指数法是将每个污染因子单独进行评价,利用概率统计得出各自的达标率或超标率、超标倍数、平均值等结果。单因子评价能客观地反映污染程度,可清晰地判断出主要污染因子、主要污染时段和主要污染区域,能较完整地提供监测区域的时空污染变化,反映污染历时。其计算公式如下:

$$I_i = \frac{C_i}{C_{oi}} \tag{5-1}$$

式中,I_i 为某种污染物的污染指数;C_i 为某种污染物的实测浓度;C_{oi} 为某种污染物的评价标准。

(二) 特殊水质因子

1. DO 的标准指数

$$S_{DO,j} = |DO_f - DO_s| / (DO_f - DO_s) \qquad DO_j \geqslant DO_s \tag{5-2}$$

$$S_{DO,j} = 10 - 9\frac{DO_j}{DO_s} \qquad DO_j < DO_s \tag{5-3}$$

式中,$S_{DO,j}$ 为 DO 的标准指数;DO_f 为某水文、气压条件下的饱和溶解氧浓度,mg/L。计算公式常用:

$$DO_f = \frac{468}{31.6 + T} \tag{5-4}$$

式中,T 为水温;DO_j 为溶解氧实测值,mg/L;DO_s 为溶解氧的水质评价标准限值,mg/L。

2. pH 的标准指数

$$S_{pH,j} = \frac{(7.0 - pH_j)}{(7.0 - pH_{sd})} \qquad pH_j \leqslant 7.0 \qquad (5-5)$$

$$S_{pH,j} = \frac{(pH_j - 7.0)}{(pH_{su} - 7.0)} \qquad pH_j > 7.0 \qquad (5-6)$$

式中，$S_{pH,j}$ 为 pH 的标准指数；pH_j 为 pH 实测值；pH_{su} 为地表水质标准中规定的 pH 下限；pH_{sd} 为地表水质标准中规定的 pH 上限。

水质评价因子的标准指数＞1，表明该评价因子的水质超过了规定的水质标准，已经不能满足使用功能要求。

二、其他方法

(一) 地表水环境质量现状评价

地表水环境现状评价方法除了单因子评价方法外，还有多项水质参数综合评价方法，可以采用下述方法之一进行综合评价。

1. 幂指数法

幂形水质指数 S 的表达式为：

$$S_j = \prod_{i=1}^{m} I_{i,j}^{W_i} \qquad 0 < I_{i,j} \leqslant 1, \qquad \sum_{i=1}^{m} W_i = 1 \qquad (5-7)$$

式中，S_j 为 j 点的综合评价指标；W_i 为水质参数 i 的权值；m 为水质参数的个数；$I_{i,j}$ 为污染物（水质参数）i 在 j 点的污染指数。

先根据实际情况和各类功能水质标准绘制 I_i-c_i 关系曲线，然后由 $c_{i,j}$ 在曲线上找到相应的 $I_{i,j}$ 值。

2. 加权平均法

此法所求 j 点的综合评价指数 S 可表达为：

$$S_j = \sum_{i=1}^{m} W_i S_i \qquad \sum_{i=1}^{m} W_i = 1 \qquad (5-8)$$

式中，S_j 为 j 点的综合评价指标；W_i 为水质参数 i 的权值；m 为水质参数的个数；S_i 为水质参数 i 的指数单位。

3. 向量模法

此法所求 j 点的综合评价指数 S 可表达为：

$$S_j = \left(\sum_{i=1}^{m} S_{i,j}^2 \right)^{1/2} \qquad (5-9)$$

式中，S_j 为 j 点的综合评价指标；m 为水质参数的个数；$S_{i,j}$ 为污染物（水质参数）i 在 j 点的水质指数。

4. 算术平均法

此法所求 j 点的综合评价指数 S 可表达为：

$$S_j = \frac{1}{m} \sum_{i=1}^{m} S_{i,j} \qquad (5-10)$$

式中，S_j 为 j 点的综合评价指标；m 为水质参数的个数；$S_{i,j}$ 为污染物（水质参数）i

在 j 点的水质指数。

(二) 地下水环境质量现状评价

GB/T 14848 和有关法规及当地的环保要求是地下水环境现状评价的基本依据。对于 GB/T 14848 水质指标的评价因子，应按其规定的水质分类标准值进行评价；对于不属于 GB/T 14848 水质指标的评价因子，可参照国家（行业、地方）相关标准（如 GB 3838、GB 5749、DZ/T 0290 等）进行评价。现状监测结果应进行统计分析，给出最大值、最小值、均值、标准差、检出率和超标率等。

地下水环境质量现状评价采用标准指数法。标准指数＞1，表明该水质因子已超标，标准指数越大，超标越严重。标准指数计算公式分为以下两种情况。

① 对于评价标准为定值的水质因子采用单因子指数法，见式（5-1）；

② 对于评价标准为区间的水质因子（如 pH 值），其标准指数计算方法见式（5-5）、式（5-6）。

(三) 大气环境质量现状评价

1. 综合指数法

(1) 简单叠加法

$$P_i = \sum_{i=1}^{n} I_i = \sum_{i=1}^{n} \frac{C_i}{C_{oi}} \tag{5-11}$$

式中，P_i 为综合指数；I_i 为分指数；n 为参加评价的污染物项目数。

(2) 叠加均数法

$$P_i = \frac{1}{n} \sum_{i=1}^{n} I_i \tag{5-12}$$

(3) 几何均数法（上海大气质量指数）　上海大气质量指数法兼顾了平均值与最大值，公式为：

$$P_i = \sqrt{I_{i\max} \times \frac{1}{n} \sum_{i=1}^{n} I_i} \tag{5-13}$$

$$I_i = \frac{C_i}{C_{oi}} \tag{5-14}$$

式中，P_i 为综合指数；$I_{i\max}$ 为各污染物中的最大分指数；I_i 为分指数；C_i 为某种污染物的实测浓度（或统计值），mg/m^3；C_{oi} 为某种污染物的评价标准，mg/m^3。

分级标准如表 5-36 所示。

表 5-36　几何均值法大气质量分级标准

污染级别	Ⅰ	Ⅱ	Ⅲ	Ⅳ	Ⅴ
P_i 值	＜0.6	0.6～1.0	1.0～1.9	1.9～2.8	＞2.8
意义	清洁	轻污染	中度污染	重污染	极重污染

2. 分级评价法

$$M = \sum_{i=1}^{n} A_i \tag{5-15}$$

式中，M 为大气质量的分数；A_i 为 i 参数的评分值，由表 5-37 确定；n 为污染物个数。

计算结果 M 值在 20～100，然后根据分级标准（见表 5-38）进行分级，并描述大气质量。

表 5-37　大气质量分级评分表　　　　　浓度单位：mg/m³

污染物	第一级		第二级		第三级		第四级		第五级	
	浓度范围	得分	浓度范围	得分	浓度范围	得分	浓度范围	得分	浓度范围	得分
总悬浮颗粒	≤0.12	25(100/n)	≤0.30	20(80/n)	≤0.50	15(60/n)	≤1.0	10(40/n)	>1.0	5(20/n)
SO_2	≤0.05	25	≤0.15	20	≤0.25	15	≤0.50	10	>0.50	5
NO_x	≤0.05	25	≤0.10	20	≤0.15	15	≤0.20	10	>0.20	5
降尘	≤8	25	≤12	20	≤20	15	≤40	10	>40	5
		100		80		60		40		20

表 5-38　评分标准

M	100～95	94～75	74～55	54～35	34 以下
级别	一级	二级	三级	四级	五级
意义	理想级	良好级	安全级	污染级	重污染级

（四）声环境质量现状评价

1. 区域声环境质量现状评价

将全部网格测点测得的等效声级分昼间和夜间，按下式进行算术平均运算，所得到的昼间平均值 L_d 和夜间平均值 L_n 代表该城市昼间和夜间的环境噪声总体水平。

$$L = \frac{1}{n} \sum_{i=1}^{n} L_{eq_i} \tag{5-16}$$

式中，L 表示 L_d 或 L_n，dB（A）；L_{eq_i} 为第 i 个网格测得的等效声级 L_{eq}，dB（A）；n 为有效网格总数。

区域声环境质量总体水平按表 5-39 进行评价。

表 5-39　城市区域声环境质量总体水平等级划分　　　　　单位：dB（A）

质量等级	一级	二级	三级	四级	五级
昼间平均等效声级	≤50.0	50.1～55.0	55.1～60.0	60.1～65.0	>65.0
夜间平均等效声级	≤40.0	40.1～45.0	45.1～50.0	50.1～55.0	>55.0

2. 道路交通噪声环境质量现状评价

将道路交通噪声监测的等效声级采用路段长度加权算术平均法，按下式计算城市交通噪声平均值：

$$L = \frac{1}{l} \sum_{i=1}^{n} l_i \times L_i \tag{5-17}$$

式中，L 为道路交通噪声平均等效声级，dB（A）；L_i 为第 i 测点测得的等效声级 L_{eq}，dB（A）；l 为监测的路段总长，m；l_i 为第 i 测点代表的路段长度，m。

道路交通噪声强度级别按表 5-40 进行评价。

道路交通噪声强度等级"一级"～"五级"可分别对应评价为"好"、"较好"、"一般"、"较差"和"差"。

表 5-40 道路交通噪声强度分级 单位：dB（A）

等级	一级	二级	三级	四级	五级
昼间平均等效声级	≤68.0	68.0～70.0	70.1～72.0	72.1～74.0	＞74.0
夜间平均等效声级	≤53.0	53.1～55.0	55.1～57.0	57.1～60.0	＞60.0

（五）生态现状评价

在区域生态基本特征现状监测的基础上，对评价区的生态现状进行定量或定性的分析评价，评价应采用文字和图件相结合的表现形式，评价方法参照《环境影响评价技术导则 生态影响》（HJ 19—2011）附录 C，见表 5-41。

三、实例

【例 5-5】 新建铁路建设项目生态环境影响评价的主要内容和评价方法

某地拟新建总长 142km 的铁路干线。全程有特大桥 6 座，总长 6891m；大中桥 66 座，总长 16468m；三线大桥 7 座，总长 2614m；涵洞 302 座，总长 8274m；隧道 45 座，总长 18450m，其中长度大于 1000m 的隧道 6 座，长度小于 1000m 的隧道 37 座，三线隧道 1 座；近期车站 11 座。

该工程起源于某铁路 M 站，征用土地 890 亩，其中耕地 300 亩、林地 400 亩、荒草地 100 亩，其他 90 亩。铁路经过地区水系发达，曾连续两次穿越某大江。地貌类型为低山丘陵，相对高差 20～300m。主要植被类型为森林（包括自然林和人工林）、灌木林、荒草地和农田。降雨丰沛，且多暴雨；植被覆盖率 5％～25％，水土流失严重，属水土流失重点防治区。经过 1 处国家级自然保护区和 1 处风景名胜区。沿线区域人口密度大，农业生产发达，经过村庄 8 个。

问：说明本项目生态环境影响评价的主要内容和评价方法。

【解】 ① 生态环境影响评价的内容要根据工程的特点与影响途径、环境现状调查成果（一般就是环境影响识别确定的评价重点）进行确定，该项目要增加对敏感生态保护目标的影响预测内容。具体包括：对生态敏感目标的影响；对自然保护区的影响；对水环境的影响；对野生动物的影响；对水土流失的影响。

② 方法：类比法、列表清单法、综合评价法、图形叠置法、生态机理分析法、景观生态分析法、生产力评价法、系统分析法。

思考题

1. 一个完整的监测方案应包括哪些内容？

2. 何为监测因子？监测因子确定的原则有哪些？

3. 简述确定监测时间的目的。

4. 简述监测点位/断面的概念以及监测断面布设的原则。

5. 监测断面的设置方法有哪些？

6. 监测报告包括哪些内容？

7. 环境质量现状评价都有哪些方法？

8. 声环境质量现状评价可分为哪几类？

9. 简述生态现状评价的方法。

10. 请举例说明生态环境影响评价的主要内容和评价方法。

表 5-41　生态现状评价方法

评价方法名称	需要的信息	特点	参数	计算公式
列表清单法	①拟实施的开发建设活动的影响因素；②可能受影响的环境因子	简单明了，针对性强	—	—
图形叠加法	指标法 ①确定评价区域范围；②生态调查信息；③识别并筛选拟评价因子；④区域划分；⑤绘制生态图。 3S图法 ①选用地形图；②在底图上描绘主要生态因子信息；③识别并筛选拟评价因子；④运用3S技术分析评价因子，得到生态影响评价图；⑤叠加影响因子和底图，得到生态影响评价图	直观，形象，简单明了	—	—
生态机理分析法	①建设项目的特点；②受其影响的动、植物的生物学特征	该方法需与生物学、地理学、水文学、数学及其他多学科合作评价，才能得出较为客观的结果	—	—
景观生态学法	①研究某一区域，一定时段内的生态群落的格局、特点、综合资源状况等自然规律；②人为干预下的演替趋势	能同时反映出某组分在区域生态系统中的数量和分布，因此能较准确地表示生态系统的整体性	优势度值 D，优势度值由密度 R_d、频率 R_f 和景观比例 L_p 三个参数计算得出	R_d=(斑块 i 的数目/斑块总数)×100% R_f=(斑块 i 出现的样方数/总样方数)×100% L_p=(斑块 i 的面积/样地总面积)×100%
综合指数法	①评价因子的现状值（开发建设活动前）；②预测值（开发建设活动后）	计算简单，直观，简明	开发建设活动前后生态质量变化值 ΔE；开发建设活动后 i 因子的质量指标 E_{hi}；开发建设活动前 i 因子的质量指标 E_{qi}；i 因子的权值 W_i	$\Delta E = \sum (E_{hi} - E_{qi}) \times W_i$
类比分析法	①已有的开发建设活动（项目，工程）对生态系统产生的影响；②类比对象（项目，工程）可能产生的影响	该方法要求时间长，工作量大	—	—
系统分析法	①确定调查目标；②系统要素；③评价标准	能妥善地解决一些多目标动态性问题	—	—
生物多样性评价法	生态系统和生物物种的历史变迁、现状和存在的主要问题	需要实地调查	样品的信息含量 H（彼得）/个体）=群落的多样性；种数 S；样品中属于第 i 种的个体比例 P_i	$H = -\sum_{i=1}^{s} P_i \ln(P_i)$

第六章　污染源调查与评价

第一节　污染源调查

一、污染源与污染物

污染源是指对环境产生污染影响的污染物的来源。在开发建设和生产过程中，凡以不适当的浓度、数量、速率、形态进入环境系统而产生污染或降低环境质量的物质和能量，称为环境污染物，简称污染物。

（一）污染源的分类

根据污染物产生的主要来源，可将污染源分为自然污染源和人为污染源。自然污染源分为生物污染源（鼠、蚊、蝇、菌等）和非生物污染源（火山、地震、泥石流等）。人为污染源分为生产污染源（工业、农业、交通、科研）和生活污染源（住宅、学校、医院、商业）。

按对环境要素的影响，环境污染源可分为：大气污染源，水体污染源（地表水污染源、地下水污染源、海洋污染源），土壤污染源和噪声污染源。

按污染源几何形状可分为：点源、线源和面源。

按污染物的运动特性可分为：固定源和移动源。

（二）污染物的分类

污染物按其物理、化学、生物特性，可分为物理污染物（噪声、光、热、放射性、电磁波），化学污染物（无机污染物、有机污染物、重金属、石油类），生物污染物（病菌、病毒、霉菌、寄生虫卵），综合污染物（烟尘、废渣、致病有机体）。

按环境要素分，可分为水环境污染物（感官：乙醛、油类；毒理：苯胺、汞、铍、DDT、六六六；卫生：氨、酸、碱、硫化物、锌；综合：COD、SS、pH 值等），大气污染物（感官：氰化物、四氯化碳、苯、二硫化碳；毒理：NO_x、SO_x、HF、Cl_2 等；综合污染物：烟尘、粉尘、水雾、酸雾等），土壤污染物。

大气污染物通过降水转变为水污染物和土壤污染物；水污染物通过灌溉转变为土壤污染物，进而通过蒸发或挥发转变为大气污染物；土壤污染物通过扬尘转变为大气污染物，通过径流转变为水污染物。因此，这三者是可以相互转化的。

二、调查方法

社会调查是进行污染源调查的基本方法，也是必备方法。它可以使调查者获得许多关于污染源的活资料，这对于认识和分析污染源的特点、动态和评价污染源都具有重要作用，为了搞好社会调查工作，往往把被调查的污染源分为详查单位和普查单位。

重点污染源的调查称详查。重点污染源是在对区域内环境整体分析的基础上，选择的有代表性的污染源。在同类污染源中，应选择污染物排放量大、影响范围广泛、危害程度大的污染源作为重点污染源，进行详查。

对区域内所有污染源进行全面调查称为普查。普查工作应有统一的领导，统一的普查时间、项目和标准，并做好普查人员的培训，以统一的调查方法、步骤和进度开展调查工作。普查工作一般多由主管部门发放调查表，以被调查对象填表的方式进行。

三、污染物排放量的确定

污染物排放量的确定是污染源调查的核心问题。确定污染物排放量的方法有三种：物料衡算法、经验计算法（排放系数、排污系数法）和实测法。

（一）物料衡算方法

根据物质不灭定律，在生产过程中，投入的物料量应等于产品所含这种物料的量与这种物料流失量的总和。如果物料的流失量全部由烟囱排放或由排水排放，则污染物排放量（或称源强）就等于物料流失量。

$$Q = \sum G_{流失} = \sum G_{投入} - \sum G_{产品} \tag{6-1}$$

式中，Q 为污染物排放量；$G_{投入}$ 为进料总量；$G_{产品}$ 为产品中所含的该物料的量；$G_{流失}$ 为物料流失量。

（二）经验计算法

根据生产过程中单位产品的排污系数进行计算，求得污染物的总排放量的计算方法称为经验计算法。计算公式为：

$$Q = KW \tag{6-2}$$

式中，Q 为某污染物的排放量；K 为单位产品经验排放系数；W 为单位产品的单位时间产量。

各种污染物排放系数，与原材料、生产工艺、生产设备以及操作水平有关，它们都是在特定条件下产生的，在污染源重点调查的基础上，经过大量实测统计工作而取得的。由于各地区、各单位的生产技术条件不同，污染物排放系数和实际排放系数可能有很大差距。因此，可采用类比法进行预测。搜集国内外和拟建工程的性质、规模、工艺、产品、产量大体相近的生产厂（或设备）的污染物排放量，作为参考数据，估算拟建工程污染源的排放量。

（三）实测法

实测法是通过对某个污染源现场测定，得到污染物的排放浓度和流量（烟气量或废水量），然后计算出排放量，计算公式为：

$$Q = CL \tag{6-3}$$

式中，C 为实测的污染物算术平均浓度；L 为烟气量或废水的流量。

这种方法只适用于已投产的建设项目。

四、调查内容

污染源排放的污染物质的种类、数量，排放方式、途径及污染源的类型和位置，直接关系到其影响对象、范围和程度。污染源调查就是要了解、掌握上述情况及其他有关问题。通过污染源调查找出建设项目和所在区域内现有的主要污染源和主要污染物，作为评价的基础。

(一) 工业污染源调查

工业污染源调查内容见表 6-1。

表 6-1　工业污染源调查内容

调查类型	调查内容
工业企业生产和管理	① 概况:企业名称、厂址、规模、产品、产量、产值等
	② 生产工艺:工艺原理、主要反应方程、工艺流程、主要技术指标、设备条件
	③ 能源及原材料:种类、产地、成分、单耗、总耗、资源利用率等
	④ 水源:供水类型、水源、水质、供水量和耗水指标、复用率、节水潜力
	⑤ 生产布局:原料堆场、水源位置、车间、办公室、居住区位置、废渣堆放、绿化、污水排放系统等
	⑥ 生产管理:体制、编制、规章制度、管理水平及经济指标等
污染物排放及治理	① 污染物产生及排放:污染物种类、数量、成分、浓度、性质、绝对排放量、排放方式、排放规律、污染历史、事故记录、排放口位置类型、数量等;对于工业噪声还需调查声源数量、分布位置、声源规律、声源等级及其与居民的关系等
	② 污染物治理:生产工艺改革、综合利用、污染物治理方法、工艺投资、成本、效果、运行费用、损益分析、管理体制等
污染危害及事故的调查处理	危害对象、程度、原因、历史、损失、赔偿,职工及居民职业病、常见病、重大事故发生时间、原因、危害程度与处理情况

(二) 农业污染源调查

农业污染既有点源,又有面源。污染物往往以水、大气为媒介而造成一、二次污染。其调查内容见表 6-2。

表 6-2　农业污染源调查内容

调查类型	调查内容
土壤状况	土壤的理化性质,如 pH 值、电导率等;Cd、Hg、As、Cu、Pb、Zn、Cr、Ni 等含量;水土流失情况。受污染土地的污染源调查
农药使用情况	有机氯类杀虫剂、有机磷类杀虫剂、氨基甲酸盐剂、Hg 制剂、As 制剂、合成除虫菊酯类、昆虫生长调节剂等农药的数量、使用方法,有效成分含量,使用时间、年限,农作物品种
化学肥料使用情况	化学肥料使用情况:硫酸铵、过磷酸钙、尿素、氯化钾、硝酸铵钙及复合化学肥料的用量,施用方式、施用时间等
农业废弃物	牲畜粪便,农作物秸秆,农用机油等

(三) 生活污染源调查

生活污染源主要包括垃圾、粪便、生活污水、污泥、餐饮业的排放物等。其调查内容见表 6-3。

表 6-3　生活污染源调查内容

调查类型	调查内容
人口	居民人口总数、总户数、分布、密度、居住环境等
用水与排水	用水与排水设备状况、用水量、排水量、排水中污染物含量、种类

续表

调查类型	调查内容
城市垃圾	种类、数量、垃圾点分布、占地面积等
供热	供热方式及民用燃料种类构成、年使用量、使用方式
污水及垃圾处理状况	处理厂数量、位置、工艺流程、处理效果等

(四) 交通污染源调查

汽车、飞机、船舶等也是造成环境污染的一类污染源。其造成环境污染原因有三：一是交通工具在运行中发生的噪声；二是运载的有毒、有害物质的泄漏，或清扫车体、船体时的扬尘或污水；三是汽油、柴油等燃料燃烧时排出的废气。交通污染源调查内容见表6-4。

表6-4　交通污染源调查内容

调查类型	调查内容
尾气	汽车种类、数量、年耗油量、单耗指标，燃油构成、成分、排气量，NO_x、CO_2、C_xH_y、Pb、S^{2-}、苯并[a]芘排放浓度
噪声	车辆种类、数量，车流量，车速，路面状况，绿化状况，车辆噪声级，道路两旁房屋
扬尘、污水、泄漏	清洗次数，清洗用水量，泄漏量

第二节　污染源评价

按照国家环境保护部门制定的工业污染源调查技术要求及其建档技术规定，对污染源的评价一般采用"等标污染负荷法"。

一、等标污染负荷

污染负荷的计算公式：

$$P_i = \frac{C_i}{C'_i} Q_i \times 10^{-6} \tag{6-4}$$

式中，P_i为污染物i的等标污染负荷；C_i为污染物i的实测浓度，mg/L；C'_i为i的评价标准浓度，mg/L；Q_i为含污染物i的工业废水/废气年排放量，m^3/a。

对于排放多种污染物的工厂，定义该厂的等标污染负荷P_N为该厂若干（N种）污染物的等标污染负荷之和，即

$$P_N = \sum_{i=1}^{N} P_i \tag{6-5}$$

对于某个流域/区域来说，如果有M个工厂向该流域/区域排污，则定义这M个工厂的等标污染负荷之和为该流域/区域的等标污染负荷（用P_M表示），即

$$P_M = \sum_{j=1}^{M} P_{Nj} \tag{6-6}$$

式中，P_{Nj}为第j个工厂的等标污染负荷。

二、等标污染负荷比

某工厂（j）的某污染物（i）的等标污染负荷（P_{ij}）与该厂等标污染负荷的百分比，

称为该厂的等标污染负荷比，用 K_j 表示，其计算式为：

$$K_j = \frac{P_{ij}}{\sum\limits_{i=1}^{N} P_{ij}} \times 100\% \qquad (6-7)$$

　　根据调查资料，按照上述定义的各计算式即可计算某工厂或流域/区域的等标污染负荷和等标污染负荷比，从而可以确定主要污染物和主要污染源。

　　主要污染物的确定：将污染物等标污染负荷按大小排列，计算累计污染负荷比，大于80％的污染物列为主要污染物。

　　主要污染源的确定：将污染源按等标污染物负荷大小排列，计算累计百分比，大于80％的污染源列为主要污染源。

　　采用等标污染负荷法处理容易造成一些毒性大、在环境中易于积累且排放量较小的污染物被漏掉。然而，对这些污染物的排放控制又是必要的，通过计算后，还应作全面考虑和分析，最后确定出主要污染源和主要污染物。

　　污染源评价标准是国家环境保护部门制定的。悬浮物、COD、BOD_5、挥发性酚、氰化物、六价铬、石油和硫化物等污染物的评价标准见表 6-5。

表 6-5　工业污染评价标准　　　　　　　　　　单位：mg/L

污染物	悬浮物	COD	BOD_5	挥发酚	氰化物	六价铬	油	硫化物
标准	50	10	5	0.01	0.1	0.05	0.5	0.1

　　另外，也可以选择污染物排放标准作为评价标准。

三、实例

（一）实例一

【例 6-1】　S 市水利部门在水资源综合规划中对其 8 个地表水资源Ⅲ类功能区的点源入河污染物量进行了调查，统计污染物量见表 6-6。请确定该市的主要水污染源以及该市水环境中的主要污染物。

表 6-6　S 市各地表水资源点污染源统计表　　　　　　单位：t/a

市级区	入河污染物名称							
P_i	COD_{Cr}	氨氮	BOD_5	SS	挥发酚	氰化物	硫化物	石油类
滇江	10926	619	1454	6999	44.873	0	8.43	0.56
武江	8248	472	1196	1239	0.067	0	11.85	0
北江上游	15421	1258	3386	6405	3.568	1.307	13.91	8.86
瀚江	4168	209	394	822	0	0	0	0.22
连江	32	2	8	8	0	0	0	0
新丰江	1422	82	186	211	0.383	0.061	0.12	0.02
桃江	23	1	4	0	0	0	0	0
章江	12	1	2	0	0	0	0	0

　　计算结果见表 6-7。

表 6-7　等标污染负荷及负荷比计算表

市级区	入河污染物名称									
P_i	COD_{Cr}	氨氮	BOD_5	SS	挥发酚	氰化物	硫化物	石油类	P_N	K_N%
浈江	109.26	41.27	48.47	99.99	89.75	0.00	8.43	0.056	397.21	34.25
武江	82.48	31.47	39.87	17.70	0.13	0.00	11.85	0	183.50	15.82
北江上游	154.21	83.87	112.87	91.50	7.14	2.61	13.91	0.886	466.99	40.27
潆江	41.68	13.93	13.13	11.74	0.00	0.00	0.00	0.022	80.51	6.94
连江	0.32	0.13	0.11	0.11	0.00	0.00	0.00	0	0.83	0.07
新丰江	14.22	5.47	6.20	3.01	0.77	0.12	0.12	0.002	29.91	2.58
桃江	0.23	0.07	0.13	0.00	0.00	0.00	0.00	0	0.43	0.04
章江	0.12	0.07	0.07	0.00	0.00	0.00	0.00	0	0.25	0.02
$P_{i总}$	402.52	176.27	221.00	224.06	97.78	2.74	34.31	0.966	$P=1159.64$	
$K_{i总}$/%	34.71	15.20	19.06	19.32	8.43	0.24	2.96	0.08		

【解】　根据表 6-6 中的值和公式可计算出地表水资源Ⅲ类功能区 P_i、P_N、P、$P_{i总}$、K_N 分别见表 6-7，从表 6-7 得出以下结论。

①　S 市Ⅲ类功能区年点源入河污染物等标污染负荷之和为 1159.64，其中以北江上游最大，浈江次之，武江列第三位，以上这三个区的污染物负荷比之和为 90.35%，说明这三个区是 S 市的主要点污染源入河纳污区。

②　各污染物等标污染负荷以 COD_{Cr} 最大，SS 次之，BOD_5 和氨氮分别为第三位和第四位，以上四者等标污染负荷之和占总负荷的 88.3%，说明这四种污染物是 S 市水环境的主要污染物。

③　浈江的挥发酚等标负荷占挥发酚总等标负荷的 91.8%，说明浈江是接纳挥发酚的主要水域，挥发酚是浈江重要污染物。

（二）实例二

【例 6-2】　某环境影响评价项目开展大气污染源调查，共获得 13 家企业的废气量、SO_2、烟尘年排放量数据，见表 6-8。已知 SO_2 排放标准为 1200 mg/m³、烟尘排放标准为 250 mg/m³。问上述企业中的主要污染源是什么？

【解】　根据污染源评价的等标污染负荷法进行计算，得到 P_i、P_N、K_N，由等标污染负荷的计算结果可知，水泥有限公司、长城公司、钢铁有限公司、啤酒厂 2、葡萄酒公司的等标污染负荷之和为 27.2+23.2+15.1+8.2+6.6=80.3＞80，因此，主要污染源为水泥有限公司、长城公司、钢铁有限公司、啤酒厂 2、葡萄酒公司五家企业。

表 6-8　大气污染评价

序号	企业名称	废气量 /(10⁴m³/a)	污染物排放量/(t/a)		等标污染负荷 P_i		P_N	K_N/%	污染排名
			SO_2	烟尘	SO_2	烟尘			
1	长城公司	17205	137.6	34.4	917.3	114.7	1032	23.2	2
2	葡萄酒公司	5212	41.7	5.2	278.0	17.3	295.3	6.6	5
3	造纸厂	372	2.97	0.74	19.8	2.5	22.3	0.5	11
4	水泥有限公司	13000	28.5	305	190	1016.7	1206.7	27.2	1

续表

序号	企业名称	废气量 /($10^4 m^3$/a)	污染物排放量/(t/a)		等标污染负荷 P_i		P_N	K_N/%	污染排名
			SO_2	烟尘	SO_2	烟尘			
5	啤酒厂1	2000	20.0	2.0	133.3	6.7	140	3.2	8
6	啤酒厂2	6100	48.8	12.2	325	40.7	365.7	8.2	4
7	果脯厂	279	2.30	0.73	15.3	51	66.3	1.5	10
8	服装厂	132	1.1	0.3	7.3	1	8.3	0.2	13
9	鞋厂	210	1.7	0.52	11.3	1.7	13.0	0.3	12
10	工业玻璃厂	210	17.65	5.91	117.3	19.7	137.0	3.2	9
11	长城农化有限公司	3900	31.2	3.8	208	12.7	220.7	5.0	7
12	化工厂	6144	37.2	3.6	248	12.0	260	5.8	6
13	钢铁有限公司			201		670	670	15.1	3
	合计	54764	370.72	575.4	2470.6	1966.7	4437.3	100	

思考题

1. 污染源与污染物的区别是什么？

2. 简述大气污染物、水污染物以及土壤污染物之间的相互转化。

3. 确定污染物排放量的方法有哪些？

4. 某化工企业年产 400t 柠檬黄，另外每年从废水中可回收 4t 产品，产品的化学成分和所占比例为：铬酸铅（$PbCrO_4$）占 54.5%，硫酸铅（$PbSO_4$）占 37.5%，氢氧化铝 [$Al(OH)_3$] 占 8%。排放的主要污染物有六价铬及其化合物、铅及其化合物、氮氧化物。已知单位产品消耗的原料量为：铅（Pb）621kg/t，重铬酸钠（$Na_2Cr_2O_7$）260kg/t，硝酸（HNO_3）440kg/t。则该厂全年六价铬的排放量为多少吨？（各元素的原子量为 Cr=52，Pb=207，Na=23，O=16）

5. 工业、农业、生活、交通污染源调查哪些内容？

6. 污染源调查的方法有哪些？分别适合哪种状况？

7. 简述等标污染负荷法的计算步骤？

参考文献

尹善豪，聂呈荣，邓日烈等．等标污染负荷法在韶关市水环境污染源评价中的应用 [J]．广东技术师范学院学报，2005，(4)：56-59.

第七章　公众参与

公众参与是环境影响评价中的一项重要工作，其主要目的是维护公众合法的环境权益，更全面地了解环境背景信息，发现潜在环境问题，提高环境影响评价的科学性和针对性。在环境影响评价中所指公众参与主要侧重于信息公开和公众意见调查或公众咨询。

一、公众参与时机

① 在《建设项目环境分类管理名录》中规定，在环境敏感区建设的需要编制环境影响报告书的项目，建设单位确定了承担环境影响评价工作的评价机构后 7 日内，向公众公告信息。

② 建设单位或者其委托的环境影响评价机构在编制环境影响报告书的过程中，在报告书报送环境保护行政主管部门审批或者重新审核前，向公众公告信息。

二、公众参与形式

当前常用的公众参与方法主要有调查公众意见、咨询专家意见、座谈会、论证会、听证会、网上公示六种公众参与的具体形式。

（一）调查公众意见和咨询专家意见

建设单位或者其委托的环境影响评价机构调查公众意见可以采取问卷调查等方式，并应当在环境影响报告书的编制过程中完成。对于采取问卷调查方式征求公众意见的，调查内容的设计应当简单、通俗、明确、易懂，避免设计可能对公众产生明显诱导的问题。

问卷的发放范围应当与建设项目或规划实施后的影响范围相一致。

问卷的发放数量应当根据建设项目或规划的具体情况，综合考虑环境影响的范围和程度、社会关注程度确定。

咨询专家意见可以采用书面或者其他形式。咨询专家意见包括向有关专家进行个人咨询或者向有关单位的专家进行集体咨询。接受咨询的专家个人和单位应当对咨询事项提出明确意见，并以书面形式回复。对书面回复意见，个人应当签署姓名，单位应当加盖公章。对于集体咨询专家，有不同意见的，接受咨询的单位应当在咨询回复中载明。

（二）座谈会和论证会

以座谈会或者论证会的方式征求公众意见的，应当根据环境影响的范围和程度、环境因素和评价因子等相关情况，合理确定座谈会或者论证会的主要议题。同时规划编制单位、建设单位或者其委托的环境影响评价机构应当在座谈会或者论证会召开 7 日前，将座谈会或者论证会的时间、地点、主要议题等事项，书面通知有关单位和个人。

规划编制单位、建设单位或者其委托的环境影响评价机构应当在座谈会或者论证会结束后 5 日内，根据现场会议记录整理制作座谈会议纪要或者论证结论，并存档备查，并且会议纪要或者论证结论应当如实记载不同意见。

（三）听证会

建设单位、规划编制单位或者其委托的环境影响评价机构（以下简称听证会组织者）决定举行听证会征求公众意见的，应当在举行听证会的 10 日前，在该建设项目或规划可能影响范围内的公共媒体或者采用其他公众可知悉的方式，公告听证会的时间、地点、听证事项和报名办法。听证会必须公开举行。

希望参加听证会的公民、法人或者其他组织，应当按照听证会公告的要求和方式提出申请，并同时提出自己所持意见的要点。听证会组织者应当在申请人中遴选参会代表，并在举行听证会的 5 日前通知已选定的参会代表。听证会组织者选定的参加听证会的代表人数一般不得少于 15 人，其他的个人或者组织可以申请旁听公开举行的听证会。举行听证会时设听证主持人 1 名、记录员 1 名。

参与听证会的个人和组织必须遵守相关的法律与要求：参加听证会的人员应当如实反映对建设项目或规划实施环境影响的意见，遵守听证会纪律，并保守有关技术秘密和业务秘密；旁听人应当遵守听证会纪律，旁听者不享有听证会发言权，但可以在听证会结束后，向听证会主持人或者有关单位提交书面意见；新闻单位采访听证会，应当事先向听证会组织者申请。

听证会组织者对听证会应当制作笔录。听证结束后，听证笔录应当交参加听证会的代表审核并签字。无正当理由拒绝签字的，应当记入听证笔录。听证会程序及听证笔录载明事项见表 7-1。

表 7-1　听证会程序及听证笔录载明事项

名称	内　　容
听证会程序	① 听证会主持人宣布听证事项和听证会纪律，介绍听证会参加人； ② 建设单位的代表对建设项目概况作介绍和说明； ③ 环境影响评价机构的代表对环境影响报告书作说明； ④ 听证会公众代表对环境影响报告书提出问题和意见； ⑤ 建设单位、规划编制单位或者其委托的环境影响评价机构的代表对公众代表提出的问题和意见进行解释和说明； ⑥ 听证会公众代表和建设单位、规划编制单位或者其委托的环境影响评价机构的代表进行辩论； ⑦ 听证会公众代表作最后陈述； ⑧ 主持人宣布听证结束
听证笔录载明事项	① 听证会主要议题； ② 听证主持人和记录人员的姓名、职务； ③ 听证参加人的基本情况； ④ 听证时间、地点； ⑤ 建设单位、规划编制单位或者其委托的环境影响评价机构的代表对环境影响报告书所作的概要说明； ⑥ 听证会公众代表对环境影响报告书提出的问题和意见； ⑦ 建设单位、规划编制单位或者其委托的环境影响评价机构代表对听证会公众代表就环境影响报告书提出问题和意见所作的解释和说明； ⑧ 听证主持人对听证活动中有关事项的处理情况； ⑨ 听证主持人认为应记录的其他事项

（四）网上公示

网上公示是公众参与的一种主要形式，在环境影响评价过程中有两次网上公示机会。一般一个建设项目或规划的环境影响评价需要进行一或两次网上公示。

《环境影响评价公众参与暂行办法》中规定：编制环境影响报告书的项目，建设单位应当在确定环境影响评价机构后7日内，第一次向公众公告建设项目的信息。在环境影响报告书报送环境保护行政主管部门审批或者重新审核前，第二次向公众公告建设项目的信息并征求公众意见。

公众意见可以电话、短信、传真、电子邮件等形式反馈给建设单位或环评单位。

三、公众参与公告内容

公众参与公告内容见表7-2。

表 7-2　公众参与的次数、时间和内容

次数	公告时间	公 告 内 容
第一次	建设单位确定环境影响评价机构后7日内	1. 建设项目的名称及概要； 2. 建设项目的建设单位名称和联系方式； 3. 承担评价工作的环境影响评价机构名称和联系方式； 4. 环境影响评价的工作程序和主要工作内容； 5. 征求公众意见的主要事项； 6. 公众提出意见的主要方式
第二次	最迟于环境影响报告书报送审批或审核前10日	1. 建设项目情况简述； 2. 建设项目对环境可能造成影响的概述； 3. 预防或者减轻不良环境影响的对策和措施的要点； 4. 环境影响报告书提出的环境影响评价结论的要点； 5. 公众查阅环境影响报告书简本的方式和期限，以及公众认为必要时向建设单位或者其委托的环境影响评价机构索取补充信息的方式和期限； 6. 征求公众意见的范围和主要事项； 7. 征求公众意见的具体形式； 8. 公众提出意见的起止时间

四、公众参与信息发布方式

建设单位或者其委托的环境影响评价机构，可以采取以下一种或者多种方式发布信息公告。

① 在建设项目所在地的公共媒体上发布公告；

② 公开免费发放包含有关公告信息的印刷品；

③ 其他便利公众知情的方式。

五、公众参与结果表达

（一）公众意见的统计分析

在进行统计分析前，应对有效的公众意见进行识别。环境影响评价中公众参与的有效意见包括与建设项目的环境影响评价范围、方法、数据、预测结果和结论、环保措施等有关的意见和建议。

识别出有效公众意见后，应根据具体情况进行分类统计，以便对公众意见进行归纳总结，提供采纳与否的判断依据。公众意见分类可包括以下几种。

① 年龄分布及各年龄段关注的问题；

② 性别分布及其关注的问题；

③ 不同文化程度人群比例及其所关注的问题；

④ 不同职业人群分布及其关注的问题；

⑤ 少数民族所占比例及其关注的问题；

⑥ 宗教人士和特殊人群所占比例及其意见；

⑦ 受建设项目不同影响的公众的意见；

⑧ 主要意见的分类统计结果。

本着侧重考虑直接受影响公众意见和保护弱势群体的原则，在综合分析上述公众意见、国家或地方有关规定和政策、建设项目情况以及社会文化经济条件等因素的基础上，应对各主要意见采纳与否，以及如何采纳作出说明。

（二）信息反馈

环境影响报告书报送环境保护行政主管部门审批或者重新审核前，应以适当方式将公众意见采纳与否的信息及时反馈给公众，这些方式包括以下几种。

① 信函；

② 在建设项目所在地的公共场所张贴布告；

③ 在建设项目所在地的公共媒体上公布被采纳的意见、未被采纳意见及不采纳的理由；

④ 在特定网站上公布被采纳的意见、未被采纳意见及不采纳的理由。

六、反对意见的处理方式

① 网上公示、媒体及社区公告阶段公众意见及答复。应列明公示、公告阶段公众来信来电、来访、邮件等方式的意见以及答复情况。

② 问卷调查统计、分析及回访。根据问卷调查的内容分析梳理公众对项目的态度以及具体意见，应统计支持、反对、有条件支持的比例。应列明提出反对以及有条件支持意见的公众及其意见清单，对持反对意见的公众进行项目情况沟通和回访，并列明回访后调查对象的意见反馈。

③ 公众及专家意见采纳情况。综合上述汇总和分析，梳理收集到的公众、专家意见分类，环评机构会同建设单位，提出采纳意见和措施（应明确落实在环评文件的相应部分），对不采纳的情况说明理由。

④ 对于反对意见较为集中的项目，应分析公众反对的主要原因和理由，并对是否属于本项目环境问题，公众意见是否采纳，环境问题是否已经得到解决，是否需要补充开展公众意见调查等情况予以说明。

七、实例

（一）第一次公示实例❶

【例7-1】　年加工5万吨碎石项目环境影响评价公众参与网上第一次公示。

---

❶ 所有公示信息都应包含具体信息，本书为隐私考虑，隐去了公示中的具体信息。

年加工 5 万吨碎石项目环境影响评价公众参与网上第一次公示

编稿时间：2014-12-01　来源：某环保分局

一、建设项目名称及概要

项目名称：年加工 5 万吨碎石项目

建设单位：YF 废弃资源综合利用有限公司

建设性质：新建

项目概要：位于 B 市某区 Q 村龙井上组，由 YF 废弃资源综合利用有限公司新建。项目总投资约 160 万元，其中环保投资约 27 万元。项目的建设内容为利用周边采石场碎石废料为原料，碎石制砂。

二、项目建设单位及其联系方式

建设单位：YF 废弃资源综合利用有限公司

联系人：DXF

联系电话：×××××××××××

三、项目环境影响评价机构及其联系方式

环评单位：YQ 环保股份有限公司

联系人：HX

联系电话：×××××××××××

四、环境影响评价工作程序及主要工作内容

环境影响评价工作程序：分为三个阶段，第一阶段为准备阶段，第二阶段为正式工作阶段，第三阶段为报告表编制阶段。

主要工作内容：研究有关文件，工程分析，环境现状调查，影响预测和评价，环境保护措施技术经济可行性分析，环境监测制度及环境管理，环境影响评价结论。

五、征求公众意见的主要事项

被征求意见的公众必须包括受建设项目影响的公民、法人或者其他组织的代表。

主要事项：当地原有的主要环境问题和严重程度，建设项目对当地环境的总体影响情况，建设项目的实施会对当地原有主要环境问题所起的作用，建设项目可能产生的新的环境问题，对环境影响评价结论的接受程度，除以上征询内容外的公众特别关注的问题、意见和建议等。

六、公众提出意见的主要方式

公众可以在公众参与信息公布后，以信函、传真、电子邮件或者按照有关公告要求的其他方式，向建设单位或者其委托的环境影响评价机构提交书面意见。

公示时间：自即日之日起公示，公示期限为 10 个工作日。

B 市环保局 S 区分局

YQ 环保股份有限公司

二〇一四年十一月

【例 7-2】 JR 化工有限公司 80 万吨/年对二甲苯建设项目公众参与第一次公示

JR 化工有限公司 80 万吨/年对二甲苯建设项目公众参与第一次公示

R 市人民政府　2014-01-02 17：21：25　供稿：政府办公室

一、建设项目名称及概要

项目名称：JR 化工有限公司 80 万吨/年对二甲苯项目

建设地点：H省R市区东北部，距市区中心6km，紧邻某石化公司在建炼油质量升级改造项目炼油二厂中间产品罐区北侧，人文干渠南侧。

项目投资：365201万元

工程内容：本项目工程内容主要包括新建芳烃联合装置（80万吨/年对二甲苯装置和10万吨/年抽提装置），以及相应新建配套的储运、公用工程、环保工程及辅助生产设施。厂外工程中的道路、供电、污水处理等均依托市政工程，不在本工程建设范围之内。

项目建成后主要产品为80万吨/年对二甲苯，副产品包括燃料气、重芳烃和轻烃油。其中，对二甲苯、苯、重芳烃和轻烃油作为产品外销，燃料气厂内自用。

二、建设单位及其联系方式

单位名称：JR化工有限公司

地　　址：H省R市北环东路

邮　　编：×××××××

传　　真：×××××××

联系电话：×××××××

邮　　箱：×××@163.com

联系人：CLD

三、环评单位及其联系方式

单位名称：Q安全环保有限公司

地　　址：Q市南区延安三路×××号

邮　　编：×××××××

联系电话：×××××××

传　　真：×××××××

邮　　箱：×××@163.com

联系人：MCF

四、环评程序和工作内容

环境影响评价工作程序：首先开展现场踏勘、资料收集，以此为基础进行工程污染因素分析、环境质量现状监测与评价、环境影响预测与评价、环保措施可行性论证等工作，最后汇总编制环境影响报告书，由建设单位报请环保主管部门审批。

环境影响评价工作内容：区域环境质量概况、建设项目工程分析、环境影响预测与评价、环保措施可行性论证、清洁生产和污染物排放总量控制分析、环境风险评价、环境经济损益分析、社会环境影响分析、项目选址可行性论证、项目规划和资源相容性分析、公众参与、环境管理和监测计划、结论和建议等。

五、征求公众意见的主要事项

1. 本项目所处区域的主要环境问题；

2. 本项目所处区域的环境敏感目标；

3. 本项目污染环境的主要因素；

4. 本项目对当地环境的影响程度；

5. 本项目应进一步采取的环保措施；

6. 本项目对当地经济和社会福利的影响；

7. 本项目可能带来的重大潜在环境问题；

8. 您对本项目建设有何具体意见和建议；

9. 您对本项目建设的总体态度。

六、公众提出意见的主要方式

公众可以通过电话、传真、信函、电子邮件等方式向建设单位或评价单位提出意见，环评报告书编制完成后还将进行第二次环评公示、当地媒体报纸公告、公众座谈会以及发放公众意见调查表征求公众意见，公众届时均可通过上述所有方式向建设单位、评价单位反馈意见及建议。

七、公示时间

即日起十个工作日内。

（二）第二次公示实例

【例 7-3】 A 经济开发区总体规划环境影响评价公众参与公示（第二次）

A 经济开发区总体规划环境影响评价公众参与公示（第二次）

2015 年 4 月 10 日 09：30：05 来源：A 县政府办公室

根据《环境影响评价公众参与暂行办法》（2006.3.18）规定，现将《A 经济开发区总体规划环境影响报告书》（以下简称《环评》）有关环境信息进行第二次公示，公示时间为 10 个工作日。

一、《A 经济开发区总体规划环境影响报告书》简述

A 县隶属河北省 H 市，东接 R 县，西邻 S 县，南抵 Z 市、J 市，北靠 AN 市、B 县。

A 经济开发区由东区和南区两部分组成，其中东区规划四至为：西起经一路，东至××边界，南到××路-××路-××街-××路-××路-××大道东沿线，北抵规划北外环，规划面积为 21.11 平方千米；南区规划四至为：西起××路，东至中心路南沿线，南到 D 村北，北抵××大道西沿线，规划面积为 2.4 平方千米。规划期限为 2014～2030 年。开发区产业定位为：以智能技术产品研发生产、丝网产品制造、汽车关键零部件制造为核心产业，重点发展包括智能技术产品研发生产、丝网产品制造、汽车关键零部件及汽车整车制造、装备制造、五金机电表面处理、节能型轻工业加工制造、商贸物流综合服务的七大产业，打造全国智能技术产品研发生产与推广中心、丝网制造与贸易中心、汽车关键零部件制造基地，全面建设智慧开发区。

规划区用地含工业用地、仓储用地、绿地、市政公用设施和其他用地类型。规划内容包括用地规划、道路交通规划、绿地系统规划及市政工程规划。

二、规划实施可能对环境产生的影响

本规划实施后，规划区拟采用天然气锅炉集中供热，对环境影响较小；各企业产生的工艺废气均采取相应措施进行治理，不会对周围大气环境产生明显影响。规划区各入区企业产生的废水首先进入各自污水处理设施初级处理后排入 A 县污水处理厂经深度处理后满足《城镇污水处理厂污染物排放标准》（GB 18918—2002）的一级 A 标准并满足《城市污水再生利用 城市杂用水水质》（GB/T 18920—2002）相应标准、《城市污水再生利用 工业用水水质》（GB/T 19923—2005）标准后部分回用，部分排入某干渠。规划实施后，新增了入区企业的工业噪声源，对规划区进行合理布局及采取各种降噪措施后，本区域声环境质量仍可满足标准要求。规划区产生的固体废物将本着"减量化、资源化、无害化"原则，各类固体废物都能够得到合理处置。在采取了完善的风险防范措施后，规划区的环境风险属可接受水平。本规划的实施，使土地利用性质有一定改变，规划区内将建设各种绿地来改善生态

环境。

三、环境影响减缓措施要点

《环评》从污染防治措施、清洁生产和循环经济三个层面对规划区建设提出了环境影响减缓措施。

针对施工期和运营期的不同特点，从大气、水、噪声、固体废物以及生态保护等方面提出了行之有效的污染防治措施，使各种污染物的排放满足国家有关排放标准限值的要求。

四、环境影响评价结论

经综合论证，规划区选址可行，规划实施中，通过认真贯彻清洁生产和循环经济理念，切实落实各项环保治理措施，规模与布局具有环境可行性。

五、联系方式和《环评》简本查阅方式

1. 联系方式

规划单位：A经济开发区管理委员会　　联系人：×××

联系电话：×××××××××××

环评单位：Q环境科技有限公司　　联系人：×××

联系电话：××××××× 电子邮箱：×××××××@qq.com

通讯地址：S市H路67号　　邮编：××××××

2. 简本查阅方式

《环评》简本内容详见本次公示附件。

六、征求意见的范围和主要事项

1. 范围

实施《规划》可能受到影响的有关企事业单位、社会团体及个人，与《规划》相关领域的专家，关注环境公共利益和公众环境权益的其他单位和个人。

2. 主要事项

(1) 您对本规划区的区域位置有何看法？

(2) 您认为本规划区发展现状、总体布局是否合理？

(3) 您认为本规划区开发建设的最主要优势是什么？

(4) 您认为制约该规划区发展的主要因素有哪些？

(5) 您对该规划区发展最关心的问题是什么？

(6) 立足于A县经济、社会发展的角度，您认为该规划区如何进行产业结构调整？

(7) 从A县环境保护和生态建设角度，您认为该规划区今后环境保护工作的重点是什么？

(8) 您对该规划区今后发展有何具体建议和意见？

(9) 您认为规划的实施是否有利于当地社会经济发展？

(10) 您认为本地区存在的主要环境问题有哪些？

A经济开发区管理委员会

2015年4月8日

【例7-4】 JR化工有限公司年产80万吨对二甲苯项目环境影响评价公众参与第二次公示

JR化工有限公司年产80万吨对二甲苯项目环境影响评价公众参与第二次公示

R市人民政府　2015-01-26 17：24：38　供稿：政府办公室

根据《中华人民共和国环境保护法》、《环境影响评价公众参与暂行办法》(环发〔2006〕

28号）以及《关于切实加强风险防范严格环境影响评价管理的通知》（环发〔2012〕98号）等文件的相关要求，现将"JR化工有限公司年产80万吨对二甲苯项目"环境影响报告书的有关内容及主要结论公告如下。

一、建设项目概况简述

1. 项目名称：JR化工有限公司年产80万吨对二甲苯项目

2. 建设地点：项目建设地点位于H省R市市区东北部，紧邻某石化公司在建炼油质量升级改造项目炼油二厂中间产品罐区北侧，人文干渠南侧。厂区选址位于R市规划的工业区内，用地性质为三类工业用地，符合R市中心城区总体规划（2008—2020）要求。

3. 项目概况：拟建工程内容主要包括新建芳烃联合装置（80万吨/年对二甲苯装置、85万吨/年歧化装置和10万吨/年芳烃抽提装置），以及相应新建配套储运、公用工程、环保工程及辅助生产设施。厂区占地面积为30.54公顷，工程总投资365201万元，其中环保投资约8667万元，占总投资的2.37%。

二、建设项目对环境可能造成的影响概述

项目施工期可能会对周围的大气、声环境等造成短暂的不良影响，这些影响会随施工期结束而消失。

项目运营期生产过程中会排放一定量的废气、废水、噪声和固体废物，对周围的大气环境、水环境、声环境以及环境风险、社会环境等产生一定的影响。本项目将按照国家有关法律法规要求，采用先进的生产工艺技术、清洁的燃料、先进合理可行的环保措施，严格控制各类污染物的产生，各项污染物能够达标排放。各项环保设施严格遵循与主体工程同时设计、同时施工、同时投入使用的"三同时"制度。报告书通过预测分析表明，项目排放的污染物对周围环境的影响都在可接受范围内。

三、预防或减轻不良环境影响的对策和措施

1. 施工期

本项目施工期采取加设围挡、遮盖、洒水喷淋等措施，减轻施工扬尘对大气环境的影响；对施工废水和生活污水统一收集处理，不随意外排；合理安排施工作业时间，避免噪声扰民；施工垃圾分类堆放，统一收集处理；施工期间实施环境监理。

2. 运营期

大气环保措施主要包括：采用低硫燃料，装置区设高低压燃料气管网，储罐全部采用内浮顶加氮封，汽车装车区和储罐区设置油气回收设施，全厂设置泄漏检测与修复系统（LARDs），以降低挥发性有机物的无组织排放量。

污水系统严格执行清污分流、污污分流的原则，含油污水、含盐污水和生活污水全部依托某石化公司污水处理系统进行处理。

固体废物遵循"减量化、资源化、无害化"原则，分类收集，均能得到妥善处置，不会对外环境产生较大影响。加热炉全部采用低噪声火嘴，机泵和空冷器选用低噪声设备、加设隔声罩等措施。

采取各项污染防治措施后，可将本项目对环境的影响控制在国家标准允许范围内。

四、环境风险评价结论

本项目生产过程中存在发生火灾爆炸和物料泄漏的风险。风险预测和评价结果表明，各类最大可信事故造成的半致死浓度范围和伤害浓度范围均位于厂区内，发生事故情况下不会造成厂区外环境中人群的生命危害风险，也不会对外环境产生重大影响。项目设置"三级"

防控设施，控制事故情况下污水不会外排。在确保各项环境风险防范措施和风险事故应急预案得到落实的基础上，本项目环境风险水平是可以接受的。

五、环境影响评价结论要点

本项目符合国家产业政策要求，符合 R 市城市发展规划、R 经济开发区规划和 R 市环境保护规划要求，符合清洁生产要求，环境保护措施技术经济可行，废水和废气满足达标排放要求，工业固体废物的处理处置符合"资源化、减量化、无害化"原则，总量控制因子满足总量控制要求，评价区域内环境影响可接受，环境风险防范措施和应急预案可以满足风险事故的防范和处理要求，环境风险水平可以接受，项目选址合理可行。

在项目建设过程中如果能够严格执行国家、地方已有的各项环保政策、法律法规，并全面落实设计和本报告书提出的各项环境保护措施与建议，在认真落实 R 市区域消减计划的前提下，本项目建设从环保角度是可行的。

六、公众查阅环境影响报告书简本的方式和期限

1. 查阅方式：公众可在 R 市环保局网站（网址：http：//www.××××.com）和 R 市人民政府门户网站（网址：http：//www.××××.gov.cn）上查阅和下载本项目环境影响报告书简本（地址：http：//××××）。

2. 公众认为必要时也可以通过电话、传真、信函、电子邮件或其他便利的方式，与建设单位或评价单位联系，免费索取本项目公示材料或其他补充信息。

联系方式如下。

建设单位：RJ 化工有限公司

地址：河北省 R 市油建四小区大门北行 200 米　　邮编：×××××××

联系人：×××　　　　　　　电话：×××××××

传真：×××××××　　　　　E-mail：××××××@sina.com

评价单位：Q 安全环保有限公司

联系地址：Q 市延安三路×××号甲　　　　邮编：×××××××

联系人：×××　　　　　　　电话：×××××××

传真：×××××××　　　　　E-mail：××××××@163.com

3. 期限：自公示之日起 10 个工作日，2015 年 1 月 26 日～2015 年 2 月 6 日。

4. 随着项目的推进，仍将继续采取各种方式保持与公众的沟通，使公众及时了解项目情况。

七、征求公众意见的范围和主要事项

1. 征求范围：可能受到本项目影响或关注本项目的公众。

2. 主要事项：根据"国家鼓励公众参与环境影响评价活动，公众参与实行公开、平等、广泛和便利的原则"，本次公示主要事项包括公众对本项目建设的态度、建议和意见。请于公示期限内以电话、信函（以邮戳日期为准）、传真、电子邮件等方式，向建设单位或环境影响评价单位提交。

八、征求公众意见的具体形式

本次公众参与将采取报纸、网络媒体、基层信息公告栏公示、召开听证会和问卷调查等形式广泛征求公众意见。

2015 年 1 月 26 日

（三）公众参与调查表实例

【例7-5】 公众参与调查表

公众参与调查表

QS环保产业有限公司拟在M镇工业园区选址建设年回收处理10000吨废有机溶剂项目，并配套4500吨/年固体废物焚烧系统。工程主要污染为焚烧废气和职工生活污水，通过厂内较完备的治理措施处理后，污染物排放可以达到国家标准要求。受QS公司委托，HB环境科学研究院对该项目进行环境影响评价。根据《中华人民共和国环境影响评价法》规定，拟对周围居民及有关各界进行公众参与调查，请您本着客观、公正的态度完成本调查表，谢谢您的合作！

姓名		职业		性别	
年龄	文化程度		工作单位		住址

1	您的居住地
	A. 远离QS公司　　　　B. 距QS公司1千米内　　　　C. 紧邻QS公司
2	您是否了解QS公司废有机溶剂回收处理项目？
	A. 通过电视、报纸了解　　　　B. 听别人说过　　　　C. 不知道
3	如果该项目对环境的影响能够满足国家有关标准，您对该项目的态度是
	A. 支持　　　　B. 反对　　　　C. 没想过
4	如您反对，其主要理由是
	A. 影响周围环境　　B. 降低生活质量　　C. 对当地经济没好处　　D. 不知道
5	您认为该项目对环境的主要影响是
	A. 废气　　B. 废水　　C. 噪声　　D. 固体废物　　E. 交通
6	您认为目前本地区的环境空气质量
	A. 较好　　B. 一般　　C. 不理想　　D. 没想过
7	您认为目前本地区地表水环境质量
	A. 较好　　B. 一般　　C. 不理想　　D. 没想过
8	您认为目前本地区声环境质量
	A. 较好　　B. 一般　　C. 不理想　　D. 没想过
9	您对QS公司实施该项目的具体要求与建议，请文字描述（不够可另附页）

【例7-6】 环境影响评价公众参与调查表

环境影响评价公众参与调查表

调查时间：　　年　月　日

项目名称		XJ科技有限责任公司戊二醛、丙烯酸、丙烯醛、乙烯基甲醚生产项目		建设地点		S市C科技工业园内
被调查者	姓名		性别		年龄	民族
	文化程度		职称		职务	
	工作单位或住址				联系电话	
	与项目的关系					

续表

一、基本介绍:

XT 科技有限责任公司成立于 2002 年 4 月,注册资本 300 万元;化工产品的注册商标号为"××"牌。现公司位于 S 市南郊化工东路×××号,现有生产能力为年产工业级戊二醛 3000 吨、医用戊二醛 1000 吨、丙烯醛 4500 吨。依据《S 市 C 科技工业园(化工区)规划设计》,围绕市委政府科技工业园发展建设目标,始终把项目建设作为经济发展的重要抓手,加快化工企业的搬迁建设步伐,不断提升要素集聚能力;同时企业产品结构单一,不利于产品的市场竞争。XJ 科技有限责任公司决定在 S 市科技工业园占地 130 亩进行搬迁扩建项目。

该项目搬迁完成后全厂生产能力为丙烯醛 5000 吨/年、丙烯酸 5000 吨/年、工业戊二醛 5000 吨/年、乙烯基甲醚 5000 吨/年。

该项目在运营过程中产生了一定的污染。该项目采取了相应的污染控制措施,主要指标达到了国家及地方环境保护要求。

本公众参与调查表的目的是了解公众对本项目建设的意见及建议,以便我们在今后的工作中对不足之处作出改进。在此,对您的支持表示衷心的感谢!

二、调查记录

序号	项 目	调查内容
1	您是否支持该项目建设运营?	1. 支持□;2. 一般□;3. 反对□;4. 不知道□
2	您认为项目建设:	1. 非常必要□;2. 一般□;3. 意义不大□
3	该项目建设运营对当地的经济发展是否有利?	1. 有利□;2. 不利□;3. 不太清楚□;4. 不知道□
4	您认为该项目所在区域的主要环境问题是什么?	1. 水质污染□;2. 空气污染□;3. 噪声扰民□; 4. 固体废物□;5. 不知道□
5	您认为该项目带来的主要环境问题是什么?	1. 水污染□;2. 空气污染□;3. 噪声□; 4. 固体废物□;5. 不知道□
6	您认为该项目建设对您及您的家人今后在生活环境、生活质量、经济收入等方面总体影响是:	1. 正影响□;2. 负影响□;3. 无影响□

三、您对该项目或环境影响评价工作的改进意见是什么?

调查单位:XJ 科技有限责任公司　　　　　　调查人:

说明:1. 被调查者和调查者应签字;

　　　2. 表中 1~6 项由被调查者打"√"。

【例7-7】 公众意见调查表

公众意见调查表

<table>
<tr>
<td rowspan="5">被调查人基本情况</td>
<td colspan="2">姓　名：</td>
<td colspan="4">性别：□男　□女</td>
</tr>
<tr>
<td colspan="2">年　龄：</td>
<td colspan="4">□18～35岁　　　□36～50岁　　　□50岁以上</td>
</tr>
<tr>
<td colspan="2">职　业：</td>
<td colspan="4">□公务员　□科教文卫　□企业职工　□农民　□农民</td>
</tr>
<tr>
<td colspan="2">文化程度：</td>
<td colspan="4">□大学及以上　□高中　　□初中　　□小学以下　　□其他</td>
</tr>
<tr>
<td colspan="2">单位或住址：</td>
<td colspan="4">联系方式：　　　　　　　　身份证号：</td>
</tr>
<tr>
<td rowspan="9">建设项目概况</td>
<td colspan="2">项目名称</td>
<td colspan="4">Q市J矿业有限公司QL铁矿开发利用项目</td>
</tr>
<tr>
<td colspan="2">建设地点</td>
<td colspan="4">HB省QL县×××乡×××沟一带</td>
</tr>
<tr>
<td colspan="2">建设单位</td>
<td colspan="4">项目总投资5500万元</td>
</tr>
<tr>
<td colspan="2">项目概况</td>
<td colspan="4">　　本项目矿区包括Ⅰ、Ⅱ、Ⅲ、Ⅳ、Ⅴ、Ⅵ、Ⅶ七个开采矿体。其中，Ⅵ矿体（×××露天采区）为露天开采，其余矿体采用地下开采，Ⅰ、Ⅱ、Ⅲ、Ⅳ、Ⅴ号矿体（×××地下采区）共用一套开拓系统，Ⅶ号矿体（Ⅶ号采区）单独使用一套开拓系统，建设内容主要包括地下采区开拓运输系统、地上采区开拓运输系统、废石场、工业场地等主体工程，办公室、供水、供配电、消防、机修等公用辅助设施，生产废气、废水处理设施，隔声降噪措施等环保设施以及矿区生态环境恢复治理工程。露天采区矿山开拓运输方式为公路开拓，采剥方法为露天台阶法开采，地下采区开拓方式为竖井开拓，采矿方法为浅孔留矿采矿法，爆破采用非电导爆系统起爆、多排孔微差挤压爆破。矿山采区内保有资源储量1671.5万吨，项目设计开采区面积2.9867平方千米，储量为$1216.65×10^4$吨</td>
</tr>
<tr>
<td rowspan="5">主要污染源</td>
<td rowspan="5">①废气：凿岩钻孔粉尘、爆破粉尘及废气、矿石运输粉尘、废石场扬尘等；
②废水：矿山排水等；
③噪声：凿岩钻孔、爆破噪声，风机和泵类等设备噪声，爆破震动等；
④固体废物：剥离废石；
⑤生态环境：露天采场、废石场和运输道路的建设可能造成地表植被破坏、水土流失等</td>
<td rowspan="5">防治措施</td>
<td colspan="3" rowspan="5">废气：项目采用湿式凿岩减少钻孔粉尘，采用塑料水袋填充炮孔，爆破后采用喷雾洒水降尘减少爆破粉尘及废气；矿石运输、废石场采用洒水抑尘的措施；
废水：项目矿山涌水由絮凝沉淀池处理后，部分用于矿山生产、抑尘补充水，生态恢复绿化用水等，其余外送周边选矿厂作为生产用水利用；
噪声：风机加装消声器，将其他产噪设备布置在密闭厂房内；
固体废物：废石集中送废石场进行堆存；
生态环境：施工期、运营期和服务期满后对露天采场、废石场、运输道路采取工程措施和生态恢复措施减少对生态环境的影响并进行生态恢复</td>
</tr>
<tr></tr>
<tr></tr>
<tr></tr>
<tr></tr>
<tr>
<td rowspan="10">调查内容</td>
<td>1</td>
<td colspan="2">您对环境问题的看法</td>
<td>□很关心</td>
<td>□关心</td>
<td>□无所谓</td>
</tr>
<tr>
<td>2</td>
<td colspan="2">您对本项目了解的途径</td>
<td>□网络</td>
<td>□信息公示</td>
<td>□他人　　□其他</td>
</tr>
<tr>
<td>3</td>
<td colspan="2">您对本项目的了解程度</td>
<td>□了解</td>
<td>□一般</td>
<td>□不了解</td>
</tr>
<tr>
<td>4</td>
<td colspan="2">您认为项目实施对环境可能造成的主要影响</td>
<td>□噪声污染</td>
<td>□水污染</td>
<td>□大气污染　□固体废物堆存　□生态</td>
</tr>
<tr>
<td>5</td>
<td colspan="2">您对本项目采取的环保措施是否满意</td>
<td>□满意</td>
<td>□不清楚</td>
<td>□不满意</td>
</tr>
<tr>
<td>6</td>
<td colspan="2">您认为该项目对当地经济发展的作用</td>
<td>□促进</td>
<td>□一般</td>
<td>□减缓</td>
</tr>
<tr>
<td>7</td>
<td colspan="2">您认为该项目选址是否合理</td>
<td>□合理</td>
<td>□不关心</td>
<td>□不合理</td>
</tr>
<tr>
<td>8</td>
<td colspan="2">您对该项目建设所持态度</td>
<td>□赞同</td>
<td>□不关心</td>
<td>□不赞同</td>
</tr>
<tr>
<td colspan="3">您对该项目建设有何具体建议</td>
<td colspan="3"></td>
</tr>
<tr>
<td colspan="3">如果您对7、8条持反对意见请说明理由</td>
<td colspan="3"></td>
</tr>
</table>

思考题

1. 公众参与的概念是什么？意义何在？
2. 简述我国公众参与的形式类型以及适用环评的类型。
3. 公众参与应在什么时间进行？
4. 公众参与向公众提供的内容有哪些？
5. 怎样处理公众参与中的反对意见？

第二部分

环境影响评价基本技能

第八章 工程分析

建设项目环境影响评价中的工程分析是对建设项目的工程方案和整个工程活动进行分析，从环境保护角度分析建设项目的性质、清洁生产水平、工程环保措施方案以及总图布置、选址选线方案等并提出要求和建议，确定项目在建设期、运行期以及服务期满后的主要污染源强及生态影响等。

只有通过对建设项目的工程全部组成、一般特征和污染特征的全面分析，才可以纵观建设项目建设运行与环境各因素的关系，同时从微观上为环境影响评价工作提供所需的基础数据。需要注意的是，虽然每个建设项目环境影响评价均需进行工程分析，但由于每个项目具有其独特性，故每个建设项目工程分析应具有针对性。

一、工程分析概述

(一) 工程分析的作用

1. 工程分析是项目决策的重要依据

工程分析是项目决策的重要依据之一。污染型项目工程分析从项目建设性质、产品结构、生产规模、原料路线、工艺技术、设备选型、能源结构、技术经济指标、总图布置方案等基础资料入手，确定工程建设和运行过程中的产污环节、核算污染源强、计算排放总量。从环境保护的角度分析技术经济先进性、污染治理措施的可行性、总图布置合理性、达标排放可能性。衡量建设项目是否符合国家产业政策、环境保护政策和相关法律法规的要求，确定建设该项目的环境可行性。

2. 为各专题预测评价提供基础数据

工程分析专题是环境影响评价的基础，工程分析给出的产污节点、污染源坐标、源强、污染物排放方式和排放去向等技术参数是大气环境、水环境、噪声环境影响预测计算的依据，为定量评价建设项目对环境影响的程度和范围提供了可靠的保证，为评价污染防治对策的可行性提出完善改进建议，从而为实现污染物排放总量控制创造了条件。

3. 为环保设计提供优化建议

项目的环境保护设计是在已知生产工艺过程中产生污染物的环节和数量的基础上，采用必要的治理措施，实现达标排放，一般很少考虑对环境质量的影响，对于改扩建项目则更少考虑原有生产装置环保"欠账"问题以及环境承载能力。环境影响评价中的工程分析需要对生产工艺进行优化论证，提出满足清洁生产要求的清洁生产工艺方案，实现"增产不增污"或"增产减污"的目标，使环境质量得以改善或不使环境质量恶化，起到对环保设计优化的作用。

分析所采取的污染防治措施的先进性、可靠性，必要时要提出进一步完善、改进治理措施的建议，对改扩建项目尚须提出"以新带老"的计划，并反馈到设计当中去予以落实。

4. 为环境的科学管理提供依据

工程分析筛选的主要污染因子是项目生产单位和环境管理部门日常管理的对象，所提出的环境保护措施是工程验收的重要依据，为保护环境所核定的污染物排放总量是开发建设活动进行污染控制的目标。

（二）工程分析的对象

工程分析一方面，要求工程组成要完全，应包括临时性/永久性、勘察期/施工期/运营期/退役期的所有工程；另一方面，要求重点工程应突出，对环境影响范围大、影响时间长的工程和处于环境保护目标附近的工程应重点分析。

工程组成应有完善的项目组成表，一般按主体工程、配套工程和辅助工程分别说明工程位置、规模、施工和运营设计方案、主要技术参数和服务年限等主要内容。

工程分析对象分类及界定依据见表 8-1。

表 8-1   工程分析对象分类及界定依据

	分类		界定依据	备注
1	主体工程		一般指永久性工程,由项目立项文件确定工程主体	—
2	配套工程(一般指永久性工程,由项目立项文件确定的主体工程外的其他相关工程)	公用工程	除服务于本项目外,还服务于其他项目,可以是新建,也可以依托原有工程或改扩建原有工程	在此不包括公用的环保工程和储运工程,应分别列入环保工程和储运工程
		环保工程	根据环境保护要求,专门新建或依托改扩建原有工程,其主体功能是生态保护、污染防治、节能、提高资源利用效率和综合利用等	包括公用的或依托的环保工程
		储运工程	指原辅材料、产品和副产品的储存设施和运输道路	包括公用的或依托的储运工程
3	辅助工程		一般指施工期的临时性工程,项目立项文件中不一定有明确的说明,可通过工程行为分析和类比方法确定	—

（三）工程分析的分类

按建设项目对环境影响的方式和途径的不同，环境影响评价中把建设项目分为污染型建设项目和生态影响型建设项目两大类。

污染型建设项目主要是以污染物排放对大气环境、水环境、土壤环境、声环境的影响为主，其工程分析是以项目的工艺过程分析为重点，并不可忽略污染物的非正常工况。核心是确定工程污染源。

生态影响型项目主要是以建设期、运行期对生态环境的影响为主，工程分析以建设期的施工方式及运营期的运行方式分析为重点，核心是确定工程主要生态影响因素。

（四）工程分析的重点与阶段划分

根据实施过程的不同阶段，可将建设项目分为建设期、运营期、服务期满后三个阶段进行工程分析。

污染型项目工程分析应以工艺过程为重点，包括正常排放和非正常排放。资源、能源的储运、交通运输及土地开发利用是否分析及分析的深度根据工程、环境的特点及评价工作等级决定。

生态影响型项目工程分析以占地和施工方式、运行方式为重点。

所有建设项目均应分析生产运行阶段所带来的环境影响。生产运行阶段要分析正常排放和非正常排放两种情况。对随着时间的推移，环境影响有可能增加较大的建设项目，同时其评价工作等级、环境保护要求均较高时，可将生产运行阶段分为运行初期和运行中后期，并分别按正常排放和非正常排放进行分析，运行初期和运行中后期的划分应视具体工程特征而定。个别建设项目在建设阶段和服务期满后的影响不容忽视，应对这类项目的这两个阶段进行工程分析。

二、工程分析内容

(一) 污染型建设项目工程分析的基本内容

污染型建设项目工程分析主要包括工程概况、工艺流程及产物环节分析、污染物分析、清洁生产水平分析、环保措施方案分析、总图布置方案分析六部分。详见表 8-2。

表 8-2　污染型建设项目工程分析基本内容

要点	内　容	备注
工程概况	工程一般特征介绍 物料与能源消耗定额 主要技术经济指标	
工艺流程及产污环节分析	工艺流程及污染物产生环节	
污染物分析	污染源分布及污染物源强核算 物料平衡与水平衡 无组织排放源强 风险排污源强统计及分析	
清洁生产水平分析	清洁水平分析	已从工程分析章节分出，单独成为清洁生产评价章节
环保措施方案分析	分析本项目可研确定环保措施方案所选工艺及设备的先进水平和可靠程度 分析处理工艺有关技术经济参数的合理性 分析环保设施投资构成及其在总投资中占有的比例	已从工程分析章节分出，单独成为环保措施可行性分析章节
总图布置方案分析	分析厂区与周围的保护目标之间所定防护距离的安全性 根据气象、水文等自然条件分析工厂和车间布置的合理性 分析村镇居民拆迁的必要性	已从工程分析章节分出，单独成为选址及总图布置合理性分析章节
补充措施与建议	关于合理的产品结构与生产规模的建议 优化总图布置的建议 节约用地的建议 可燃气体平衡和回收利用措施建议 用水平衡及节水措施建议 废渣综合利用建议 污染物排放方式改进建议 环保设备选型和实用参数建议 其他建议	

1. 工程概况

(1) 工程一般特征介绍　工程一般特征简介主要介绍项目的基本情况，包括工程名称、建设性质、建设地点、项目组成、建设规模、车间组成、产品方案、辅助设施、配套工程、储运方式、占地面积、职工人数、工程投资及发展规划等，并附平面布置图。

项目的建设规模和产品方案见表 8-3。项目的组成可以参照表 8-4。

表 8-3 项目建设规模和产品方案

序号	工艺名称	建设规模	产品产量	年操作时数	备注
1					
2					
3					
...					

表 8-4 项目组成

序号	生产装置	辅助生产装置	公用工程	环保工程	备注
1					
2					
3					
...					

（2）物料与能源消耗定额　物料与能源消耗定额包括主要原料、辅助材料、助剂、能源（煤、焦、油、天然气、电和蒸汽）以及用水等的来源、成分和消耗量。物料及能源消耗定额见表 8-5。

表 8-5 主要原辅材料主要原辅材料消耗定额及来源

序号	名称	规格	单位	消耗量	来源	备注
1						
2						
...						

（3）主要技术经济指标　主要技术经济指标包括产率、效率、转化率、回收率和放散率等。建设项目的技术经济指标见表 8-6。

表 8-6 建设项目的技术经济指标

序号	指标名称	单位	数量	备注
1				
2				
3				
...				

2. 工艺流程及产污环节分析

用流程图的方式说明生产过程，同时在工艺流程中表明污染物的产生位置和污染物的类型，必要时列出主要化学反应和副反应式。目的是用流程图说明生产过程，同时也在工艺流程中表明污染物的产生位置和污染物的类型。

【例 8-1】 合成氨生产工艺流程及产污节点图中，可以表示出（　　）。（2012 年环境影响评价工程师考试题）

A. 氨的无组织排放分布　　　　　　　B. 生产工艺废水排放位置
C. 生产废气排放位置　　　　　　　　D. 固体废物排放位置

【解】 BCD。本题主要考查生产工艺流程产污分析。由于氨的无组织排放是生产装置的跑冒滴漏，涉及空间的概念；因此，在合成氨生产工艺流程及产污节点图中，无法表示出。合成氨生产工艺流程及产污节点图中，可以表示出生产工艺废水排放位置、生产废气排放位置、固体废物排放位置。

3. 污染物分析

（1）污染物分布及污染物源强核算　污染源和污染物类型统计及其排放量是各专题评价的基础资料，应按建设期、运行期和服务期满后（退役期）三个时期，详细核算和统计。

对于污染源分布应根据已经绘制的工艺流程图，并按排放点标明污染物排放部位，用代号代表不同污染物类型，并依据在工艺流程中的先后顺序编号，如用 G_i 代表废气，用 W_i 代表废水，用 S_i 代表固体废物等。列表逐点统计各种污染因子的排放浓度、数量、速率、形态。对于泄漏和放散等无组织排放部分，原则上要参照实测资料，用类比法进行定量。缺少实测资料时，可以通过物料平衡进行推算。非正常工况的污染排放也要进行核算统计。

对于废气可按点源、面源、线源进行分析，说明源强、排放方式和排放高度及存在的有关问题。对废液和废水应说明种类、成分、浓度、排放方式、排放去向等。对于废液和固体废物应按《中华人民共和国固体废物污染环境防治法》对废物进行分类，废液应说明种类、成分、浓度、是否属于危险废物、处置方式和去向等有关问题；废渣应说明有害成分、浸出液浓度、是否属于危险废物、排放量、处理处置方式和贮存方法；属于一般工业固体废物的要明确Ⅰ类、Ⅱ类工业固体废物。噪声和放射性应列表说明源强、剂量及分布。

污染物的排放状况可采用表 8-7 方式表示。

表 8-7　污染源强一览表

序号	污染物排放源	主要污染因子	排放浓度	排放量	去向
1					
2					
3					
...					

① 新建项目污染物源强　对于新建项目要求算清两本账：一是工程自身的污染物设计排放量；二是按治理规划和评价规定措施实施后能够实现的污染物削减量。两本账之差才是污染物最终排放量。新建项目污染物排放量统计见表 8-8。

表 8-8　新建项目污染物排放量统计

类别	污染物名称	产生量	治理削减量	排放量
废气				
废水				
固体废物				

② 改扩建项目污染物源强　对于扩建项目污染物排放量统计则要求算清主要污染物排放变化的"三本账"，即某种污染物改扩建前排放量、改扩建项目实施后扩建部分排放量、改扩建完成后总排放量（扣除"以新带老"削减量），见表8-9，其相互关系式为：

技改扩建前排放量－"以新带老"削减量＋扩建部分排放量＝改扩建完成后总排放量

表8-9　改扩建项目污染物排放量统计

类别	污染物	改扩建前排放量	扩建部分排放量	"以新带老"削减量	改扩建完成后总排放量	削减量变化
废气						
废水						
固体废物						

污染物排放量的核算方法，一般有物料衡算法、类比法和反推法。前两种方法第一部分第六章已经作了介绍，这里不再赘述。反推法是指当类比同类工程的无组织排放源强而无法得到直接的无组织排放数据时，可根据其厂界浓度监测数据，按照扩散模式反算源强。其实质也是类比法的一种。

【例8-2】　某厂现有工程生产A产品3000t/a，生产废水中排放COD 150t/a，未经处理即可达标；现拟进行生产技术改造，提高清洁生产水平，同时扩大生产A产品规模到5000t/a，预计扩产后单位产品生产废水排放量不变，其中COD的排放总量为100t/a，请计算"以新带老"削减量，并列表分析拟建项目改扩建前后的三本账？

【解】　改扩建前现有工程的COD年排放量为：150t

改扩建前吨产品的COD年排放量为：150/3000＝0.05（t）

改扩建后扩产2000t，吨产品COD年排放量为：100/5000＝0.02（t）

则扩建部分的COD年排放量为：2000×0.02＝40（t）

原有3000t产品改扩建后的COD年排放量为：3000×0.02＝60（t）

"以新带老量"为：150－60＝90（t）

技改工程完成后COD排放总量＝现有工程COD排放量＋扩建项目COD排放量－"以新带老"削减量＝150＋40－90＝100（t/a）

改扩建项目COD排放三本账汇总如表8-10所示。

表8-10　改扩建项目COD排放三本账汇总表　　　　　　　　　　单位：t/a

因子	现有工程排放量	扩建部分排放量	"以新带老"削减量	改扩建完成后排放总量
COD	150	40	90	100

【例8-3】　某企业进行扩建，扩建前现有工程废水经二级生化处理后外排，其废水排放量为12000m³/a，主要污染物COD的排放浓度平均为180mg/L；扩建后新生产线预计增加废水量为5000m³/a，企业将对现有废水处理设施进行改造，主要污染物COD平均排放浓度预计达到100mg/L，其中新增废水5000m³/a中有2300m³/a经深度处理满足COD＜30mg/L后回用。请核算该扩建项目水污染物COD的三本账？

【解】　改扩建前现有工程的COD排放量为：$12000 \times 180 = 2.16$（t/a）

扩建部分的COD最终排放量为：$(5000 - 2300) \times 100 = 0.27$（t/a）

"以新带老量"为：$12000 \times (180 - 100) = 0.96$（t/a）

改扩建工程完成后COD排放总量＝现有工程COD排放量＋扩建项目COD排放量－"以新带老"削减量＝$2.16 + 0.27 - 0.96 = 1.47$（t/a）

为改扩建项目COD排放三本账汇总见表8-11所示。

表8-11　改扩建项目COD排放三本账汇总表　　　　单位：t/a

因子	现有工程排放量	扩建部分排放量	"以新带老"削减量	改扩建完成后排放总量
COD	2.16	0.27	0.96	1.47

（2）物料平衡与水平衡

① 物料平衡　依据质量守恒定律，投入的原材料和辅助材料的总量等于产出的产品和副产品以及污染物的总量。通过物料平衡，可以核算产品和副产品的产量，并计算出污染物的源强。物料平衡可以全厂物料的总进出为基准进行物料衡算，也可针对具体的装置或工艺进行物料平衡。在环境影响评价中，必须根据不同行业的具体特点，选择若干具有代表性的物料进行物料平衡。总物料衡算公式见式（8-1）。

$$\sum G_{排放} = \sum G_{投入} - \sum G_{回收} - \sum G_{处理} - \sum G_{转化} - \sum G_{产品} \tag{8-1}$$

式中，$\sum G_{排放}$为某污染物的排放量；$\sum G_{投入}$为投入物料中的某污染物总量；$\sum G_{回收}$为进入回收产品中的某污染物总量；$\sum G_{处理}$为经净化处理掉的某污染物总量；$\sum G_{转化}$为生产过程中被分解、转化的某污染物总量；$\sum G_{产品}$为进入产品结构中的某污染物总量。

【例8-4】　图8-1为某工厂的简单工艺流程图，图中A、B、C为3个车间，它们之间的物料流关系用Q表示，这些物料流可以是水、气或固体废物。试分别以全厂、车间A、车间B、车间C、车间B和C作为衡算系统，写出物料的平衡关系。

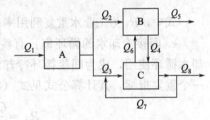

图8-1　某工厂简单工艺流程图

【解】　如果将全厂作为一个衡算系统，则物料的平衡关系为：$Q_1 = Q_5 + Q_8$

如果将A车间作为衡算系统，则物料的平衡关系为：$Q_1 = Q_2 + Q_3$

如果将B车间作为衡算系统，则物料的衡算关系为：$Q_2 + Q_6 = Q_4 + Q_5$

如果将C车间作为衡算系统，则物料的平衡关系为：$Q_3 + Q_4 + Q_7 = Q_6 + Q_7 + Q_8$

消去循环量Q_7后，得：$Q_3 + Q_4 = Q_6 + Q_8$

如果将B、C车间作为衡算系统，则有$Q_2 + Q_3 + Q_7 = Q_5 + Q_7 + Q_8$

消去Q_7后，得：$Q_2 + Q_3 = Q_5 + Q_8$

在物料平衡图的绘制过程中应注意以下两点：一是总用料量之间的平衡；二是每一单元进出的物料量都要平衡。

② 水平衡　水作为工业生产中的原料和载体，在任一用水单元内都存在着水量的平衡关系，同样可以依据质量守恒定律，进行质量平衡计算，这就是水平衡。根据《工业用水分类及定义》（CJ 40—1999），工业用水量和排水量的关系见图8-2。

水平衡公式如下：

$$Q + A = H + P + L \tag{8-2}$$

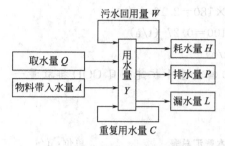

图 8-2　工业用水量和排水量
关系图（单位：m³/d）

式中，Q 为取新鲜水量；A 为物料带入水量；H 为消耗水量；P 为排水量；L 为漏水量。

a. 取水量：工业用水的取水量是指取自地表水、自来水、海水、城市污水及其他水源的总水量。对于建设项目工业取水量包括生产用水和生活用水，生产用水又包括间接冷却水、工艺用水和锅炉给水。

$$工业取水量＝间接冷却水量＋工艺用水量＋锅炉给水量＋生活用水量 \tag{8-3}$$

b. 重复用水量：指建设项目内部循环使用和循序使用的总水量。

c. 耗水量：指整个工程项目消耗掉的新鲜水量总和，详见式（8-4）。

$$H＝Q_1＋Q_2＋Q_3＋Q_4＋Q_5＋Q_6 \tag{8-4}$$

式中，Q_1 为产品含水，即由产品带走的水；Q_2 为间接冷却水系统补充水量，即循环冷却水系统补充水量；Q_3 为洗涤用水（包括装置和生产区地面冲洗水）、直接冷却水和其他工艺用水量之和；Q_4 为锅炉运转消耗的水量；Q_5 为水处理用水量，指再生水处理装置所需的用水量；Q_6 为生活用水量。

d. 工业水重复利用率：对于一个项目，尤其是工业项目，其工业水重复利用率是考察其清洁生产中资源利用水平的主要指标。工业水重复利用率越大，说明项目越节水，清洁生产水平的资源能源利用水平越高。工业水重复利用率见式（8-5）。

$$R_C＝\frac{C}{Y}×100\%＝\frac{C}{Q＋C}×100\% \tag{8-5}$$

式中，R_C 为工业水重复利用率；C 为重复用水量；Y 为过程总用水量；Q 为取新鲜水量。

e. 间接冷却水的循环率：有些项目使用间接冷却水转移过程多余热量。通常该部分冷却水循环使用，成为间接循环冷却水。间接冷却水的循环率是考察项目水资源利用水平的另一个重要指标，其计算公式见式（8-6）。

$$R_L＝\frac{C_L}{Y_L}×100\%＝\frac{C_L}{C_L＋Q_L}×100\% \tag{8-6}$$

式中，R_L 为间接冷却水循环率；C_L 为间接冷却水循环量；Y_L 为间接循环冷却水系统用水总量；Q_L 为间接循环冷却水系统补水量。

工业用水按用途分类示意图，见图 8-3。

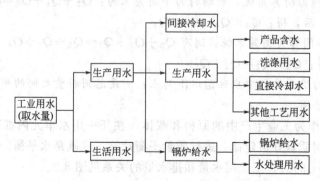

图 8-3　工业用水按用途分类示意图

【例8-5】 通过某厂的水平衡图（图8-4，单位为 m^3/d），编制该厂的水平衡表。

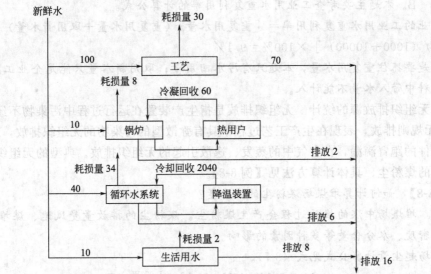

图8-4 某厂水平衡图

【解】 该厂的水平衡表，见表8-12。

表8-12 该厂水平衡表　　　　　　　　　　　单位：m^3/d

用水项目	总用水量	新鲜水量	重复用水量	损耗水量	排水量
工艺用水	100	100		30	70
锅炉用水	70	10	60	8	2
降温循环水	2080	40	2040	34	6
生活用水	10			2	8
合计	2260	160	2100	74	86

【例8-6】 某企业年耗新鲜水量为 $3.00 \times 10^6 m^3$；重复用水量为 $1.50 \times 10^6 m^3$，其中工业水重复用量为 $8.0 \times 10^5 m^3$，冷却循环水量为 $2.0 \times 10^5 m^3$，污水回用量为 $5.0 \times 10^5 m^3$；间接冷却水补充新鲜水量为 $4.5 \times 10^5 m^3$；工业取用新鲜水量为 $1.20 \times 10^6 m^3$。

计算该企业的工业水重复利用率、间接冷却水循环率、工业水重复利用率。

【解】 计算步骤和方法如下。

① 工业水重复利用率＝重复用水量/用水总量×100%＝1.5/（3+1.5）×100%＝33.33%

② 间接冷却水循环率＝间接冷却水循环量/（间接冷却水循环量+循环系统补充水量）×100%＝2/（2+4.5）×100%＝30.77%

③ 工业水重复利用率＝8/（8+12）×100%＝40%

在水平衡图的绘制过程中应注意以下两点：一是总用水量之间的平衡，体现出 $Q+A=H+P+L$；二是每一单元进出的水量都要平衡。

【例8-7】 某企业工业取水量为 $10000 m^3/a$，生产原料中带入水量为 $1000 m^3/a$，污水回用量为 $1000 m^3/a$，排水量为 $25000 m^3/a$，漏水量为 $100 m^3/a$，则该企业的工业用水重复利用率是（ ）。（2014年环境影响评价工程师考试题）

A. 8. 0%   B. 9. 1%   C. 10. 0%   D. 28. 6%

【解】 B。本题主要考查工业用水重复利用率的计算公式。

该企业的工业用水重复利用率＝［重复用水量／（重复用水量＋取用新水量）］×100% ＝［1000/（1000＋10000）］×100%＝9. 1%

关键是要抓住重复用水量，本题只有污水回用量；取用新水量只能是企业工业取水量，生产原材料中带入水量不能计入。

（3）无组织排放源的统计 无组织排放是指生产装置在运行过程中污染物不经过排气筒（管）的无规则排放，表现在生产工艺过程中具有弥散型的污染物的无组织排放，以及设备、管道和管件的跑冒滴漏，在空气中的蒸发、逸散引起的无组织排放。典型的无组织排放有堆煤场产生的煤粉尘，具体计算方法见【例8-8】。

【例8-8】 如何计算堆煤场煤粉尘的产生量？

【解】 堆煤场中煤的堆放过程会产生煤粉尘。煤粉尘的排放量受风速、煤堆的几何形状、煤的密度、水分含量等多种因素的影响。

堆煤场起尘量计算公式见式（8-7）。

$$Q_{尘}=2.1K\times(U-U_0)^3 e^{-1.023W}\times P \tag{8-7}$$

式中，$Q_{尘}$ 为堆煤场煤粉尘排放量，t/a；K 为经验系数，煤含水量的函数，一般取值0. 96；U 为堆煤场所在地的平均风速，m/s；U_0 为堆煤场起尘风速，m/s，取值3m/s；W 为煤的含水率，%，取10%；P 为煤场全年累计堆煤量，t/a。

【例8-9】 某企业年工作时间7200h，在生产过程中HCl废气产生速率为0. 8kg/h，废气收集系统可将90%的废气收集至洗涤塔处理，处理效率为85%，处理后的废气通过30m高排气筒排放，则该企业HCl的无组织排放量约为（   ）。

A. 0. 58t/a   B. 0. 78t/a   C. 0. 86t/a   D. 1. 35t/a

【解】 A。无组织排放是相对于有组织排放而言的，主要针对废气排放，表现为生产工艺过程中产生的污染物没有进入收集和排气系统，而是通过厂房天窗或直接弥散到环境中。工程分析中将没有排气筒或排气筒高度低于15m排放源定为无组织排放。由于题中排气筒高度30m＞15m，所以不属于无组织排放，而没有通过30m高排气筒排放的（1－90%）即是无组织排放，故该企业HCl的无组织排放量为7200×0. 8×（1－90%）＝576kg≈0. 58t。

（4）风险排污源强统计及分析 风险排污包括事故排污和非正常工况排污两部分。

① 事故排污的源强统计应计算事故状态下污染物的最大排放量，作为风险预测的源强。事故排污分析应说明在管理范围内可能产生的事故种类和频率，并提出防范措施和处理方法。风险评价中常见的事故有火灾、爆炸、中毒等。

【例8-10】 某橡胶制品企业涂装工序爆炸事故分析及措施。

【解】 a. 爆炸事故分析 涂装工序的爆炸危险区等级的划分根据生产中使用的涂料种类，产生事故的可能性和危害程度来确定。一般使用有机溶剂涂料的涂装车间，调漆室、储漆室、喷漆室、流平室等设备内部及排风系统内部为爆炸性气体环境，应划为1区，这些设备和隔间沿敞开面以外，垂直和水平距离3m以内的空间划为2区（油漆烘干室内部及排风系统内部划为2区，敞开面垂直和水平3m以内也为2区）。

在涂装工序的这些区域，如果这些废气达到了一定的浓度，遇到明火甚至电火花就会发生爆炸。根据有关计算可知，生产场所最大泄漏量约为100L，爆炸死亡半径为13. 4m、重伤半径为19. 8m、轻伤半径为35. 5m；储存场所最大泄漏量约为500L，爆炸死亡半径为

26.5m、重伤半径为 38.2m、轻伤半径为 70.3m。

在涂装工序的这些区域，如果这些废气达到了一定的浓度，遇到明火甚至电火花就会发生爆炸。

b. 防暴设施　调漆室、储漆室和烘干室所有的电气设备需符合相应的电气防爆技术规定。

Ⅰ. 调漆室、储漆室：电气防爆，车间的隔墙采用防火防爆墙，泄爆面朝车间外。地坪采用不发火、防静电地坪。各类设备可靠接地，送排风系统中需安装防火阀，换气次数为 8～15 次/h。

Ⅱ. 喷漆室：采用非燃烧材料制造设备，排风管道上应该设防火阀，室内及排风系统必须防爆。

自动供漆系统必须与火灾系统、报警系统联动互锁。

Ⅲ. 烘干室：可燃气体最高浓度不得超过爆炸下限的 25%，排风系统需安装防火阀。

Ⅳ. 防爆措施：用水或雾状水进行灭火；严禁用砂土压盖，以免发生猛烈爆炸。

② 非正常工况排污是指工艺设备或环保设施达不到设计规定指标的超额排污，因为这种排污代表长期运行的排污水平，所以在风险评价中，应以此作为源强。包括设备检修、开车停车、工艺设备的运转异常、污染物排放控制措施达不到应有效率、试验性生产等。此类异常排污分析都应重点说明异常情况的原因和处置方法。

【例 8-11】　某沥青企业非正常工况分析

【解】　a. 非正常工况发生条件　生产工程中非正常工况主要发生在开停车和事故等状况下。开停车排气和事故排气时，将烃类气体引入火炬塔燃烧，以减轻对环境空气的污染；在计划性停车前，可通过逐步减产，控制污染物排放，计划停车一般不会带来严重的事故性排放。

正常生产后，也会因工艺、设备、仪表、公用工程、检修等原因存在短期停车，对因上述原因导致的停车，可通过短期停止进料降低生产负荷来控制。

停车大修时可将设备内物料返回到原料槽贮存。停电后，由于系统停止进料，反应温度逐步降低，停电后一般不会发生过热引起安全事故。物料基本停留在反应釜中，不会造成泄漏事故。

b. 非正常工况持续时间　一般情况下非正常工况持续时间较短，开停车情况一般按持续时间不超过 2 小时。

c. 非正常工况污染物排放及处理措施　非正常工况下，设备内烃类气体产生量为 5000m³/h，引入到火炬塔燃烧后排放，废气中烟尘排放速率为 0.5kg/h，二氧化硫排放速率为 2.5kg/h，火炬高度为 80m。

4. 清洁生产水平分析

重点比较建设项目与国内外同类型项目按单位产品或万元产值的排放水平，并论述其差距。对废气排放应按能源政策评述其合理性，对其中的可燃气体应说明回收利用的可行性。对于废水排放应通过水量平衡，并按资源利用和环保技术政策评述一水多用或循环利用有关参数的合理程度。对于废渣要求根据其性质、组成，综述其综合利用的前景。

5. 环保措施方案分析

① 分析建设项目可研阶段环保措施方案，并提出进一步改进的意见　根据建设项目产生的污染物特点，充分调查同类企业的现有环保处理方案，分析建设项目可研阶段所采用的

环保设施的先进水平和运行可靠程度，并提出进一步改进的意见。

② 分析污染物处理工艺有关技术经济参数的合理性 根据现有的同类环保设施的运行技术经济指标，结合建设项目环保设施的基本特点，分析论证建设项目环保设施的技术经济参数的合理性，并提出进一步改进的意见。

③ 分析环保设施投资构成及其在总投资中占有的比例 汇总建设项目环保设施的各项投资，分析其投资结构，并计算环保投资在总投资中占有的比例，并提出进一步改进的意见。

6. 总图布置方案分析

① 分析厂区与周围的保护目标之间所定卫生防护距离和安全防护距离的保证性 参考国家的有关安全防护距离规范，分析厂区与周围的保护目标之间所定防护距离的可靠性，合理布置建设项目的各构筑物，充分利用场地。

② 根据气象、水文等自然条件分析工厂和车间布置的合理性 在充分掌握项目建设地点的气象、水文和地质资料的条件下，认真考虑这些因素对污染物的污染特性的影响，尽可能有良好的气象、水文和地质等自然条件，减少不利因素，合理布置工厂和车间。

③ 分析村镇居民拆迁的必要性 分析项目所产生的污染物的特点及其污染特征，结合现有的有关资料，确定建设项目对附近村镇的影响，分析村镇居民拆迁的必要性。

7. 补充措施与建议

① 关于合理的产品结构与生产规模的建议 合理的产品结构和生产规模可以有效地降低单位污染物的处理成本，提高企业的经济效益，有效地降低建设项目对周围环境的不利影响。

② 优化总图布置的建议 充分利用自然条件，合理布置建设项目中的各构筑物，可以有效地减轻建设项目对周围环境的不良影响，降低环境保护投资。

③ 节约用地的建议 根据各个构筑物的工艺特点和结构要求，做到合理布置、有效利用土地。

④ 可燃气体平衡和回收利用措施建议 可燃气体排入环境中，不仅浪费资源，而且对大气环境有不良影响，因此，必须考虑对这些气体进行回收利用。根据可燃气体的物料衡算，可以计算出这些可燃气体的排放量，为回收利用措施的选择，提供基础数据。

⑤ 用水平衡及节水措施建议 根据用水平衡图，充分考虑废水回用，减少废水排放。

⑥ 废渣综合利用建议 根据固体废物的特性，选择有效的方法，进行合理的综合利用。

⑦ 污染物排放方式改进建议 污染物的排放方式直接关系到污染物对环境的影响，通过对排放方式的改进往往可以有效地降低污染物对环境的不利影响。

⑧ 环保设备选型和实用参数建议 根据污染物的排放量和排放规律，以及排放标准的基本要求，结合对现有资料的全面分析，提出污染物的处理工艺和基本工艺参数。

⑨ 其他建议 针对具体工程的特征，提出与工程密切相关的、有较大影响的其他建议。

（二）生态影响型建设项目工程分析的基本内容

生态影响型建设项目工程分析主要包括工程概况、项目初步论证、影响源识别、环境影响识别、环境保护方案分析、其他分析六部分，详见表 8-13。

表 8-13　生态影响型建设项目工程分析基本内容

工程分析项目	工作内容	基本要求
工程概况	一般特征简介 工程特征 项目组成 施工和营运方案 工程布置示意图 比选方案	工程组成全面，突出重点工程
项目初步论证	法律法规、产业政策、环境政策和相关规划符合性 总图布置和选址选线合理性 清洁生产和循环经济可行性	从宏观方面进行论证，必要时提出替代或调整方案
影响源识别	工程行为识别 污染源识别 重点工程识别 原有工程识别	从工程本身的环境影响特点进行识别，确定项目环境影响的来源和强度
环境影响识别	社会环境影响识别 生态影响识别 环境污染识别	应结合项目自身环境影响特点、区域环境特点和具体环境敏感目标综合考虑
环境保护方案分析	施工和营运方案合理性 工艺和设施的先进性和可靠性 环境保护措施的有效性 环保设施处理效率合理性和可靠性 环境保护投资合理性	从经济、环境、技术和管理方面来论证环境保护方案的可行性
其他分析	非正常工况分析 事故风险识别 防范与应急措施	可在工程分析中专门分析，也可纳入其他部分或专题进行分析

1. 工程概况

介绍工程的名称、建设地点、性质、规模，给出工程的经济技术指标；介绍工程特征，给出工程特征表；交代工程项目组成，包括施工期临时工程，给出项目组成表；阐述工程施工和运营方案，给出施工期和运营期的工程布置示意图；有比选方案时，在上述内容中均应有介绍。

此外应给出工程地理位置图、总平面布置图、施工平面布置图、物料（含土石方）平衡图和水平衡图等工程基本图件。

2. 项目初步论证

主要从宏观上进行项目可行性论证，必要时提出替代或调整方案。初步论证主要包括以下三方面内容。

① 建设项目与法律法规、产业政策、环境政策和相关规划的符合性；

② 建设项目选址选线、施工布置和总图布置的合理性；

③ 清洁生产和区域循环经济的可行性，提出替代或调整方案。

3. 影响源识别

生态影响型建设项目除了主要产生生态影响外，同样会有不同程度的污染影响，其影响源识别主要从工程自身的影响特点出发，识别可能带来生态影响或污染影响的来源，包括工程行为和污染源。进行影响源分析时，应尽可能给出定量或半定量数据。

工程行为分析时，应明确给出土地征用量、临时用地量、地表植被破坏面积、取土量、弃渣量、库区淹没面积和移民数量等。

污染源分析时，原则上按污染型建设项目要求进行，从废水、废气、固体废物、噪声与振动、电磁等方面分别考虑，明确污染源位置、属性、产生量、处理处置量和最终排放量。

对于改扩建项目，还应分析原有工程存在的环境问题，识别原有工程影响源和源强。

4. 环境影响识别

建设项目环境影响识别一般从社会影响、生态影响和环境污染三个方面考虑，在结合项目自身环境影响特点、区域环境特点和具体环境敏感目标的基础上进行识别。

生态影响型建设项目的生态影响识别，不仅要识别工程行为造成的直接生态影响，而且要注意污染影响在时间或空间上的累积效应（累积影响），明确各类影响的性质（有利/不利）和属性（可逆/不可逆、临时/长期等）。

5. 环境保护方案分析

初步论证是从宏观上对项目可行性进行论证，环境保护方案分析要求从经济、环境、技术和管理方面来论证环境保护措施和设施的可行性，必须满足达标排放、总量控制、环境规划和环境管理要求，技术先进且与社会经济发展水平相适宜，确保环境保护目标可达性。环境保护方案分析至少应有以下五个方面的内容。

① 施工和运营方案合理性分析；

② 工艺和设施的先进性和可靠性分析；

③ 环境保护措施的有效性分析；

④ 环保设施处理效率合理性和可靠性分析；

⑤ 环境保护投资估算及合理性分析。

经过环境保护方案分析，对于不合理的环境保护措施应提出比选方案，进行比选分析后提出推荐方案或替代方案。

对于改扩建工程，应明确"以新带老"的环保措施。

6. 其他分析

包括非正常工况类型及源强、事故风险识别和源项分析以及防范与应急措施说明。

【例8-12】　下列生态影响型项目工程分析内容不属于初步论证的是（　　）。（2013年环境影响评价工程师考试题）

A. 环境保护措施的有效性

B. 建设项目选址选线、施工布置和总图布置的合理性

C. 清洁生产和区域循环经济的可行性

D. 建设项目与法律法规、产业政策、环境政策和相关规划的符合性

【解】　A。本题主要考查生态影响型项目工程分析内容中初步论证内容。由于主要从宏观上进行论证，环境保护措施的有效性属于微观的内容，需经过环境影响评价之后分析。初步论证的主要内容有：①建设项目与法律法规、产业政策、环境政策和相关规划的符合性；②建设项目选址选线、施工布置和总图布置的合理性；③清洁生产和区域循环经济的可行性，提出替代或调整方案。

三、工程分析方法

目前采用较多的工程分析方法有类比分析法、物料平衡法、查阅参考资料分析法等。

（一）类比分析法

类比法是用与拟建项目类型相同的现有项目的设计资料或实测数据进行工程分析的一种常用方法。采用此法时，为提高类比数据的准确性，应充分注意分析对象与类比对象之间的相似性和可比性。举例如下。

① 工程一般特征的相似性。所谓一般特征包括建设项目的性质、建设规模、车间组成、产品结构、工艺路线、生产方法、原料、燃料成分与消耗量、用水量和设备类型等。

② 污染物排放特征的相似性。包括污染物排放类型、浓度、强度与数量，排放方式与去向、污染方式与途径等。

③ 环境特征的相似性。包括气象条件、地貌状况、生态特点、环境功能以及区域污染情况等方面的相似性。因为在生产建设中常会遇到这种情况，即某污染物在甲地是主要污染因素，在乙地则可能是次要因素，甚至是可被忽略的因素。

类比法也常用单位产品的经验排污系数去计算污染物排放量。但是采用此法必须注意，一定要根据生产规模等工程特征和生产管理以及外部因素等实际情况进行必要的修正。

经验排污系数法公式：

$$A = AD \times M \tag{8-8}$$

式中，A 为某污染物的排放总量；AD 为单位产品某污染物的排放定额；M 为产品总产量。

一般可查阅建设项目环境保护实用手册、全国污染源普查课题成果、工业污染源产排污系数、设计手册等技术资料获得排污定额的数据。但要注意数据因地区、行业、阶段性等的差异。

【例 8-13】 天然气燃烧产生的污染物统计数据见表 8-14。

表 8-14　天然气燃烧时产生的污染物　　　　　单位：$kg/10^6 m^3$

污染物名称	设备类型		
	电厂	工业锅炉	民用采暖设备
颗粒物	80～240	80～240	80～240
硫氧化物	9.6	9.6	9.6
一氧化碳	272	272	320
碳氢化合物（以 CH_4 计）	16	48	128
氮氧化物（以 NO_2 计）	11200	1920～3680	1280[①]～1290[②]

① 家用取暖设备取 $1280kg/10^6 m^3$。

② 民用取暖设备取 $1290kg/10^6 m^3$。

注：天然气平均含硫量以 $4.6kg/10^6 m^3$ 计。

（二）物料平衡法

物料衡算法是计算污染物排放量的常规和最基本的方法。在具体建设项目产品方案、工艺路线、生产规模、原材料和能源消耗、治理措施确定的情况下，运用质量守恒定律核算污染物排放量，即在生产过程中投入系统的物料总量必须等于产品总量和物料流失量之和。

$$\sum G_{投入} = \sum G_{产品} + \sum G_{流失} \tag{8-9}$$

式中，$\sum G_{投入}$ 为投入系统的物料总量；$\sum G_{产品}$ 为产出产品总量；$\sum G_{流失}$ 为物料流失总量。

工程分析中常用的物料衡算有：①总物料衡算；②有毒有害物料衡算；③有毒有害元素物料衡算。

在可研文件提供的基础资料比较翔实或对生产工艺熟悉的条件下，应优先采用物料衡算法计算污染物排放量，理论上讲，该方法是最精确的。

（三）查阅参考资料分析法

该方法是利用同类工程已有的环境影响报告书或可行性研究报告等材料进行工程分析的方法。虽然此法较为简单，但所得数据的准确性很难保证。当评价时间短，且评价工作等级较低时，或在无法采用以上两种方法的情况下，可采用此方法，此方法还可以作为以上两种方法的补充。

四、工程分析辅助材料

（一）排污系数速查手册

排污系数，即污染物排放系数，指在典型工况生产条件下，生产单位产品（或者使用单位原料）所产生的污染物量经过末端治理设施削减后的残余量，或生产单位产品（或者使用单位原料）直接排放到环境中的污染物量。当污染物直排时，排污系数与产污系数相同。

排污系数速查手册中列出了主要污染物排放系数、主要工业行业固体废物排放系数、主要工业产品综合产污和排污系数等 28 项内容，可以为工程分析中污染源强计算提供科学依据，排污系数速查手册具体内容见表 8-15。

表 8-15　排污系数速查手册内容

序号	内容	主要参数
1	主要污染物排放系数	每吨蒸汽所产生的烟气量 燃烧 1t 煤炭排放的各污染物量 燃烧 1m³ 油排放的各污染物量 燃烧 1×10^6 m³ 燃料气排放的各污染物量 生产过程中的污染物排放系数
2	主要工业行业固体废物排放系数参照表	消耗吨原料产生废物量、吨产品产生废物量
3	主要工业产品综合产污和排污系数	产污系数、排污系数
4	燃煤工业锅炉污染物的产污和排污系数	烟尘产污和排污系数，二氧化硫产污和排污系数，NO_x、CO、CH 化合物产污和排污系数
5	燃煤茶浴炉、食堂大灶烟气中污染物的产污和排污系数	燃煤方式、煤种、产污和排污系数
6	我国各地区燃煤硫分含量分布表	各地区煤炭含硫量
7	常用的法定计算单位与符号	法定单位符号、法定单位名称
8	锅炉型号的表示方法	锅炉本体形式、代号
9	林格曼图与烟尘含量参照表	林格曼图的规格、林格曼烟尘浓度表使用方法、使用林格曼浓度表时应注意的情况
10	乡镇工业水污染物排放系数	产品名称及工艺分类、COD 排放系数、废水排放系数
11	乡镇工业大气污染物排放系数	产品名称及窑型、工艺分类、SO_2 排放系数、烟尘排放系数、粉尘排放系数

序号	内容	主要参数
12	皮革互换系数	吨皮产多少张皮革、张实物皮为多少平方米皮革
13	单位产品煤炭消费系数法	产品名称、单位产品煤耗
14	不同公路类型的汽车污染物排放系数	公路类型、平均车速、汽车污染物排放系数
15	机动车污染物排放系数	以汽油为燃料污染物排放系数、以柴油为燃料污染物排放系数
16	全国（部分省）原煤成分表（统配煤矿）	省名、矿名、原煤全硫分、灰分、可燃体挥发分、低位发热量
17	全国石油成分表	石油含硫量
18	各种燃烧方式锅炉烟尘浓度平均值、最高值	燃烧方式、平均粉尘浓度、最高粉尘浓度
19	能源常用数据	燃料所含的能量、能源的折算比率
20	浓度及浓度单位换算	溶液的浓度单位换算、气体的浓度单位换算
21	烟尘的分类	烟尘粒径
22	常用隔声材料的隔声量（dB）	隔声量
23	石油化工生产综合废水 COD 值	生产产品、生产规模、日排水量、COD 浓度值
24	适用于各种恶臭物质的洗涤液	适用于各种恶臭物质的洗涤液
25	农业企业和工程项目的卫生防护地带	—
26	一般煤粉尘的化学成分	SiO_2、Al_2O_3、Fe_2O_3、CaO、MgO、硫酸盐、K_2O、Na_2O、烧失量
27	部分行业最高允许排水量（1998 年 1 月 1 日以后的企业）	行业类别、最高允许排水量或最低允许重复利用率
28	典型工厂排放的废水中含有的有害物质情况	工厂类别、污水中主要有害物质

（二）国家危险废物名录（2016 版）

危险废物是指，列入国家危险名录或者根据国家规定的国家鉴别标准和鉴别方法认定的具有危险特性的固体废物。

所谓危险特性包括腐蚀性（corrosivity）、毒性（toxicity）、易燃性（ignitability）、反应性（reactivity）和感染性（infectivity）。

《国家危险废物名录》（2016 版）自 2016 年 8 月 1 日起施行。《国家危险废物名录》中共列出了 46 大类 479 种危险废物，见表 8-16。

（三）工业污染源产排污系数手册

《第一次全国污染源普查工业污染源产排污系数手册》（以下简称《手册》），2010 年环境保护部总量司委托中国环境科学研究院组织工业污染源产排污系数承担单位对部分工业行业产排污系数进行了修订完善工作。该手册涵盖了占我国工业污染物产排量绝大部分的 365 个小类行业。其中，271 个小类行业的产排污系数通过实测核算得出，94 个小类行业的产排污系数采用类比方法获得。

表8-16 《国家危险废物名录》中危险物类别表（2016年8月1日起施行）

序号	危险物类别	序号	危险物类别	序号	危险物类别
1	医疗废物	17	表面处理废物	33	有机氰化物废物
2	医药废物	18	焚烧处置残渣	34	废酸
3	废药物、药品	19	含金属羰基化合物废物	35	废碱
4	农药废物	20	含铍废物	36	石棉废物
5	木材防腐剂废物	21	含铬废物	37	有机磷化合物废物
6	废有机溶剂与含有机溶剂废物	22	含铜废物	38	有机氰化物废物
7	热处理含氰废物	23	含锌废物	39	含酚废物
8	废矿物油与含矿物油废物	24	含砷废物	40	含醚废物
9	油/水、烃/水混合物或乳化液	25	含硒废物	45	含有机卤化物废物
10	多氯(溴)联苯类废物	26	含镉废物	46	含镍废物
11	精(蒸)馏残渣	27	含锑废物	47	含钡废物
12	染料、涂料废物	28	含碲废物	48	有色金属冶炼废物
13	有机树脂类废物	29	含汞废物	49	其他废物
14	新化学物质废物	30	含铊废物	50	废催化剂
15	爆炸性废物	31	含铅废物		
16	感光材料废物	32	无机氟化物废物		

《手册》的使用方法如下。

① 首先，需要确定行业代码和行业名称（以中华人民共和国国家标准GB/T 4754—2002中的行业代码和行业名称为准），根据手册目录，翻查到相关行业；

② 其次，根据相关产品名称、原料名称、生产工艺、生产规模，细读相关注意事项，确定产污系数；

③ 最后，根据相关末端处理技术，细读相关注意事项，确定排污系数。

【例8-14】 煤炭采选行业产排污系数法核算示例（本实例来自中国煤炭加工利用协会）。

位于山西省晋南地区的某煤矿年生产烟煤30万吨，其生产工艺为井工开采、炮采，其产品全部进入配套选煤厂进行洗选加工，该选煤厂的洗水达到三级闭路循环。

【解】 第一步，首先明确以下基本信息：①翻查到0610烟煤和无烟煤的开采洗选业中"煤矿开采区域条件分类表"，确定山西晋南地区属于二类地区，但此煤矿生产能力30万吨为小型矿，应选用三类地区的系数；②本煤矿选煤厂洗煤废水的处理利用达到三级闭路循环；③本企业属于煤炭开采-洗选联合企业，其污染物产生量和排放量包括煤矿煤炭开采和选煤厂煤炭洗选加工两部分产、排污量之和。

第二步，根据本企业产品、原料、工艺、规模和污染物末端处理技术，分别计算煤矿和选煤厂的产排污量。

对于煤矿，基本类型为"烟煤＋井工炮采＋≤30万吨/年＋沉淀分离法"。在手册"0610烟煤无烟煤开采业产排污系数表"找到三类地区对应的污染物产污系数：工业废水量0.8t/t产品、化学需氧量130g/t、石油类5.37g/t产品、工业固体废物（煤矸石）0.08t/t；排污系数为工业废水量0.12t/t、化学需氧量7.5g/t、石油类0.507g/t，工业固体废物（煤矸石）没有排污系数。

（四）锅炉耗煤量计算

由于环境影响评价工作所涉及的项目中大部分企业都存在锅炉的运行，故锅炉的产排污计算就非常重要，要进行确切的产排污计算，首先需要计算锅炉的耗煤量。

锅炉耗煤量和汽车的百公里耗油是一个概念，其影响因素有多种，例如煤种、环境温度、操作水平、锅炉效率，总之受"人、机、料、法、环"五大因素的影响。

锅炉耗煤量计算公式为：

$$锅炉耗煤量(kg/h)=锅炉功率(MW)\times3600(s)\div煤烧热值(MJ/kg)\div锅炉效率(\%)$$

$$(8-10)$$

【例 8-15】　额定蒸发量为 1t 的锅炉，煤种为标准煤，锅炉效率为 70%，计算其耗煤量。

【解】　1t 锅炉功率为 0.7MW，标准煤的煤烧热值为 29MJ/kg。

$$蒸汽锅炉耗煤量=锅炉功率(MW)\times3600(s)\div煤烧热值(MJ/kg)\div锅炉效率(\%)$$
$$=0.7(MW)\times3600(s)\div29(MJ/kg)\div70(\%)$$
$$\approx124(kg/h)$$

注意：此数据是锅炉 100% 出力工作时所需燃料，实际使用中，还要根据负荷情况计算，一般合理选型的锅炉出力为 60%～80%，再以停炉时间乘以燃料理论值即可得实际耗燃料量。

【例 8-16】　一台 4t 蒸汽锅炉，使 8℃ 的水烧热至 174℃ 的蒸汽，其耗煤量是多少（按照标煤计算）？

【解】　按 1t 标煤热值 7000kcal（1kcal=4.18kJ）计算。查水蒸气性质表得：8℃ 水焓值为 $H_8=33.62kJ/kg$，174℃ 水焓值为 $H_{174}=2772.29kJ/kg$。

4t 蒸汽共需热值为：$4\times1000\times(2772.29-33.62)\div4.18=2620736.8421(kcal)$

按标准煤计算耗煤量=2620736.8421(kcal) $\div7000(kcal)\times1000=0.374(t/h)$

0.374t/h 为不考虑传热效率的最理想状态，但是在正常工作状况下需要考虑其加热系统的效率。

一般情况下，传热效率按照 75% 计算，其耗煤量=0.374(t/h)÷0.75=0.499(t/h)。

（五）燃煤锅炉房大气污染源强的确定

在环境评价中，污染源强的确定对环境影响评价的分析结果有重要作用。对锅炉房污染物排放的分析表明，影响锅炉房大气污染物的主要因素有燃料的构成、发热量和燃烧方式等。确定锅炉房大气污染物的方法主要有物料衡算法、实测法和经验系数法。在这三种方法中，物料衡算法被普遍采用，也可以采用物料衡算法和实测法相结合的方法。

锅炉房废气中主要污染物有二氧化硫、烟尘、氮氧化物和一氧化碳，而在环境影响评价中，目前比较关心的是二氧化硫、烟尘、NO_x，下面分别分析上述污染物排放量的确定方法。

1. 二氧化硫排放量的计算

废气中的 SO_2 是指燃料的全硫分在燃烧过程中生成的 SO_2 排入大气之和，如果安装了脱硫装置，要考虑脱硫效率。燃料燃烧生成 SO_2 的成分，主要是有机硫、硫铁化合物等可燃性硫，这部分硫占煤中总含硫量的 70%～90%，其余不可燃性硫占 10%～30%，燃烧后进入灰渣中。所以，燃料燃烧过程中排放的 SO_2 可以根据燃料中全硫分含量计算，见式（8-11）。

$$G = B \times S \times D \times 2 \times (1-\eta) \tag{8-11}$$

式中，G 为二氧化硫的排放量，kg/h；B 为燃煤量，kg/h；S 为煤的含硫量，%；D 为可燃硫占全硫量的百分比，%；η 为脱硫设施的二氧化硫去除率，%。

【例 8-17】 某城市建有一以煤为燃料的火力发电站，年燃煤量为 200 万吨，煤的含硫量为 1.08%，其中可燃硫占 85%，脱硫效率达到 65%，计算该火力发电站的 SO_2 排放量。

【解】 该火力发电站年产生 SO_2 量为：

$$
\begin{aligned}
G &= B \times S \times D \times 2 \times (1-\eta) \\
&= 200 \times 10^4 \times 1.08\% \times 85\% \times 2 \times (1-65\%) \\
&= 12852(\text{t/a})
\end{aligned}
$$

2. 燃煤烟尘排放量的计算

燃煤烟尘包括黑烟和飞灰两部分，黑烟是未完全燃烧的炭粒，飞灰是烟气中不可燃烧的矿物微粒。烟尘的排放量与炉型和燃烧状况有关，燃烧越不完全，烟气中的黑烟浓度越大，飞灰的量与煤的灰分和炉型有关。一般根据耗煤量、煤的灰分和除尘效率来计算燃烧产生的烟尘量。

$$Y = \frac{B \times A \times D \times (1-\eta)}{1 - C_{\text{fh}}} \tag{8-12}$$

式中，Y 为烟尘排放量，kg/h；B 为燃煤量，kg/h；A 为煤的灰分含量，%；D 为烟气中烟尘占灰分量的百分数，%，其值与燃烧方式有关；η 为除尘器的总效率，%；C_{fh} 为烟气中可燃物调整系数，%。

各种除尘器的效率不同，具体除尘效率可参照有关除尘器的说明书。若安装了二级除尘器，则除尘器系统的总效率为：

$$\eta = 1 - (1-\eta_1)(1-\eta_2) \tag{8-13}$$

式中，η_1 为一级除尘器的除尘效率，%；η_2 为二级除尘器的除尘效率，%。

3. 燃煤氮氧化物排放量的计算

燃煤氮氧化物排放量的计算可以采用排污系数法和公式法。

（1）排污系数法

①《第一次全国污染源普查工业污染源产排污系数手册》提供的系数是 2.94kg/t。

② 根据原国家环保总局编著的《排污申报登记实用手册》"第 21 章第 4 节 NO_x、CO、CH 化合物排放量计算"，燃煤工业锅炉产生的 NO_x 的计算公式如下：

$$G_{NO_x} = B F_{NO_x} \tag{8-14}$$

式中，G_{NO_x} 为 NO_x 排放量，kg；B 为耗煤量，t；F_{NO_x} 为燃煤工业锅炉 NO_x 产污排污系数，kg/t。

燃煤工业锅炉 NO_x 产污排污系数具体见表 8-17。

（2）公式法

$$G_{NO_x} = 1.63B(\beta n + 0.000938) \tag{8-15}$$

式中，G_{NO_x} 为燃料燃烧生成氮氧化物（以 NO_2 计）量，kg；B 为耗煤量，kg；β 为燃烧氮向燃料型 NO 的转变率，%；与燃料含氮量 n 有关，普通燃烧条件下煤粉炉取 25%；n 为燃料中氮的含量，%，煤含氮质量平均取 1.5%。

表 8-17　燃煤工业锅炉 NO$_x$ 产污排污系数　　　　　　单位：kg/t

炉型	产污排污系数
≤6t/h 层燃	4.81
≥10t/h 层燃	8.53
抛煤机炉	5.58
循环流化床	5.77
煤粉炉	4.05

（六）各类能源折算标准煤的参考系数

标准煤是指能产生 29.27MJ 热量（低位）的任何数量的燃料折合为 1kg 标准煤，亦称煤当量，具有统一的热值标准。我国规定每千克标准煤的热值为 7000kcal（1kcal＝4.18kJ），联合国为 6880kcal。将不同品种、不同含量的能源按各自不同的热值换算成每千克热值为 7000kcal 的标准煤。

$$能源折标准煤系数＝某种能源实际热值(kcal/kg)÷7000(kcal/kg)　　　(8-16)$$

在各种能源折算标准煤之前，首先测算各种能源的实际平均热值，再折算标准煤。平均热值也称平均发热量，是指不同种类或品种的能源实测发热量的加权平均值。计算公式为：

$$平均热值(kcal/kg)＝\frac{[\sum(某种能源实测低发热量)\times该能源数量]}{能源总量(t)}　　(8-17)$$

全国主要能源折算标准见表 8-18。

表 8-18　全国主要能源折算标准表

燃料名称	实物计量单位	全国使用标准			
		国家统计局		标准总局	
		热值/kcal	标准煤/kcal	热值/kcal	标准煤/kcal
原煤	kg	5000	0.714	5000	0.714
焦煤	kg	6800	0.97	6800	0.971
蒸汽	kg	889	0.127		
综合石油	kg		1.44		
原油	kg	10000	1.43	10000	1.429
重油	kg	9700	1.39	10000	1.429
汽（煤）油	kg	10300	1.46	10300	1.471
柴油	kg	10100	1.44	11000	1.570
油渣	kg			9000	1.285
天然气	m³	9310	1.33	8500	1.214
焦炉煤气	m³	4000	0.571	4300	0.614
城市煤气	m³			4000	0.571
液化石油气	m³			12000	1.714
电力	kW·h			3000	0.429
沼气	m³				
瓦斯	m³			8000	1.14
洗煤	kg	7100	1.014		

（七）常见燃气、煤组分

常见燃气见表 8-19，常见煤组分见表 8-20。

表 8-19　常见燃气成分表

成分/%	种类				
	高炉煤气	焦炉煤气	发生炉煤气	转炉煤气	天然气
甲烷		23～27	3～6		～100
碳氢化合物		2～4 (C₂ 以上不饱和烃)	≤0.5		
一氧化碳	27～30	5～8	26～31	60～80	
氢气	1.5～1.8	55～60	9～10		
氮气	55～57	3～8	55		
二氧化碳	8～12	1.5～3.0	1.5～3.0	15～20	
氧气		0.3～0.8			
发热量/(kcal/m³)	850～950	3900～4400	1400～1700	1800～2200	5800～90000
重度/(kg/m³)	1.295	0.45～0.55	1.08～1.25		0.7～0.8
燃点/℃	700	600～650	700	650～700	550
主要性质	无色无味、有剧毒、易燃易爆	无色、有臭味、有毒、易燃易爆	有色有臭味、有剧毒、易燃易爆	无色无味、有剧毒、易燃易爆	无色有蒜臭味、有窒息性麻醉性、极易燃易爆

表 8-20　常见煤组分一览表

单位：%

类　别	泥炭	褐煤	烟煤	无烟煤
水分	56.70	34.55	3.24	2.80
挥发分	26.14	35.34	27.13	1.16
固定碳	11.17	22.91	62.52	88.21
灰分	5.99	7.20	7.11	7.83
硫	0.64	1.10	0.95	0.89
氢	6.33	6.60	5.24	1.89
碳	21.03	42.40	78.00	84.36
氮	1.10	0.57	1.28	0.63
氧	62.91	42.13	7.47	4.40

注：前四行为物质组分，后五行为元素组分。

（八）脱硫脱硝除尘技术及效率

1. 脱硫技术

按照脱硫工艺与燃料燃烧的结合点，脱硫技术可分为：燃烧前脱硫、燃烧中脱硫、燃烧后脱硫，即烟气脱硫。目前，烟气脱硫被认为是控制 SO_2 污染最行之有效的途径，应用最广泛，其次是循环流化床燃烧脱硫。

烟气脱硫工艺按脱硫剂和脱硫产物是固态还是液态分为干法和湿法。若脱硫剂和脱硫产物分别是液态和固态的脱硫工艺为半干法。主要行业脱硫工艺及脱硫率见表 8-21。

表 8-21 主要行业脱硫工艺及脱硫率一览表

行业	脱硫工艺	脱硫率/%
火电厂	氨法	95
	烟气循环流化床	90以上
工业锅炉及炉窑	石灰法	90以上
	钠钙双碱法	90以上
	氧化镁法	90以上
	石灰石法	90以上
	活性炭吸附法	90以上

2. 脱硝技术

按照脱硝工艺与燃料燃烧的结合点,脱硝技术可分为:燃烧前脱氮、燃烧过程中的 NO_x 脱除、燃烧后脱氮,即烟气脱硝。目前,烟气脱硝是人们最常用的 NO_x 控制方法,应用最广泛。具体方法及其脱硝效率见表 8-22。

表 8-22 常见脱硝技术及其脱硝效率

脱硝阶段	方法名称		脱硝效率/%
燃烧前脱氮	生物脱氮技术		—
燃烧过程中的 NO_x 脱除	低氮燃烧技术		—
	循环流化床洁净燃烧技术		—
	整体煤气化联合循环(IGCC)		—
	洁净煤发电技术		—
燃烧后脱氮 (烟气脱硝技术)	气相反应法	液体吸收法	—
		吸附法	—
		液膜法	—
		微生物法	—
	火力发电厂	选择性催化还原技术(SCR)	～90
		选择性非催化还原技术(SNCR)	20～40
		混合 SCR-SNCR	40～90

3. 除尘技术

所谓除尘,就是利用一定的外力作用使粉尘从空气中分离出来,它是一个物理过程。使粉尘从空气中分离的作用主要有:机械力、阻留作用、凝聚作用、静电力、扩散。相应的除尘器分为:机械除尘器、过滤式除尘器、湿式除尘器和电除尘器。具体分类及处理效率见表 8-23。

表 8-23 常见除尘器及其除尘效率

类别	作用原理	除尘器	处理粒度/μm	除尘效率/%
机械式	重力	重力沉降室	40～1000	40～60
	惯性力	惯性除尘器	10～100	40～70
	离心力惯性力	旋风除尘器	3～100	84～94

续表

类别	作用原理	除尘器	处理粒度/μm	除尘效率/%
湿式	水流冲洗	水膜除尘器	0.1～100	90～99
过滤式	过滤介质捕集	布袋除尘器	0.1～20	84～99.9
电除尘	静电力	静电除尘器	0.04～20	99.9

思考题

1. 简述工程分析的作用。

2. 工程分析的目的是什么？

3. 工程分析有哪些方法？其适用条件是什么？

4. 燃烧过程中排放的 SO_2 和烟尘排放量计算需要掌握哪些数据？

5. 工程分析中物料衡算有哪几种类型？

6. 工程分析包括哪些内容？

7. 污染源强核算的两本账和三本账分别是什么？

8. 水平衡中的工业用水重复利用率、工业水回用率如何计算？

9. 某项目的工业用水情况如图 8-5 所示，求该项目的工业用水重复利用率和项目污水回用率分别是多少？

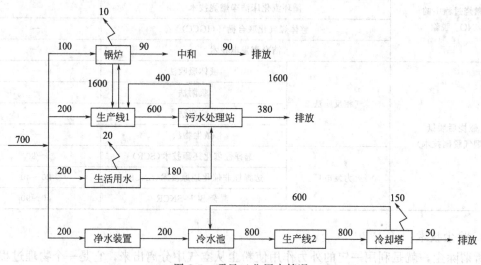

图 8-5 项目工业用水情况

10. 某工厂建一台 10t/h 蒸发量的燃煤蒸汽锅炉，最大耗煤量 1600kg/h，引风机风量为 15000m³/h，全年用煤量 4000t，煤的含硫量 1.2%，排入气相 80%，SO_2 的排放标准 1200mg/m³，请计算达标排放的脱硫效率并提出 SO_2 排放总量控制指标。

11. 某工厂全年燃煤 8000t，煤的灰分为 20%，仅使用一台燃煤锅炉，装有除尘器，效率为 95%，该厂所排烟气中烟尘占煤灰分的 30%，求该锅炉全年排尘量。

12. 某厂锅炉年耗煤量为 2000t，煤的含硫量为 2%，假设燃烧时有 20% 的硫分最终残留在灰分中，求全年排放的二氧化硫的量。

参考文献

[1] 环境保护部环境工程评估中心.环境影响评价技术方法 [M].北京:中国环境出版社,2015.

[2] 环境保护部环境工程评估中心.建设项目环境影响评价 [M].第 2 版.北京:中国环境出版社,2014.

[3] 彭飞翔,贾生元.环境影响评价技术方法试题解析 2015 年版 [M].北京:中国环境出版社,2015.

[4] 曲波,杜怀勤.环评中锅炉房大气污染源强的确定 [J].油气田环境保护,2004,6(1):50-52.

[5] 中华人民共和国环境保护部,中华人民共和国国家发展和改革委员会.国家危险废物名录.2016.

第九章 产业政策、规划的符合性分析

第一节 产业政策符合性分析

产业政策是政府为了实现一定的经济和社会目标而对产业的形成和发展进行干预的各种政策的总和。产业政策的功能主要是弥补市场缺陷，有效配置资源；保护幼小民族产业的成长；熨平经济波动；发挥后发优势，增强适应能力。

各项产业政策是为适应某一特定时期某些要求而制定的政策。因此，随着时间的推移，国民经济的发展，科学技术的进步，新技术、新工艺、新产品的开发，以及环境保护的新要求，国家将对有关产业政策予以废止、修订或新增。因此，在环评工作中应密切关注国家经济发展动向，注意有关产业政策的变化。

一、产业政策

（一）产业政策类别及体系

在建设项目的环境影响评价中，决定项目建设的主要因素是市场，制约项目建设的第一因素是国家的产业政策。国家从国民经济和社会发展的大局出发，一方面，对于关系到国计民生的产业、社会急需的基础建设采取鼓励政策，如鼓励基础设施、城市能源建设、水利工程建设、道路交通设施建设等；另一方面，制定限制、淘汰目录，限制某些行业的发展或产品生产，促使其采用新工艺、新技术、新设备、优质原料，实现产业结构的调整和优化。从环境影响评价角度考虑，产业政策主要包括环境政策和产业政策两方面。具体见图 9-1。

1. 国务院关于加强环境保护重点工作的意见

为深入贯彻落实科学发展观，加快推动经济发展方式转变，提高生态文明建设水平，国务院于 2011 年 11 月 2 日发布《关于加强环境保护重点工作的意见》（以下简称《意见》），要求各地区各部门加强协调配合，明确责任、分工和进度要求，认真落实。

《意见》分为 3 部分，分别为全面提高环境保护监督管理水平，着力解决影响科学发展和损害群众健康的突出环境问题，改革创新环境保护体制机制。

《意见》指出，多年来，我国积极实施可持续发展战略，将环境保护放在重要的战略位置，不断加大解决环境问题的力度，取得了明显成效。但由于产业结构和布局仍不尽合理，污染防治水平仍然较低，环境监管制度尚不完善等原因，环境保护形势依然十分严峻。

2. 全国生态环境保护纲要

2000 年 11 月 26 日，国务院发布了《全国生态环境保护纲要》（国发 [2000] 38 号），要求各地区、各有关部门要根据《全国生态环境保护纲要》，制订本地区、本部门的生态环境保护规划，积极采取措施，加大生态环境保护工作力度，扭转生态环境恶化趋势。《纲要》

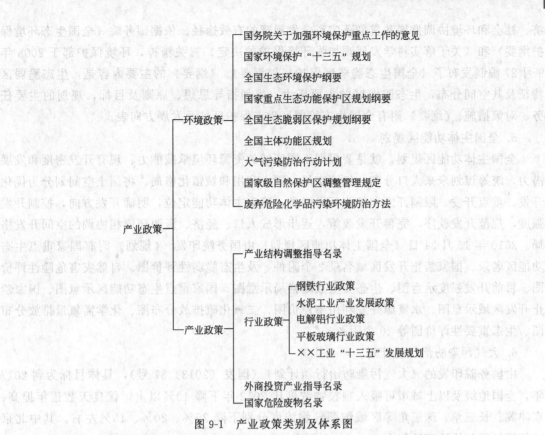

图 9-1 产业政策类别及体系图

的主要内容是：当前全国生态环境保护状况、全国生态环境保护的指导思想、基本原则与目标、全国生态环境保护的主要内容与要求、全国生态环境保护的对策与措施。

【例 9-1】 根据《全国生态环境保护纲要》，生态功能保护区的保护措施包括（ ）。（2014 年环境影响评价工程师考试题）

A. 停止生态功能保护区一切产生严重环境污染的工程项目建设

B. 加强生态监测与评估能力建设，构建重点生态功能保护区生态安全预警体系

C. 停止生态功能保护区一切导致生态功能继续退化的开发活动和其他人为破坏活动

D. 严格控制人口增长，生态功能保护区内人口已超出承载能力的应采取必要的移民措施

【解】 ACD。

3. 国家重点生态功能保护区规划纲要

加强生态功能保护区建设是促进我国重要生态功能区经济、社会和环境协调发展的有效途径，是维护我国流域、区域生态安全的具体措施，是有效管理限制开发主体功能区的重要手段。依据国务院《全国生态环境保护纲要》、《关于落实科学发展观加强环境保护的决定》和《关于编制全国主体功能区规划的意见》有关精神，原国家环境保护总局于 2007 年 10 月编制了《国家重点生态功能保护区规划纲要》。《纲要》的主要内容是：我国重要生态功能区保护面临的形势和机遇、指导思想、原则及目标、主要任务、保障措施。

4. 全国生态脆弱区保护规划纲要

《全国生态脆弱区保护规划纲要》是为加强生态脆弱区保护、控制生态退化、恢复生态系统功能、改善生态环境质量和落实《全国生态功能区划》的具体措施，也是促进区域经

济、社会和环境协调发展和贯彻落实科学发展观的有效途径。依据国务院《全国生态环境保护纲要》和《关于落实科学发展观加强环境保护的决定》有关精神，环境保护部于 2008 年 9 月 27 编制发布了《全国生态脆弱区保护规划纲要》。《纲要》的主要内容是：生态脆弱区特征及其空间分布，生态脆弱区的主要压力，规划指导思想、原则及目标，规划的主要任务、对策措施。《纲要》附有全国生态脆弱区重点保护区域及发展方向表。

5. 全国主体功能区规划

全国主体功能区规划，就是要根据不同区域的资源环境承载能力、现有开发密度和发展潜力，统筹谋划未来人口分布、经济布局、国土利用和城镇化格局，将国土空间划分为优化开发、重点开发、限制开发和禁止开发四类，确定主体功能定位，明确开发方向，控制开发强度，规范开发秩序，完善开发政策，逐步形成人口、经济、资源环境相协调的空间开发格局。2010 年 12 月 21 日《全国主体功能区规划》由国务院印发。《规划》附有国家重点生态功能区名录、国家禁止开发区域名录 2 个附件，及生态脆弱性评价图、自然灾害危险性评价图、目前开发强度示意图、生态安全战略格局示意图、国家重点生态功能区示意图、国家禁止开发区域示意图、水资源开发利用率评价图、二氧化硫排放分布图、化学需氧量排放分布图、生态重要性评价图等 20 个附图。

6. 大气污染防治行动计划

由国务院印发的《大气污染防治行动计划》（国发〔2013〕37 号），具体目标为到 2017 年，全国地级及以上城市可吸入颗粒物浓度比 2012 年下降 10％以上，优良天数逐年提高；京津冀、长三角、珠三角等区域细颗粒物浓度分别下降 25％、20％、15％左右，其中北京市细颗粒物年均浓度控制在 60 $\mu g/m^3$ 左右。

7. 国家级自然保护区调整管理规定

2013 年 12 月 2 日，国务院以国函〔2013〕129 号印发《国家级自然保护区调整管理规定》。该《规定》共 16 条。2002 年 1 月 29 日国务院批准的原环保总局《国家级自然保护区范围调整和功能区调整及更改名称管理规定》（国函〔2002〕5 号）予以废止。

范围调整，是指国家级自然保护区外部界限的扩大、缩小或内外部区域间的调换。功能区调整，是指国家级自然保护区内部的核心区、缓冲区、实验区范围的调整。更改名称，是指国家级自然保护区原名称中的地名更改或保护对象的改变。

调整国家级自然保护区原则上不得缩小核心区、缓冲区面积，应确保主要保护对象得到有效保护。

自批准建立或调整国家级自然保护区之日起，原则上五年内不得进行调整。

调整国家级自然保护区应当避免与国家级风景名胜区在范围上产生新的重叠。

主要保护对象属于下列情况的，调整时不得缩小保护区核心区面积或对保护区核心区内区域进行调换：世界上同类型中的典型自然生态系统，且为世界性珍稀濒危类型；世界上唯一或极特殊的自然遗迹，且遗迹的类型、内容、规模等具有国际对比意义；国家一级重点保护物种。

确因国家重大工程建设需要调整保护区的，原则上不得调出核心区、缓冲区。

建设单位应当开展工程建设生态风险评估，并将有关情况向社会公示。

除国防重大建设工程外，国家级自然保护区因重大工程建设调整后，原则上不得再次调整。

8. 废弃危险化学品污染环境防治方法

为了防治废弃化学品污染环境，2005 年 8 月，原国家环境保护总局公布《废弃危险化学品污染环境防治方法》（国家环境保护总局令第 27 号）。其主要内容有：废弃危险化学品的含义，适用范围，危险化学品的生产、储存、使用单位转产、停产、停业或者解散的环境保护有关规定。

【例 9-2】《废弃危险化学品污染环境防治办法》适用于（　　　）污染环境的防治。（2014 年环境影响评价工程师考试题）

A. 医疗产生的医疗废物

B. 盛装废弃危险化学品的容器

C. 实验室产生的废弃试剂、药品

D. 受废弃危险化学品污染的包装物

【解】 C。

【例 9-3】 某危险化学品生产企业在生产过程中造成了场地土壤污染。该企业停产后，采取的下列做法中，符合《废弃危险化学品污染环境防治办法》要求的包括（　　　）。（2014 年环境影响评价工程师考试题）

A. 对库存产品和生产原料进行妥善处置

B. 委托环境监测部门对场地土壤进行相关检测

C. 对场地土壤污染进行环境恢复后，场地改作他用

D. 编制环境风险评估报告，报县级以上环境保护部门备案

【解】 ABD。

【解析】 对污染场地完成环境恢复后，不是改他用，还应委托环境保护检测机构对恢复后的场地进行检测，并将检测报告报县级以上环境保护部门备案。

9. 产业结构调整指导目录（2013 修正）

为了更好地适应转变经济发展方式的需要，根据《国务院关于发布实施〈促进产业结构调整暂行规定〉的决定》（国发〔2005〕40 号），中华人民共和国国家发展和改革委员会会同国务院有关部门对《产业结构调整指导目录（2011 年本）》有关条目进行了调整，形成了《国家发展改革委关于修改〈产业结构调整指导目录（2011 年本）〉有关条款的决定》，自 2013 年 5 月 1 日起施行。

《产业结构调整指导目录（2011 年本）》（2013 修正）由鼓励、限制和淘汰三类目录组成。不属于鼓励类、限制类和淘汰类，且符合国家有关法律、法规规定的为允许类。

① 鼓励类主要是对经济社会发展有重要促进作用，有利于节约资源、保护环境、产业结构优化升级，需要采取政策措施予以鼓励和支持的关键技术、装备及产品。

② 限制类主要是工艺技术落后，不符合行业准入条件和有关规定，不利于产业结构优化升级，需要督促改造和禁止新建的生产能力、工艺技术、装备及产品。

③ 淘汰类主要是不符合有关法律法规规定，严重浪费资源、污染环境、不具备安全生产条件，需要淘汰的落后工艺技术、装备及产品。

④ 对于限制类的新建项目，禁止投资。投资管理部门不予审批、核准或备案，各金融机构不得发放贷款，土地管理、城市规划和建设、环境保护、质检、消防、海关、工商等部门不得办理有关手续。凡违反规定进行投融建设的，要追究有关单位和人员的责任。

10. 行业政策

(1) 钢铁产业发展政策 钢铁产业是国民经济的重要基础产业，是实现工业化的支撑产业，是技术、资金、资源、能源密集型产业，钢铁产业的发展需要综合平衡各种外部条件。我国是一个发展中大国，在经济发展的相当长时期内钢铁需求较大，产量已多年居世界第一，但钢铁产业的技术水平和物耗与国际先进水平相比还有差距，今后发展重点是技术升级和结构调整。依据有关法律法规和钢铁行业面临的国内外形势，经国务院常务会议讨论通过，经国务院同意，于 2005 年 7 月 8 日由中华人民共和国国家发展和改革委员会发布施行《钢铁产业发展政策》。共计九章四十条，以指导钢铁产业的健康发展。于 2015 年对 2005 年国家发布的《钢铁产业发展政策》进行修订，制定《钢铁产业调整政策》，具体内容如下。

第一章 政策目标

第一条 〔结构调整〕

钢铁产能基本合理。到 2017 年，产能利用率达到 80% 以上，鼓励推广以废钢铁为原料的短流程炼钢工艺及装备应用。到 2025 年，我国钢铁企业炼钢废钢比不低于 30%，废钢铁加工配送体系基本建立。大中型钢铁企业主业劳动生产率超过 1000 吨/（人·年），先进企业超过 1500 吨/（人·年）。到 2025 年，前十家钢铁企业（集团）粗钢产量占全国比重不低于 60%，形成 3～5 家在全球范围内具有较强竞争力的超大型钢铁企业集团，以及一批区域市场、细分市场的领先企业。

第二条 〔节能减排〕

到 2025 年，钢铁企业污染物排放、工序能耗全面符合国家和地方规定的标准。钢铁行业吨钢综合能耗下降到 560 kgce，取水量下降到 3.8 m³ 以下，SO_2 排放量下降到 0.6 kg、烟粉尘排放量下降到 0.5 kg，固体废物实现 100% 利用。

第六条 〔工艺装备〕

新（改、扩）建钢铁项目不得采用《产业结构调整指导目录》限制类和淘汰类的工艺装备。

第七条 〔节能环保〕

新（改、扩）建钢铁项目各工序能耗应满足《焦炭单位产品能源消耗限额》、《粗钢生产主要工序单位产品能源消耗限额》准入值的要求。新（改、扩）建钢铁项目各工序污染物排放应满足《炼焦化学工业大气污染物排放标准》、《钢铁烧结、球团工业大气污染物排放标准》、《炼铁工业大气污染物排放标准》、《炼钢工业大气污染物排放标准》、《轧钢工业大气污染物排放标准》、《钢铁工业水污染物排放标准》以及《关于执行大气污染物特别排放限值的公告》的要求。

第八条 〔节约用水〕

新（改、扩）建钢铁企业吨钢取水量、水重复利用率应满足《节水型企业 钢铁行业》标准的要求。

第九条 〔节约土地〕

新建、改造钢铁项目建筑系数不小于 30%，容积率不小于 0.6，绿地率不超过 15%，配套行政办公及生活服务设施用地面积占比不超过 7%。生产规模大于 500 万吨钢的长流程钢铁项目用地指标不大于 0.8m²/t，生产规模 500 万吨及以下长流程钢铁项目用地指标不大于 1.0m²/t。短流程钢铁项目用地指标不大于 0.2m²/t。

第五章 环境保护

严格执行国家和地方钢铁工业污染物排放标准，以及污染物排放总量控制和许可排污制度，钢铁企业必须实现达标排放，污染物排放量必须满足主要污染物排放总量指标和许可排污量要求。

第二十九条〔信息公开〕

建立钢铁企业环境信息公开机制，钢铁企业应及时公开自行监测和污染物排放相关信息，定期编写和发布企业环境报告，接受社会监督。建立第三方环保监测、信息通报制度。

第三十条〔清洁生产〕

钢铁企业必须严格按照相关法律法规实施清洁生产审核，鼓励采用先进清洁生产技术实施升级改造，从源头提高资源利用效率，减少污染物产生。现有企业清洁生产水平应达到《钢铁行业清洁生产评价指标体系》三级及以上要求。

第三十一条〔环保设施〕

钢铁企业必须按照绿色发展的理念，配备先进高效的除尘、脱硫、全厂污水处理站等环保治理设施，并确保同步运行。烧结、焦炉、全厂废水总排放口等重点排放源必须安装在线自动监控系统，并与地方环保部门联网。钢铁企业各类固体废物必须实施综合利用或安全妥善处置，危险废物贮存处置应满足《危险废物贮存污染控制标准》的要求。

(2) 水泥工业产业发展政策　水泥是国民经济的基础原材料。经过多年的发展，我国水泥工业发展取得了很大成绩，产量已多年位居世界第一，保障了国民经济发展的需要。但是当前，我国水泥工业结构性矛盾仍十分突出，主要表现是经营粗放，生产集中度和劳动生产率均比较低，资源和能源消耗高，环境污染比较严重，特别是立窑、湿法窑、干法中空窑等落后技术装备还占相当比重，可持续发展面临严峻挑战。为加快推进水泥工业结构调整和产业升级，引导水泥工业持续、稳定、健康地发展，特制定《水泥工业产业发展政策》。其主要包括：产业政策目标、产业发展重点、产业技术政策、产业组织政策、投资管理政策、发展保障政策。从 2006—2011 年，国家相继发布了一系列相关行业发展和调控政策，见表 9-1。

表 9-1　水泥工业产业发展政策

序号	政策名称	内　容
1	《印发关于加快水泥工业结构调整的若干意见的通知》(发改运行〔2006〕609号)	2006 年 4 月 13 日,国家发展和改革委员会、财政部、国土资源部、原建设部、商务部、中国人民银行、国家质量监督检验检疫总局、原国家环境保护总局联合发布。提出"推动企业重组,提高产业集中度"。并明确了水泥行业的调整目标:"2010 年水泥预期产量 12.5 亿吨,其中:新型干法水泥比重提高到 70%,水泥散装率达到 60%;累计淘汰落后生产能力 2.5 亿吨。企业平均生产规模由 2005 年的 20 万吨提高到 40 万吨左右,企业户数减少到 3500 家左右。水泥产量前 10 位企业的生产规模达到 3000 万吨以上,生产集中度提高到 30%;前 50 位企业生产集中度提高到 50%以上。"
2	《水泥工业产业发展政策》(国家发展和改革委员会令第 50 号)	2006 年 10 月 17 日,国家发展和改革委员会发布,提出新的产业政策目标:"2010 年,新型干法水泥比重达到 70%以上。日产 4000 吨以上大型新型干法水泥生产线技术经济指标达到吨水泥综合电耗小于 95kW·h,熟料热耗小于 740kcal/kg。到 2020 年,企业数量由目前 5000 家减少到 2000 家,生产规模 3000 万吨以上的达到 10 家,500 万吨以上的达到 40 家。基本实现水泥工业现代化,技术经济指标和环保达到同期国际先进水平"

续表

序号	政策名称	内　容
3	《关于公布国家重点支持水泥工业结构调整大型企业(集团)名单的通知》(发改运行[2006]3001号)	2006年12月31日,国家发改委、国土资源部和中国人民银行发布,确定了60户国家重点支持的大型水泥企业(集团),该文明确规定"对列入重点支持的大型水泥企业开展项目投资、重组兼并,有关方面应在项目核准、土地审批、信贷投放等方面予以优先支持。"
4	《关于做好淘汰落后水泥生产能力有关工作的通知》	2007年2月27日,国家发展改革委办公厅发布,计划到2010年末,全国完成淘汰小水泥产能2.5亿吨,并与各省、自治区、直辖市人民政府签订有关责任书,同时核准新建项目时,坚持上大压小、等量淘汰落后水泥的原则,否则不得核准新建水泥项目
5	《关于抑制部分行业产能过剩和重复建设引导产业健康发展若干意见》(国发[2009]38号)	2009年9月26日,国务院批转了国家发改委等部门《关于抑制部分行业产能过剩和重复建设引导产业健康发展若干意见》(国发[2009]38号)的文件,文件中指出:2008年我国水泥产能18.7亿吨。目前在建水泥生产线418条,产能6.2亿吨,另外还有已核准尚未开工的生产线147条,产能2.1亿吨。这些产能全部建成后,水泥产能将达到27亿吨,市场需求仅为16亿吨,产能将严重过剩
6	《关于水泥、平板玻璃建设项目清理工作有关问题的通知》(发改办产业[2009]2351号)	2009年11月10日,国家发展和改革委员会办公厅又发布,要求各省市自治区对2009年9月30日前尚未投产的在建项目、已核准未开工项目(含水泥熟料线和粉磨站)进行清查。通知明确将水泥审批权上收到了国家层面,这有利于防止地方乱批项目和加快落后产能的淘汰,将彻底结束地方各自审批的混乱局面
7	《关于抑制产能过剩和重复建设引导水泥产业健康发展的意见》(工信部原[2009]575号)	2009年11月21日,工业和信息化部发布,进一步提出以下几个重点发展目标:"严格市场准入,提高准入门槛,抓紧制定和发布《水泥行业准入条件》,进一步提高能源消耗、环境保护、资源综合利用等方面的准入门槛"
8	《促进中部地区原材料工业结构调整和优化升级方案》(工信部原[2009]664号)	2009年12月11日,工业和信息化部发布,该文件针对水泥行业,提出要"进一步发挥海螺、中国建材、中材、华新、天瑞、三峡新材、长利玻璃等龙头企业的带动作用,推动水泥、玻璃、耐火材料、新型建材等行业的兼并联合重组,提高产业集中度"
9	《国务院关于进一步加强淘汰落后产能工作的通知》(国发[2010]7号文)	2010年2月6日,由工信部起草,由国务院办公厅下发,提出相关目标任务:2012年底前,淘汰窑径3.0米以下水泥机械化立窑生产线、窑径2.5米以下水泥干法中空窑(生产高铝水泥的除外)、水泥湿法窑生产线(主要用于处理污泥、电石渣等的除外)、直径3.0米以下的水泥磨机(生产特种水泥的除外)以及水泥土(蛋)窑、普通立窑等落后水泥产能;淘汰平拉工艺平板玻璃生产线(含格法)等落后平板玻璃产能
10	《水泥行业准入条件》	2010年11月30日工信部会同有关部门制定,对项目建设条件、生产线的布局、生产线规模、工艺与装备,能源消耗和资源综合利用指标,环境保护,产品质量,安全、卫生和社会责任以及对水泥行业的监督和管理作了明确的规定。有利于促进水泥行业节能减排、淘汰落后和结构调整,引导行业健康发展
11	《建材工业"十二五"发展规划》	2011年11月8日,工信部公布,主要目标为:到2015年淘汰落后水泥产能,主要污染物实现达标排放,协同处置取得明显进展,综合利用废弃物总量提高20%

(3) 电解铝行业政策　近年来,国家为了促进电解铝企业加快技术进步,降低能源消耗,对电解铝企业实行了新的行业政策,见表9-2。

表 9-2　电解铝行业政策

序号	政策名称	内　容
1	《电解铝企业单位产品能源消耗限额》(GB 21346—2008)	规定了电解铝企业生产能源消耗限额技术要求
2	《铝工业污染物排放标准》(GB 25465—2010)	规定了电解铝企业大气污染物排放标准
3	《电解铝生产二氧化碳排放限额》和《电解铝生产全氟化碳排放限额》	2012 年有色标委会组织相关电解企业起草、编制,并形成预审稿
4	《铝工业"十二五"发展专项规划》	2011 年 12 月 4 日工信部发布,提出"十二五"期间铝工业主要任务之一为"以满足国内需求为主,严格执行产业政策和准入条件,控制电解铝产能盲目扩张,按期淘汰 100kA 及以下预焙槽电解铝和落后再生铝产能。限制氧化铝产能无序扩张"。到 2015 年电解铝直流电耗降到 12500kW·h/t 及以下,电解铝电耗等主要技术指标居世界领先
5	《关于有色金属工业节能减排指导意见》	规定主要金属品种节能减排目标
6	《铝行业规范条件》	2013 年 7 月 18 日工信部发布,是在 2007 年《铝行业准入条件》的基础上进行了修订并更名为《铝行业规范条件》,该规范对电解铝行业质量、工艺及装备、能源消耗、资源消耗及综合利用等方面都做了要求
7	《关于化解产能严重过剩矛盾的指导意见》	指导意见依据行业特点提出化解电解铝产能过剩矛盾的实施政策。2015 年底前淘汰 160kA 以下预焙槽,对吨铝液电解交流电耗大于 13700 千瓦时,以及 2015 年底后达不到规范条件的产能,用电价格在标准价格基础上上浮 10%。严禁各地自行出台优惠电价措施,采取综合措施推动缺乏电价优势的产能逐步退出,有序向具有能源竞争优势特别是水电丰富地区转移。支持电解铝企业与电力企业签订直购电长期合同,推广交通车辆轻量化用铝材产品的开发和应用。鼓励国内企业在境外能源丰富地区建设电解铝生产基地

（4）平板玻璃行业政策　平板玻璃行业政策见表 9-3。

表 9-3　平板玻璃行业政策

序号	政策名称	内　容
1	《平板玻璃行业准入条件》	该条件规定对产能较为集中的东部沿海和中部地区严格限制新上平板玻璃项目。重点进行现有生产线的技术改造和升级,新建仅限于发展特殊品种的优质浮法玻璃生产线。为提高建设档次和规模效益,提高产业集中度,新建浮法线应主要依托现有国家重点支持的大型企业集团,其他新建项目原则上不予批准。严格限制普通浮法玻璃项目,淘汰落后的平拉生产工艺,自 2007 年 9 月 10 日起实施
2	《关于抑制部分行业产能过剩和重复建设,引导产业健康发展的若干意见》(国发[2009]38 号)	重点提到平板玻璃行业存在的重复建设和产能过剩问题,明确了下一步产业政策导向,提出了坚决抑制产能过剩和重复建设的 9 条对策措施
3	《关于水泥、平板玻璃建设项目清理工作有关问题的通知》(发改办产业[2009]235 号)	要求对水泥、平板玻璃现有在建项目和未开工项目进行认真清理。清理范围:水泥,2009 年 9 月 30 日前尚未投产的在建项目、已核准未开工项目(含水泥熟料线和粉磨站);平板玻璃,2009 年 9 月 30 日前尚未点火的在建项目、已备案未开工项目

续表

序号	政策名称	内　容
4	《关于抑制产能过剩和重复建设引导平板玻璃行业健康发展的意见》(工信部原[2009]591号)	明确了国务院关于抑制部分行业产能过剩和重复建设引导产业健康发展的具体措施,2010年对在建的平板玻璃项目和未开工项目进行认真清理,无疑对玻璃产业的健康发展是重大利好
5	《平板玻璃行业准入公告管理暂行办法》	严格控制新增平板玻璃产能,遵循调整结构、淘汰落后、市场导向、合理布局的原则,发展高档用途及深加工玻璃。 对现有在建项目和未开工项目进行认真清理,对所有拟建的玻璃项目,各地方一律不得备案。各省(区、市)要制定三年内彻底淘汰"平拉法"(含格法)落后平板玻璃产能时间表。新项目能源消耗必须符合准入条件,支持大企业集团发展电子平板显示玻璃、光伏太阳能玻璃、低辐射镀膜等技术含量高的玻璃以及优质浮法玻璃项目
6	平板玻璃行业规范条件(2014年)	主要对新项目准入标准提出要求,鼓励和支持现有平板玻璃企业通过异地搬迁退城入园,采用新工艺、新技术延伸产业链。在生产技术改造方面,强调加强清洁生产技术改造,从源头上减少粉尘、氮氧化物、二氧化硫、二氧化碳产生,提高能源利用效率、质量保证能力和本质安全水平

11. 外商投资产业指导目录（2011 修订）

2011 年 12 月，国家发展和改革委员会、商务部联合发布了《外商投资产业指导目录（2011 修订）》，目录分为鼓励、限制和禁止外商投资产业目录。其中，禁止外商投资产业目录主要包括农、林、牧、渔业；采矿业；制造业；电力、煤气及水的生产和供应业；交通运输、仓储和邮政业；租赁和商务服务业；科学研究、技术服务和地质勘查业；水利、环境和公共设施管理业；教育；文化、体育和娱乐业；危害军事设施安全和使用效能的项目；国家和我国缔结或者参加的国际条约规定禁止的其他产业。

【例 9-4】《外商投资产业指导目录（2011 年修订）》不包括（　　）外商投资产业目录。

A. 鼓励类　　　　　B. 允许类　　　　　C. 限制类　　　　　D. 禁止类

【解】 B。

【解析】 2011 年 12 月，国家发展和改革委员会、商务部联合发布了《外商投资产业指导目录（2011 年修订）》，目录分为鼓励外商投资产业目录、限制外商投资产业目录和禁止外商投资产业目录。

【例 9-5】《外商投资产业指导目录》包括（　　）。（2013 年环境影响评价工程师考试题）

A. 鼓励外商投资产业目录　　　　　　　B. 限制外商投资产业目录

C. 允许外商投资产业目录　　　　　　　D. 禁止外商投资产业目录

【解】 ABD。

12.《国家危险废物名录》（2016 版）

危险废物是指具有腐蚀性、毒性、易燃性、反应性或者感染性等一种或者几种危险特征的物品；不排除具有危险特性，可能对环境或者人体健康造成有害影响，需要按照危险废物进行管理的。《国家危险废物名录》（2016 版）于 2016 年 6 月 21 日由环保部联合国家发展和改革委员会、公安部向社会发布，自 2016 年 8 月 1 日起施行。《国家危险废物名录》共列入 46 大类别 479 种（其中 362 种来自原名录，新增 117 种）。为提高危险废物管理效率，本次修订中增加了《危险废物豁免管理清单》。列入《危险废物豁免管理清单》中的危险废物，在所列的豁免环节，且满足相应的豁免条件时，可以按照豁免内容的规定实行豁免管理。

（二）国家行业类别划分

《国民经济行业分类》（GB/T 4754—2002）中规定了20种行业，见表9-4。

表9-4 《国民经济行业分类》

序号	行业	序号	行业
1	农、林、牧、渔业	11	房地产业
2	采矿业	12	租赁和商务服务业
3	制造业	13	科学研究和技术服务业
4	电力、热力、燃气及水生产和供应业	14	水利、环境和公共设施管理业
5	建筑业	15	居民服务、修理和其他服务业
6	批发和零售业	16	教育
7	交通运输、仓储和邮政业	17	卫生和社会工作
8	住宿和餐饮业	18	文化、体育和娱乐业
9	信息传输、软件和信息技术服务业	19	公共管理、社会保障和社会组织
10	金融业	20	国际组织

《国家统计局行业分类标准》采用线分类法和分层次编码方法，将经济活动划分为门类、大类、中类和小类四级，门类采用英文字母编码，即用字母 A、B、C…顺次代表不同门类。大、中、小类依据等级制和完全十进制，用三层四位阿拉伯数字表示。

本标准的代码结构见图9-2。

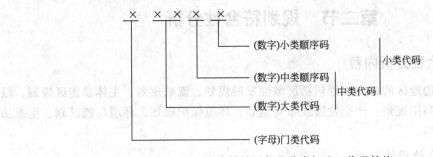

图9-2 《国家统计局行业分类标准》代码结构

二、产业政策符合性分析结果与表达

产业政策符合性分析结果与表达有两种，一种为符合，一种为不符合。

（一）符合

拟建项目产业政策符合性分析应从其生产规模、生产工艺、采用的生产设备等是否符合《产业结构调整指导目录（2011 年本）》（2013 年修正）、行业政策等考虑。若其生产规模、生产工艺及采用的生产设备均不属于《产业结构调整指导目录（2011 年本）》（2013 年修正）、行业政策中限制类和淘汰类要求，则说明拟建项目符合产业政策。

（二）不符合

若拟建项目生产规模、生产工艺及采用的生产设备任何一部分属于《产业结构调整指导目录（2011 年本）》（2013 年修正）、行业政策中限制类和淘汰类要求，则说明拟建项目不符合产业政策。

三、实例

【例 9-6】　××公司年产 60 万套汽车橡胶件项目的产业政策符合性分析

【解】　分析如下。

1. 符合《产业结构调整指导目录（2011 年本）》（2013 年修正）要求

拟建项目的生产规模、生产工艺及采用的生产设备均不属于国家发改委 2013 年 5 月 1 日实施的《产业结构调整指导目录（2011 年本）》（2013 年修正版）中鼓励、淘汰、限制类内容，属于允许类项目。该项目已在××省发展和改革委员会备案，取得《××省固定资产投资项目备案证》。

综上所述，拟建项目符合产业结构调整指导目录要求。

2. 符合《汽车产业发展政策》

《汽车产业发展政策》（国发改令第 8 号）中"第三十二条 根据汽车行业发展规划要求，冶金、石化化工、机械、电子、轻工、纺织、建材等汽车工业相关领域的生产企业应注重在金属材料、机械设备、工装模具、汽车电子、橡胶、工程塑料、纺织品、玻璃、车用油品等方面，提高产品水平和市场竞争能力，与汽车工业同步发展"。本项目为××公司为汽车配套生产汽车用密封条、减震垫等零部件项目，符合上述政策要求，有利于提高××汽车产品水平和市场竞争力。

综上所述，拟建项目符合汽车产业政策要求。

第二节　规划符合性分析

一、规划符合性分析内容

规划区域的周边地区的相应规划包括区域性发展规划、流域规划、主体功能区规划、城市总体规划、土地利用规划、产业发展或布局规划、环境保护规划、环境功能区划、生态功能区划、生态规划等。

（一）规划内容协调性分析

① 分析本规划在相关规划体系（如土地利用规划体系、流域规划体系、城乡规划体系等）中的位置、层级（如国家级、省级、市级或县级）、功能属性（如综合性规划、专项规划、专项规划中的指导性规划）、时间属性（如首轮规划、调整规划；短期规划、中期规划、长期规划）。

② 筛选本规划与相关规划在规划内容，如规模、布局、功能定位、开发原则、资源保护与利用、环境保护、生态保护等方面的一致性和协调性，重点分析规划与同层位的环境保护、生态建设、资源保护与利用等规划之间的冲突和矛盾，分析规划在空间准入方面的符合性。

（二）规划目标协调性分析

① 分析本规划在相关规划体系（如土地利用规划体系、流域规划体系、城乡规划体系等）中的位置、层级（如国家级、省级、市级或县级）、功能属性（如综合性规划、专项规

划、专项规划中的指导性规划）、时间属性（如首轮规划、调整规划；短期规划、中期规划、长期规划）。

　　② 筛选本规划与相关规划在规划目标，如规划发展目标、环保目标、经济发展目标等方面的一致性和协调性，重点分析规划与同层位的环境保护、生态建设、资源保护与利用等规划目标的差异。

二、规划符合性分析结果与表达

　　规划符合性分析结果与表达有两种，一种是符合，另一种是不符合。符合性分析为明显区别不同规划之间在规划内容和规划目标方面的差异，以表格对比分析的方式为宜。

（一）符合

　　规划符合性分析就是指，拟建项目或规划在建设、运营及服务期满后各环节是否满足各级别规划内容及规划目标的要求。

　　若拟建项目在建设、运营及服务期满后各环节均符合国家级、省（区、市）级、市县级的总体规划、专项规划、区域规划，则说明拟建项目或规划符合规划要求。

　　通过上述协调性分析，从多个规划方案中筛选出与各项规划要求较为协调的规划方案作为备选方案，或综合规划协调性分析结果，提出与环保法规、各项要求相符合的规划调整方案作为备选方案。

（二）不符合

　　若拟建项目或规划在建设、运营及服务期满后，某个环节不符合国家级、省（区、市）级、市县级的总体规划、专项规划、区域规划，则说明拟建项目或规划不符合规划要求。

　　在规划不符合性的分析结论得出后，需要进行相应的规划调整的，要提出规划调整意见和建议。

三、实例

　　【例 9-7】　××公司年产 60 万套汽车橡胶件项目规划符合性分析

　　【解】　分析如下。

　　1. 符合××省国民经济和社会发展第十二个五年规划纲要

　　《××国民经济和社会发展第十二个五年规划纲要》中指出，在十二五期间要"在财政、信贷、发债、用地、技术改造、兼并重组等方面给予政策倾斜，支持××钢铁、××能源、××集团、××建投、××集团、××航空、××焦化、××能源、××汽车、××集团、××集团、××集团、××铸管等企业做大做强，力争销售收入超 500 亿元的企业达到 5 家、超 1000 亿元的达到 3 家"。

　　2010 年，国内汽车行业自主品牌阵营里，××汽车以累计销售 39.73 万辆，同比增长 77%，成为增量最高、增速最快的品牌之一。××生产的产品为汽车的主要零部件，本项目是为满足整车生产规模的不断扩大，而新建配套的橡胶制品生产基地。本项目的建设有助于××汽车集团做大做强。

　　2. 符合××市国民经济和社会发展第十二个五年规划纲要

　　《××市国民经济和社会发展第十二个五年规划纲要》指出"突出民族品牌和民营特色，着力发展汽车及零部件制造业，做大做强整车企业，加快发展零部件企业，重点抓好一批整车专业化生产基地和汽车零部件协作配套基地建设，建设'××轻型汽车城'和'××汽车城'。本项目位于××县××产业园区，为××汽车集团汽车零部件协作配套项目。

3. 符合××县国民经济和社会发展第十二个五年规划纲要

《××县国民经济和社会发展第十二个五年规划纲要》指出重点发展"汽车及零部件产业。以××、××为龙头，大力发展汽车及零部件产业，在整车及车用蓄电池、汽车轮胎、专用车车身制造等领域创出自己的特色，在产品定位和产业链条上形成互补，以市场化配套方式融入××汽车零部件制造基地，成为其中的一个重要组成部分。重点支持投资 162 亿元的××汽车扩能及零部件项目、投资 30 亿元的××工业园等项目。到 2015 年汽车及零部件产业产值力争达到 300 亿元"。本项目建设单位为××汽车股份有限公司子公司，其产品为××汽车集团汽车零部件，属××县十二五期间重点培育及发展的产业。

4. 符合××产业园区规划

××产业园规划定位为"重点发展光电、风电、机电设备制造、新型储能设备等产业，并利用园区交通区位优势发展物流产业，最终形成四大产业为主导、以物流为辅的高科技产业园"。本项目产品为汽车用密封条、减震垫等，属于汽车零部件及配件制造，符合××产业园区规划定位，厂址位于园区规划的机电设备制造区域内，符合园区用地规划。

综上所述，拟建项目符合上述规划要求。

思考题

1. 产业政策的概念是什么？
2. 简述产业政策功能及其目的？
3. 试说明产业政策的类别及其体系。
4. 《全国生态环境保护纲要》的主要内容有哪些？
5. 《国家重点生态功能保护区规划纲要》的主要内容有哪些？
6. 《全国生态脆弱区保护规划纲要》的主要内容有哪些？
7. 《废弃危险化学品污染环境防治方法》的主要内容和适用范围有哪些？
8. 简述《产业结构调整指导目录（2011 年本）》（2013 修正）中目录的组成部分，并进行简要说明。
9. 危险废物的概念是什么？
10. 规划符合性分析指的是什么？
11. 产业规划符合性分析的主要内容有哪些？
12. 产业规划符合性分析的标准是什么？

参考文献

[1] 环境保护部环境工程评估中心. 环境影响评价相关法律法规 [M]. 北京：中国环境出版社，2015.
[2] 环境保护部环境工程评估中心. 建设项目环境影响评价 [M]. 第 2 版. 北京：中国环境出版社，2014.
[3] 平志斌，雅军. 环评的产业政策分析 [J]. 安徽化工，2006，1：58-59.

第十章　环境影响预测模型

一、大气环境影响预测

(一) 预测因子

预测因子根据评价因子而定,一般选取有环境空气质量标准的评价因子作为预测因子。此外,还需要选择特征因子作为预测因子。

(二) 预测内容与步骤

大气环境影响预测用于判断项目建成后或规划实施后对评价范围内大气环境影响的程度和范围。常用的大气环境影响预测方法是通过数学模型模拟各种气象、地形条件下的污染物在大气中输送、扩散、转化和清除的情况。

1. 预测内容

大气环境影响预测内容依据评价工作等级和项目的特点而定,见表 10-1。

表 10-1　大气环境影响预测内容

评价工作等级	预　测　内　容
一级评价	关注点:环境空气保护目标、网格点。 关注时间:逐时、逐日和年均浓度。 关注工况:正常工况和非正常工况。 关注值:地面质量浓度、最大地面小时质量浓度。 ① 全年逐时或逐次小时气象条件下,环境空气保护目标、网格点处的地面质量浓度和评价范围内的最大地面小时质量浓度; ② 全年逐日气象条件下,环境空气保护目标、网格点处的地面质量浓度和评价范围内的最大地面日平均质量浓度; ③ 长期气象条件下,环境空气保护目标、网格点处的地面质量浓度和评价范围内的最大地面年平均质量浓度; ④ 非正常排放情况,全年逐时或逐次小时气象条件下,环境空气保护目标的最大地面小时质量浓度和评价范围内的最大地面小时质量浓度; ⑤ 对于施工期超过一年,并且施工期排放的污染物影响较大的项目,还应预测施工期间的大气环境质量
二级评价	预测内容为一级评价范围内的①～④项内容
三级评价	可不进行上述预测

2. 预测情景

根据预测内容设定预测情景,一般考虑五个方面的内容:污染源类别、排放方案、预测因子、气象条件、计算点。常见预测情景组合见表 10-2。

污染源类别分为新增加污染源、削减污染源和被取代污染源及其他在建、拟建项目相关污染源。新增污染源分为正常排放和非正常排放两种情况。

表 10-2 常见预测情景组合

序号	污染源类别	排放方案	预测因子	计算点	常规预测内容
1	新增污染源（正常排放）	现有方案/推荐方案	所有预测因子	环境空气保护目标 网格点 区域最大地面浓度点	小时平均质量浓度 日平均质量浓度 年平均质量浓度
2	新增污染源（非正常排放）	现有方案/推荐方案	主要预测因子	环境空气保护目标 区域最大地面浓度点	小时平均质量浓度
3	削减污染源（若有）	现有方案/推荐方案	主要预测因子	环境空气保护目标	日平均质量浓度 年平均质量浓度
4	被取代污染源（若有）	现有方案/推荐方案	主要预测因子	环境空气保护目标	日平均质量浓度 年平均质量浓度
5	其他在建、拟建项目相关污染源（若有）	—	主要预测因子	环境空气保护目标	日平均质量浓度 年平均质量浓度

排放方案分为工程设计或可行性研究报告中现有排放方案和环评报告所提出的推荐排放方案，排放方案内容根据项目选址、污染源的排放方式以及污染控制措施等进行选择。

3. 预测步骤

大气环境影响预测的步骤：①确定预测因子；②确定预测范围；③确定计算点；④确定污染源计算清单；⑤确定气象条件；⑥确定地形数据；⑦确定预测内容和设定预测情景；⑧选择预测模式；⑨确定模式中的相关参数；⑩进行大气环境影响预测与评价。大气环境影响预测的步骤见图 10-1。

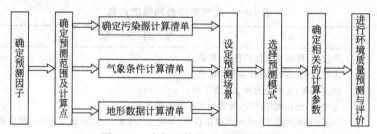

图 10-1 大气环境影响的预测步骤

（三）预测范围

预测范围应覆盖评价范围，同时还应考虑污染源的排放高度、评价范围的主导风向、地形和周围环境空气敏感区的位置等，并进行适当调整。

计算污染源对评价范围的影响时，一般取东西向为 X 坐标轴、南北向为 Y 坐标轴，项目位于预测范围的中心区域。

（四）预测模式

大气预测模式见表 10-3。

表 10-3 大气预测模式

预测模式	具体内容	适用范围
估算模式	估算模式是一种单源预测模式，可计算点源、面源和体源等污染源的最大地面浓度，以及建筑物下洗和熏烟等特殊条件下的最大地面浓度。 估算模式中嵌入了多种预设的气象组合条件，包括一些最不利的气象条件。经估算模式计算出的最大地面浓度大于进一步预测模式的计算结果。对小于1小时的短期非正常排放，可采用估算模式进行预测	评价等级及评价范围的确定

预测模式	具体内容	适用范围
进一步 预测模式	AERMOD 模式系统：AERMOD 是一个稳态烟羽扩散模式，可基于大气边界层数据特征模拟点源、面源、体源等排放出的污染物在短期（小时平均、日平均）、长期（年平均）的浓度分布，适用于农村或城市地区、简单或复杂地形。AERMOD 考虑了建筑物尾流的影响，即烟羽下洗。模式使用每小时连续预处理气象数据模拟≥1 小时平均时间的浓度分布。 AERMOD 包括两个预处理模式，即 AERMET 气象预处理和 AERMAP 地形预处理模式	评价范围小于等于 50 km 的一级、二级评价项目
	ADMS 模式系统：ADMS 可模拟点源、面源、线源和体源等排放出的污染物在短期（小时平均、日平均）、长期（年平均）的浓度分布，还包括一个街道窄谷模型，适用于农村或城市地区、简单或复杂地形。模式考虑了建筑物下洗、湿沉降、重力沉降和干沉降以及化学反应等功能。化学反应模块包括计算一氧化氮、二氧化氮和臭氧等之间的反应。ADMS 有气象预处理程序，可以用地面的常规观测资料、地表状况以及太阳辐射等参数模拟基本气象参数的廓线值。在简单地形条件下，使用该模型模拟计算时，可以不调查探空观测资料	评价范围小于等于 50 km 的一级、二级评价项目
	CALPUFF 模式系统：CALPUFF 是一个烟团扩散模型系统，可模拟三维流场随时间和空间发生变化时污染物的输送、转化和清除过程。CALPUFF 适用于从 50km 到几百千米的模拟范围，包括次层网格尺度的地形处理，如复杂地形的影响；还包括长距离模拟的计算功能，如污染物的干、湿沉降、化学转化，以及颗粒物浓度对能见度的影响	评价范围大于 50km 的区域和规划环境影响评价等项目

（五）大气环境影响预测与评价的主要内容

1. 大气环境影响预测的主要内容

① 分析典型小时气象条件下，项目对环境空气敏感区和评价范围的最大环境影响，分析是否超标、超标程度、超标位置，分析小时质量浓度超标概率和最大持续发生时间，并绘制评价范围内出现区域小时平均质量浓度最大值时所对应的质量浓度等值线分布图。

② 分析典型日气象条件下，项目对环境空气敏感区和评价范围的最大环境影响，分析是否超标、超标程度、超标位置，分析日平均质量浓度超标概率和最大持续发生时间，并绘制评价范围内出现区域日平均质量浓度最大值时所对应的质量浓度等值线分布图。

③ 分析长期气象条件下，项目对环境空气敏感区和评价范围的环境影响，分析是否超标、超标程度、超标范围及位置，并绘制预测范围内的质量浓度等值线分布图。

④ 分析评价不同排放方案对环境的影响，即从项目的选址、污染源的排放强度与排放方式、污染控制措施等方面评价排放方案的优劣，并针对存在的问题提出解决方案。

2. 大气环境影响评价的主要内容

列表给出大气预测结果，把预测值与评价标准直接对比，评价项目或规划实施后对大气环境的影响范围和程度。

在工程分析和影响预测基础上，以法规、标准为依据，解释拟建项目引起大气环境变化的重大性，同时辨识敏感对象对污染物排放的反应；对拟建项目的生产工艺、大气污染防治与废气排放方案等提出意见；提出避免、消除和减少大气影响的措施和对策建议；得出拟建项目对大气环境影响是否能承受的结论。

二、地表水环境影响预测

(一) 预测因子

水质预测因子的确定要既能说明问题又不宜过多，应少于水环境现状调查的水质因子数目。预测因子一般选择常规预测因子和特征预测因子。常规预测因子可以从地表水环境质量标准中择取；特征预测因子根据被评价对象的工程特征和排污特征确定。

(二) 预测条件

预测条件的确定见表 10-4。

表 10-4　预测条件的确定

预测条件	具 体 内 容
预测范围	预测范围与确定的评价范围一致
预测点的确定	① 已确定的敏感点； ② 环境现状监测点； ③ 水文特征和水质突变处的上下游、水源地，重要水工建筑物及水文站； ④ 在排污口下游附近可能出现局部超标，为了预测超标范围，应自排污口起由密而疏地布设若干预测点，直到达标为止
预测时期	一、二级评价项目应预测自净能力最小和一般的两个时期的环境影响。 三级评价可只预测自净能力最小时期的环境影响
预测阶段	一般分建设过程、生产运行和服务期满后三个阶段。所有拟建项目均应预测生产运行阶段正常排污和不正常排污(包括事故)两种情况对地表水体的影响。 　对于建设过程超过一年的大型建设项目，应进行建设阶段环境影响预测。个别建设项目(如矿山开发、垃圾填埋场等)还应根据其性质、评价等级、水环境特点以及当地的环保要求预测服务期满后对水体的环境影响

(三) 预测模型

地表水环境影响评价中常用于河流的水质模型有：完全混合模型、零维模型、一维水质模型、BOD-DO 耦合模型。

1. 完全混合模型

废水排入一条河流时，如符合下述条件。

① 河流是稳态的，定常排污，指河床截面积、流速、流量及污染物的输入量不随时间变化。

② 污染物在整个河段内均匀混合，即河段内各点污染物浓度相等。

③ 废水的污染物为持久性物质，不分解也不沉淀。

④ 河流无支流和其他排污口废水进入。

此时，在排污口下游某断面的浓度可按完全混合模型计算。

$$C = \frac{c_p Q_p + c_h Q_h}{Q_p + Q_h} \tag{10-1}$$

式中，C 为废水与河水混合后的浓度，mg/L；c_p 为河流上游某污染物的浓度，mg/L；Q_p 为河流上游的流量，m^3/s；c_h 为排污口处污染物的浓度，mg/L；Q_h 为排污口处的污水量，m^3/s。

2. 零维模型

废水排入一条河流时，如符合下述条件。

① 不考虑混合距离的重金属污染物、部分有毒物质等其他持久性污染物的下游浓度预测与允许纳污量的估算。

② 有机物降解性物质的降解项可忽略时。

③ 对于有机物降解性物质，当需要考虑降解时，可采用零维模型分段模拟，但计算精度和实用性较差。

此模型适用于较浅、较窄的河流。零维模型的基本方程为：

$$v\frac{dc}{dt}=Qc_0-Qc+S+rv \tag{10-2}$$

式中，v 为河水的流速，m/s；Q 为河水的流量，m^3/s；c_0 为进入河水的污染物浓度，m^3/s；c 为流出河段的污染物浓度，m^3/s；S 为污染物的源和汇；r 为污染物的反应速度。

在稳态条件下 $\frac{dc}{dt}=0$，则方程的解为：

$$c=\frac{c_0}{1+k\left(\frac{v}{Q}\right)}=\frac{c_0}{1+kt} \tag{10-3}$$

式中，t 为两个断面之间的流动时间，d；k 为污染物的衰减速率常数，1/d。

3. 一维水质模型

在河流的流量和其他水文条件不变的稳态情况下，废水排入河流并充分混合后，非持久性污染物或可降解污染物沿河下游 x 处的污染物浓度可按下式计算：

$$c=c_0\exp\left[\frac{ux}{2E_x}\left(1-\sqrt{1+\frac{4KE_x}{u^2}}\right)\right] \tag{10-4}$$

式中，c 为计算断面污染物浓度，mg/L；c_0 为初始断面污染物浓度，可按式（10-1）计算；E_x 为废水与河流的纵向混合系数，m^2/d；K 为污染物降解系数，d^{-1}；u 为河水平均流速，m/s。

对于一般条件下的河流，推流形成的污染物迁移作用要比弥散作用大得多，弥散作用可以忽略，则有

$$c=c_0\exp\left(-\frac{Kx}{86400u}\right) \tag{10-5}$$

该式适用条件如下。

① 非持久性污染物；

② 河流为恒定流动；

③ 废水连续稳定排放；

④ 废水与河水充分混合后河段，混合段长度可按下式估算：

$$L=\frac{(0.4B-0.6a)Bu}{(0.058H+0.0065B)(gHI)^{1/2}} \tag{10-6}$$

式中，L 为混合段长度，m；B 为河流宽度，m；a 为排放口到岸边的距离，m；H 为平均水深，m；u 为河流平均流速，m/s；I 为河流底坡，m/m。

4. BOD-DO 耦合模型

S-P 模型基本假设如下。

① 河流中的 BOD 的衰减和溶解氧的复氧都是一级反应；

② 反应速度是定常的；

③ 河流中的耗氧是由 BOD 衰减引起的，而河流中的溶解氧来源则是大气复氧。

S-P 模型是关于 BOD 和 DO 的耦合模型：

$$c = c_0 \exp\left(-K\,\frac{x}{86400u}\right) \tag{10-7}$$

$$D = \frac{K_1 c_0}{K_2 - K_1}\left[\exp\left(-k_1\,\frac{x}{86400u}\right) - \exp\left(-k_2\,\frac{x}{86400u}\right)\right] + D_0 \exp\left(-k_2\,\frac{x}{86400u}\right) \tag{10-8}$$

$$c_0 = \frac{c_p Q_p + c_h Q_h}{Q_p + Q_h} \tag{10-9}$$

$$D_0 = \frac{D_p Q_p + D_h Q_h}{Q_p + Q_h} \tag{10-10}$$

式中，D 为亏氧量即（$DO_f - DO$），mg/L；D_0 为计算初始断面亏氧量，mg/L；D_p 为上游来水中溶解氧亏值，mg/L；D_h 为污水中溶解氧亏值，mg/L；u 为河流断面平均流速，m/s；x 为沿程距离，m；c 为沿程浓度，mg/L；DO 为溶解氧浓度，mg/L；DO_f 为饱和溶解氧浓度，mg/L；k_1 为耗氧系数，d^{-1}；k_2 为复氧系数，d^{-1}。

（四）预测结果与评价

1. 预测结果

列表给出水质预测结果，把预测值与评价标准直接对比，评价项目或规划实施后对水环境的影响范围和程度。

2. 评价结论

在工程分析和影响预测基础上，以法规、标准为依据，解释拟建项目引起水环境变化的重大性，同时辨识敏感对象对污染物排放的反应；对拟建项目的生产工艺、水污染防治与废水排放方案等提出意见；提出避免、消除和减少水体影响的措施和对策建议；得出拟建项目对地表水环境的影响是否能承受的结论。

三、地下水环境影响预测

（一）预测原则

地下水环境影响预测原则见表 10-5。

表 10-5　地下水环境影响预测原则

序号	预测原则内容
1	建设项目地下水环境影响预测应遵循《环境影响评价技术导则　总纲》（HJ 2.1—2011）中确定的原则。考虑到地下水环境污染的复杂性、隐蔽性和难恢复性，还应遵循保护优先、预防为主的原则，预测应为评价各方案的环境安全和环境保护措施的合理性提供依据
2	预测的范围、时段、内容和方法均应根据评价工作等级、工程特征与环境特征，结合当地环境功能和环保要求确定，应预测建设项目对地下水水质产生的直接影响，重点预测对地下水环境保护目标的影响
3	在结合地下水污染防控措施的基础上，对工程设计方案或可行性研究报告推荐的选址（选线）方案可能引起的地下水环境影响进行预测

（二）预测因子

预测因子筛选应从四个方面考虑，见表 10-6。

表 10-6 预测因子筛选

序号	考 虑 因 素
1	根据识别出的建设项目可能导致地下水污染的特征因子，按照重金属、持久性有机污染物和其他类别进行分类，并对每一类别中的各项因子采用标准指数法进行排序，分别取标准指数最大的因子作为预测因子
2	现有工程已经产生的，且改、扩建后将继续产生的特征因子，改、扩建后新增加的特征因子
3	污染场地已查明的主要污染物
4	国家或地方要求控制的污染物

（三）预测范围

① 地下水环境影响预测范围一般与调查评价范围一致。

② 预测层位应以潜水含水层或污染物直接进入的含水层为主，兼顾与其水力联系密切且具有饮用水开发利用价值的含水层。

③ 当建设项目场地天然包气带垂向渗透系数小于 1×10^{-6} cm/s 或厚度超过 100m 时，预测范围应扩展至包气带。

（四）预测时段

地下水环境影响预测时段应选取可能产生地下水污染的关键时段，至少包括污染发生后100d、1000d，服务年限或能反映特征因子迁移规律的其他重要的时间节点。

（五）预测方法

① 建设项目地下水环境影响预测方法包括数学模型法和类比分析法。其中，数学模型法包括数值法、解析法等方法。

② 预测方法的选取应根据建设项目工程特征、水文地质条件及资料掌握程度来确定，一般情况下，一级评价应采用数值法；二级评价中水文地质条件复杂且适宜采用数值法时，建议优先采用数值法；三级评价可采用解析法或类比分析法。

③ 采用数值法预测前，应先进行参数识别和模型验证。

④ 采用解析模型预测污染物在含水层中的扩散时，一般应满足以下条件：污染物的排放对地下水流场没有明显的影响；评价区内含水层的基本参数（如渗透系数、有效孔隙度等）不变或变化很小。

⑤ 采用类比分析法时，应给出类比条件。类比分析对象与拟预测对象之间应满足以下要求：二者的环境水文地质条件、水动力场条件相似；二者的工程类型、规模及特征因子对地下水环境的影响具有相似性。

⑥ 地下水环境影响预测过程中，对于采用非《环境影响评价技术导则》推荐模式进行预测评价时，须明确所采用模式适用条件，给出模型中的各参数物理意义及参数取值，并尽可能地采用导则中的相关模式进行验证。

（六）预测模型

1. 地下水溶质运移解析法

（1）应用条件 求解复杂的水动力弥散方程定解问题非常困难，实际问题中多靠数值方法求解。但可以用解析解对照数值解法进行检验和比较，并用解析解去拟合观测资料以求得水动力弥散系数。

(2) 预测模型

① 一维稳定流动—一维水动力弥散问题

a. 一维无限长多孔介质柱体，示踪剂瞬时注入

$$C(x,t)=\frac{m/W}{2n_e\sqrt{\pi D_L t}}e^{-\frac{(x-ut)^2}{4D_L t}} \tag{10-11}$$

式中，x 为距注入点的距离，m；t 为时间，d；$C(x,t)$ 为 t 时刻 x 处的示踪剂浓度，g/L；m 为注入的示踪剂质量，kg；W 为横截面积，m^2；u 为水流速度，m/d；n_e 为有效孔隙度，无量纲；D_L 为纵向弥散系数，m^2/d；π 为圆周率。

b. 一维半无限长多孔介质柱体，一端为定浓度边界

$$\frac{C}{C_0}=\frac{1}{2}erfc\left(\frac{x-ut}{2\sqrt{D_L t}}\right)+\frac{1}{2}e^{\frac{ux}{D_L}}erfc\left(\frac{x+ut}{2\sqrt{D_L t}}\right) \tag{10-12}$$

式中，x 为距注入点的距离，m；t 为时间，d；C 为 t 时刻 x 处的示踪剂浓度，g/L；C_0 为注入的示踪剂的浓度，g/L；u 为水流速度，m/d；D_L 为纵向弥散系数，m^2/d；erfc() 为余误差函数。

② 一维稳定流动二维水动力弥散问题

a. 瞬时注入示踪剂——平面瞬时点源

$$C(x,y,t)=\frac{m_M/M}{4\pi n_e t\sqrt{D_L D_T}}e^{-\left[\frac{(x-ut)^2}{4D_L t}+\frac{y^2}{4D_T t}\right]} \tag{10-13}$$

式中，x，y 为计算点处的位置坐标；t 为时间，d；$C(x,y,t)$ 为 t 时刻 x，y 处的示踪剂浓度，g/L；M 为承压含水层的厚度，m；m_M 为长度为 M 的线源瞬时注入的示踪剂质量，kg；u 为水流速度，m/d；n_e 为有效孔隙度，无量纲；D_L 为纵向弥散系数，m^2/d；D_T 为横向 y 方向的弥散系数，m^2/d；π 为圆周率。

b. 连续注入示踪剂——平面连续点源

$$C(x,y,t)=\frac{m_t}{4\pi M n_e\sqrt{D_L D_T}}e^{\frac{xu}{2D_L}}\left[2K_0(\beta)-W\left(\frac{u^2 t}{4D_L},\beta\right)\right] \tag{10-14}$$

$$\beta=\sqrt{\frac{u^2 x^2}{4D_L^2}+\frac{u^2 y^2}{4D_L D_T}} \tag{10-15}$$

式中，x，y 为计算点处的位置坐标；t 为时间，d；$C(x,y,t)$ 为 t 时刻 x，y 处的示踪剂浓度，g/L；M 为承压含水层的厚度，m；m_t 为长度为 M 的线源瞬时注入的示踪剂质量，kg；u 为水流速度，m/d；n_e 为有效孔隙度，无量纲；D_L 为纵向弥散系数，m^2/d；D_T 为横向 y 方向的弥散系数，m^2/d；π 为圆周率；$K_0(\beta)$ 为第二类零阶修正贝塞尔函数；$W\left(\frac{u^2 t}{4D_L},\beta\right)$ 为第一类越流系统井函数。

2. 地下水数值模型

(1) 应用条件　数值法可以解决许多复杂水文地质条件和地下水开发利用条件的地下水资源评价问题，并可以预测各种开采方案条件下地下水位的变化，即预报各种条件下的地下水状态。但不适用于管道流（如岩溶暗河系统等）的模拟评价。

（2）预测模型

① 地下水水流模型　用于非均质、各向异性、空间三维结构、非稳定地下水水流系统。

a. 控制方程

$$\mu_s \frac{\partial h}{\partial t} = \frac{\partial}{\partial x}\left(K_x \frac{\partial h}{\partial x}\right) + \frac{\partial}{\partial y}\left(K_y \frac{\partial h}{\partial y}\right) + \frac{\partial}{\partial z}\left(K_z \frac{\partial h}{\partial z}\right) + W \tag{10-16}$$

式中，μ_s 为贮水率，m^{-1}；h 为水位，m；K_x，K_y，K_z 分别为 x，y，z 方向上的渗透系数，m/d；t 为时间，d；W 为源汇项，m^3/d。

b. 初始条件

$$h(x,y,z,t) = h_0(x,y,z)\quad(x,y,z)\in\Omega, t=0 \tag{10-17}$$

式中，$h_0(x,y,z)$ 为已知水位分布；Ω 为模型模拟区。

c. 边界条件

Ⅰ　第一类边界

$$h(x,y,z,t)|_{\Gamma_1} = h(x,y,z,t)\quad(x,y,z)\in\Gamma_1, t\geqslant 0 \tag{10-18}$$

式中，Γ_1 为一类边界；$h(x,y,z,t)$ 为一类边界上的已知水位函数。

Ⅱ　第二类边界

$$k\frac{\partial h}{\partial \vec{n}}\Big|_{\Gamma_2} = q(x,y,z,t)\quad(x,y,z)\in\Gamma_2, t>0 \tag{10-19}$$

式中，Γ_2 为二类边界；k 为三维空间上的渗透系数张量；n 为边界 Γ_2 的外法线方向；$q(x,y,z,t)$ 为二类边界上已知流量函数。

Ⅲ　第三类边界

$$\left[k(h-z)\frac{\partial h}{\partial \vec{n}} + ah\right]\Big|_{\Gamma_3} = q(x,y,z) \tag{10-20}$$

式中，α 为已知函数；Γ_3 为三类边界；k 为三维空间上的渗透系数张量；$\vec{n}$ 为边界 Γ_3 的外法线方向；$q(x,y,z)$ 为三类边界上已知流量函数。

② 地下水水质模型　水是溶质运移的载体，地下水溶质运移数值模拟应在地下水流场模拟基础上进行。因此，地下水溶质运移数值模型包括水流模型和溶质运移数模型两部分。

a. 控制方程

$$R\theta\frac{\partial C}{\partial t} = \frac{\partial}{\partial x_i}\left(\theta D_{ij}\frac{\partial C}{\partial x_j}\right) - \frac{\partial}{\partial x_i}(\theta v_i C) - WC_s - WC - \lambda_1\theta C - \lambda_2\rho_b\overline{C} \tag{10-21}$$

式中，R 为迟滞系数，无量纲，$R=1+\dfrac{\rho_b}{\theta}\dfrac{\partial\overline{C}}{\partial C}$；$\rho_b$ 为介质密度，kg/L；θ 为介质孔隙度，无量纲；C 为组分的浓度，g/L；$\overline{C}$ 为介质骨架吸附的溶质浓度，g/kg；t 为时间，d；x，y，z 为空间位置坐标，m；D_{ij} 为水动力弥散系数张量，m^2/d；v_i 为地下水渗流速度张量，m/d；W 为水流的源和汇，1/d；C_s 为组分的浓度，g/L；λ_1 为溶解相一级反应速率，d^{-1}；λ_2 为吸附相反速率，d^{-1}。

b. 初始条件

$$C(x,y,z,t) = C_0(x,y,z)\quad(x,y,z)\in\Omega_1, t=0 \tag{10-22}$$

式中，$C_0(x,y,z)$ 为已知浓度分布；Ω 为模型模拟区域。

c. 定解条件

Ⅰ　第一类边界——给定浓度边界

$$C(x,y,z,t)|_{\Gamma_1} = c(x,y,z,t)\quad(x,y,z)\in\Gamma_1, t\geqslant 0 \tag{10-23}$$

式中，Γ_1 表示给定浓度边界；$c(x, y, z, t)$ 为定浓度边界上的浓度分布。

Ⅱ 第二边界——给定弥散通量边界

$$\theta D_{ij} \frac{\partial C}{\partial x_j}\bigg|_{\Gamma_2} = f_i(x,y,z,t) \quad (x,y,z) \in \Gamma_2, t \geqslant 0 \tag{10-24}$$

式中，Γ_2 为通量边界；$f_i(x, y, z, t)$ 为边界 Γ_2 上已知的弥散通量函数。

Ⅲ 第三类边界——给定溶质通量边界

$$\left(\theta D_{ij} \frac{\partial C}{\partial x_j} - q_i C\right)\bigg|_{\Gamma_3} = g_i(x,y,z,t) \quad (x,y,z) \in \Gamma_3, t \geqslant 0 \tag{10-25}$$

式中，Γ_3 为混合边界；$g_i(x, y, z, t)$ 为 Γ_3 上已知的对流-弥散总的通量函数。

（七）预测结果及表达

根据地下水环境影响预测结果，结合项目或规划所在地区周围水文地质条件，对正常情况和事故情况产生的结果分别作出分析，给出建设项目或规划实施后对地下水环境和保护目标的影响程度和范围。

四、声环境影响预测

（一）预测因子

等效连续 A 声级。

（二）预测范围

预测范围应与评价范围相同。

（三）预测点

建设项目厂界（或场界、边界）和评价范围内的敏感目标应作为预测点。

（四）预测步骤

① 建立坐标系，确定各声源坐标和预测点坐标，并根据声源性质以及预测点与声源之间的距离等情况，把声源简化成点声源，或线声源，或面声源。

② 根据已获得的声源声强的数据和各声源到预测点的声波传播条件资料，计算出噪声从各声源传播到预测点的声衰减量，由此计算出各声源单独作用在预测点时产生的 $A(L_{Ai})$ 声级或等效感觉噪声级（L_{EPN}）。

③ 声级的计算

a. 建设项目声源在预测点产生的等效声级贡献值（L_{eqg}）计算公式：

$$L_{eqg} = 10 \lg \left(\frac{1}{T} \sum_i t_i 10^{0.1 L_{Ai}}\right) \tag{10-26}$$

式中，L_{eqg} 为建设项目声源在预测点的等效声级贡献值，dB（A）；L_{Ai} 为 i 声源在预测点产生的 A 声级，dB（A）；T 为预测计算的时间段，s；t_i 为 i 声源在 T 时段内的运行时间，s。

b. 预测点的等效声级（L_{eq}）计算公式：

$$L_{eq} = 10 \lg (10^{0.1 L_{eqg}} + 10^{0.1 L_{eqb}}) \tag{10-27}$$

式中，L_{eqg} 为建设项目声源在预测点的等效声级贡献值，dB（A）；L_{eqb} 为预测点的背景值，dB（A）。

c. 按工作等级要求绘制等声级线图。等声级线的间隔应不大于 5dB（一般选 5 dB）。对

于 L_{eq} 等效声级线最低值应与相应功能区夜间标准值一致,最高值可为75dB。

（五）工业噪声预测

1. 预测内容

工业噪声预测内容见表10-7。

表10-7 工业噪声预测内容

序号	预测内容	预测要求
1	厂界(或场界、边界)噪声预测	预测厂界噪声,给出厂界噪声的最大值及位置
2	敏感目标噪声预测	预测敏感目标的贡献值、预测值、预测值与现状噪声值的差值,敏感目标所处声环境功能区的声环境质量变化,敏感目标所受噪声影响的程度,确定噪声影响的范围,并说明受影响人口分布情况。 当敏感目标高于(含)三层建筑时,还应预测有代表性的不同楼层所受的噪声影响
3	绘制等声级线图	绘制等声级线图,说明噪声超标的范围和程度
4	明确影响厂界(场界、边界)和周围声环境功能区声环境质量的主要声源	根据厂界(场界、边界)和敏感目标受影响的状况,明确影响厂界(场界、边界)和周围声环境功能区声环境质量的主要声源,分析厂界和敏感目标的超标原因

2. 预测模式

声环境影响预测中,一般采用声源的倍频带声功率级,A声功率级或靠近声源某一位置的倍频带声压级,A声级用来预测计算距声源不同距离的声级。

工业声源有室外和室内两种声源,应分别计算。

在环境影响评价中,可根据预测点和声源之间的距离 r,根据声源发出声波的波阵面,将声源划分为点声源、线声源、面声源后进行预测。在环境影响评价中遇到的实际声源一般可用以下方法将其划分为点声源进行预测。

（1）距离源不同距离处A声级预测模式　根据《环境影响评价技术导则 声环境》（HJ 2.4—2009），不同距离处A声级预测计算模式如下。

在已知距离声源 r_0 处的A声级,距离声源 r 处的声级可用式（10-28）式计算:

$$L_A(r)=L_A(r_0)-A \tag{10-28}$$

$$A=A_{div}+A_{atm}+A_{gr}+A_{bar}+A_{misc} \tag{10-29}$$

式中, A 为倍频带衰减,dB; A_{div} 为几何发散引起的倍频带衰减,dB; A_{atm} 为大气吸收引起的倍频带衰减,dB; A_{gr} 为地面效应引起的倍频带衰减,dB; A_{bar} 为声屏障引起的倍频带衰减,dB; A_{misc} 为其他多方面效应引起的倍频带衰减,dB。

A 可选择对A声级影响最大的倍频带计算,一般可选中心频率为500Hz倍频带作估算。

点声源的几何发散引起的衰减可用式（10-30）计算:

$$A_{div}=20\lg(r/r_0) \tag{10-30}$$

空气吸收引起的衰减按式（10-31）计算:

$$A_{atm}=\frac{a(r-r_0)}{1000} \tag{10-31}$$

式中, a 为温度、湿度和声波频率的函数,空气吸收系数见表10-8。

表 10-8 倍频带噪声的大气吸收衰减系数（α）

温度 /℃	相对湿度 /%	大气吸收衰减系数(α)/(dB/km)							
		倍频带中心频率/Hz							
		63	125	250	500	1000	2000	4000	8000
10	70	0.1	0.4	1.0	1.9	3.7	9.7	32.8	117.0
20	70	0.1	0.3	1.1	2.8	5.0	9.0	22.9	76.6
30	70	0.1	0.3	1.0	3.1	7.4	12.7	23.1	59.3
15	20	0.3	0.6	1.2	2.7	8.2	28.2	28.8	202.0
15	50	0.1	0.5	1.2	2.2	4.2	10.8	36.2	129.0
15	80	0.1	0.3	1.1	2.4	4.1	8.3	23.7	82.8

声波越过疏松地面传播时，或大部分为疏松地面的混合地面，在预测点仅计算 A 声级前提下，地面效应引起的倍频带衰减可用式（10-32）计算。

$$A_{gr} = 4.8 - \left(\frac{2h_m}{r}\right)\left[17 + \left(\frac{300}{r}\right)\right] \tag{10-32}$$

式中，r 为声源到预测点的距离，m；h_m 为传播路径的平均离地高度，m（可按图 10-2 进行计算，$h_m = F/r$；F 为面积，m^2；r 为声源到接收点距离，m）。

若 A_{gr} 计算出负值，则 A_{gr} 可用"0"代替。

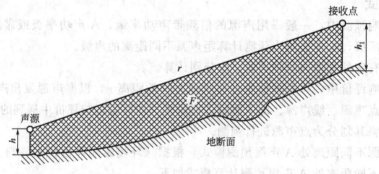

图 10-2 估计平均高度 h_m 的方法

（2）i 声源不同距离处的等效声级 L_{eqi} 计算模式 不同距离处的等效声级 L_{eqi} 按如下模式计算：

$$L_{eqi} = 10\lg\sum t_{mi} \times 10^{0.1L_{Arni}} - 10\lg\sum t_{mi} \tag{10-33}$$

式中，L_{Arni} 为 i 声源第 m 阶段距离 r 处的 A 声级；t_{mi} 为 i 声源不同阶段的运行时间，min。

（3）小时等效声级贡献值计算模式 小时贡献值 $L_{eq贡1}$ 的计算模式如下：

$$L_{eq贡1} = 10\lg\left(\sum_{i}^{n}(10^{0.1 \times L_{eqi}} \times t_i)/60\right) \tag{10-34}$$

式中，$t_i = \sum t_{mi}$ 为 i 声源总运行时间，min。

（4）昼间、夜间等效声级贡献值计算模式 贡献值 $L_{eq贡2}$ 的计算模式如下：

$$L_{eq贡2} = 10\lg\left\{\sum_{i}^{n}(10^{0.1 \times L_{eqi}} \times t_i)/[60 \times 8(16)]\right\} \tag{10-35}$$

式中，$t_i = \sum t_{mi}$ 为 i 声源总运行时间，min；8（16）为昼间等效声级取 16h，夜间等效声级取 8h。

（5）敏感点的声级计算模式　敏感点的声级计算模式如下：

$$L_{eq} = 10\lg(10^{0.1 \times L_{eq\text{页}}} + 10^{0.1 \times L_{eq\text{背}}}) \tag{10-36}$$

式中，$L_{eq\text{背}}$ 为背景声级。

（六）公路交通运输噪声预测

1. 预测内容

依据评价工作等级要求，给出相应的预测结果，见表 10-9。

表 10-9　预测内容

评价工作等级	预 测 评 价
一级	覆盖全部敏感目标，绘制等声级线图（铁路、公路经过城镇建成区和规划区路段）声环境功能区受影响的人口分布、噪声超标的范围和程度
二级	覆盖全部敏感目标，根据评价需要绘制等声级线图，受影响的人口分布、噪声超标的范围和程度
三级	敏感目标，敏感目标受影响的范围和程度

2. 预测模式

i 型车辆行驶于昼间或夜间，预测点接收到小时交通噪声值按式（10-37）计算：

$$(L_{Arq})_i = L_{w_{0i}} + 10\lg\left(\frac{N_i}{uT}\right) - \Delta L_{\text{距离}} + \Delta L_{\text{纵坡}} + \Delta L_{\text{路面}} - 13 \tag{10-37}$$

式中，$(L_{Arq})_i$ 为 i 型车辆行驶于昼间或夜间，预测点接收到小时交通噪声值，dB；$L_{w_{0i}}$ 为第 i 型车辆的平均辐射声级，dB；N_i 为第 i 型车辆的昼间或夜间的平均小时交通量，辆/h；u 为 i 型车辆的平均辐射声级，dB；T 为 L_{Arq} 的预测时间，在此取 1h；$\Delta L_{\text{距离}}$ 为第 i 型车辆行驶噪声，昼间或夜间在距噪声等效行车线距离为 r 的预测点处的距离衰减量，dB；$\Delta L_{\text{纵坡}}$ 为公路纵坡引起的交通噪声修正量，dB；$\Delta L_{\text{路面}}$ 为公路路面引起的交通噪声修正量，dB。

各型车辆昼间或夜间使预测点接收到的交通噪声值应按下式计算：

$$(L_{Arq})_{\text{交}} = 10\lg[10^{0.1(L_{Arq})_L} + 10^{0.1(L_{Arq})_M} + 10^{0.1(L_{Arq})_S}] - \Delta L_1 - \Delta L_2 \tag{10-38}$$

式中，$(L_{Arq})_L$、$(L_{Arq})_M$、$(L_{Arq})_S$ 分别为大、中、小型车辆昼间或夜间，预测点接受到的交通噪声值，dB；$(L_{Arq})_{\text{交}}$ 为预测点接收到的昼间或夜间的交通噪声值，dB；ΔL_1 为公路曲线或有限长路段引起的交通噪声修正量，dB；ΔL_2 为公路与预测点之间的障碍物引起的交通噪声修正量，dB。

公路互通立交及公路铁路立交周围接受的交通噪声预测值应按下式计算：

$$(L_{Arq})_{\text{交、立}} = 10\lg[10^{0.1(L_{Arq})_{\text{交、公1}}} + 10^{0.1(L_{Arq})_{\text{交、公2}}} + \cdots + 10^{0.1(L_{Arq})_{\text{交、公}i}} + 10^{0.1(L_{Arq})_{\text{交、铁}}}]$$

$$\tag{10-39}$$

式中，$(L_{Arq})_{\text{交、立}}$ 为立交周围接收到的交通噪声预测值，dB；$(L_{Arq})_{\text{交、公1}}$ 为预测点接收到的第 1 条公路交通噪声值，dB；$(L_{Arq})_{\text{交、公2}}$ 为预测点接收到的第 2 条公路交通噪声值，dB；$(L_{Arq})_{\text{交、公}i}$ 为预测点接收到的第 i 条公路交通噪声值，dB；$(L_{Arq})_{\text{交、铁}}$ 为预测点接收到的铁路交通噪声值，dB。

预测点昼间或夜间的环境噪声预测值应按下式计算：

$$(L_{Arq})_{\text{预}} = 10\lg[10^{0.1(L_{Arq})_{\text{交}}} + 10^{0.1(L_{Arq})_{\text{背}}}] \tag{10-40}$$

式中，$(L_{Arq})_{预}$为预测点昼间或夜间的环境噪声预测值，dB；$(L_{Arq})_{背}$为预测点预测时的环境噪声背景值，dB。

3. 预测评价

根据评价结果，采用噪声控制标准评述下列问题：针对项目建设期和不同运行阶段，按标准要求评价沿线评价范围内各敏感目标（包括城镇、学校、医院、生活集中区等）达标及超标状况，并分析受影响人口的分布情况。

对工程沿线两侧的城镇规划受到噪声影响的范围绘制等声级曲线，明确合理的噪声控制距离和规划建设控制要求。

结合工程选线和建设方案布局，评述其合理性和可行性，必要时提出环境替代方案。

对提出的各种噪声防治措施进行经济、技术可行性论证，在多方案比选后确定应采取的措施，并说明其降噪结果。

（七）铁路、城市轨道交通噪声预测

1. 预测内容

预测内容与公路交通噪声预测内容相同。

2. 预测模式

预测点列车运行噪声等效声级预测模式：

$$L_{eq,l} = 10\lg\left[\frac{1}{T}\sum_i n_i t_i 10^{0.1(L_{PO,j}+C_i)}\right] \tag{10-41}$$

式中，T为规定的评价时间，s；n_i为T时间内通过的第i类列车列数，列；t_i为第i类列车通过的等效时间，s；$L_{PO,j}$为第i类列车最大垂向指向性方向上的噪声辐射源强，为A声级或倍频带声压级，dB(A) 或 dB；C_i为第i类列车的噪声修正项，可为A声级或倍频带声压级修正项，dB(A) 或 dB。

第i类列车噪声修正量C_i按下式计算：

$$C_i = C_{li} - A \tag{10-42}$$
$$C_{li} = C_{vi} + C_\theta + C_1 + C_w \tag{10-43}$$
$$A = A_{div} + A_{atm} + A_{bar} + A_{gr} + A_{misc} \tag{10-44}$$

式中，C_{li}为i种车辆、线路条件及轨道结构等修正量，dB(A) 或 dB；C_{vi}为列车运行速度修正量，可按类比试验数据、相关资料或标准方法计算；C_θ为列车运行噪声垂向指向性修正量，dB(A) 或 dB；C_1为线路和轨道结构对噪声影响的修正量，可按类比试验数据、相关资料或标准方法计算，dB；C_w为频率计权修正量，dB；A为声波传播途径引起的衰减，dB；A_{div}为列车运行噪声几何发散衰减，dB。

（八）预测结果及表达

预测点的贡献值和背景值按能量叠加方法计算得到的声级为预测值。

项目边界噪声预测值是否满足《工业企业厂界环境噪声排放标准》昼夜限值要求。各敏感点昼夜等效声级是否满足《声环境质量标准》要求。

五、环境风险预测

环境风险预测在环境风险评价中占有重要的位置，预测分析是在对现有的环境风险资料统计、分析和处理的基础上，以环境风险发生的原因和发展变化规律为依据，对目前尚未发生或不明确的环境风险作出合乎逻辑的推测判断。这种推测和判断不是来自主观臆断，而是来自于科学的逻辑推断。因此，可以运用系统的观点、联系的观点、变化的观点正确地进行环境风险评价中的预测。

（一）预测内容

预测建设项目存在的潜在危险、有害因素，建设和运行期间可能发生的突发性事件或事故，引起有毒有害和易燃易爆等物质泄漏，所造成的人身安全与环境影响和损害程度。

（二）预测因子

对项目所涉及主要物料及生产过程潜在危险性进行识别，对于易燃易爆、有毒有害化学品以及易发生火灾、爆炸、泄漏的生产环节均应筛选环境风险评价因子。

（三）预测方法

环境污染事故风险预测模式包括两部分：一是发生概率，主要取决于初级与次级控制机制失效概率；二是发生强度，主要取决于事故源强与风险受体所处位置。在环境污染事故风险预测过程中，3S（RS、GIS、GPS）技术的应用将有利于提高预测的精度与效率。

（四）预测软件

《环境风险评价系统（Risk System）》1.2版是在《建设项目环境风险评价技术导则》（HJ/T 169—2004）的基础上，结合安全评价中与环境风险评价关系密切的部分内容编制而成。软件将科学计算、绘图与数据库支持相结合，可用于环境风险评价与相应安全评价中，也可用于环境及安全管理部门日常管理。

（五）预测结果及表达

环境风险事故为火灾的情况下，预测最不利气象条件下最大地面浓度及距事故源中心点的距离，估算环境风险评价范围内受影响的人口数。

环境风险事故为泄漏的情况下，如果泄漏物为液体，则需预测泄漏时间段内的地面浓度，如果泄漏物为气体，则需预测下风向泄漏物最大落地浓度范围及出现距离。

六、生态环境影响预测

（一）预测因子

依据区域生态保护的需要和受影响生态系统的主导生态功能选择预测因子。

（二）预测内容

生态影响预测内容应与现状评价内容相对应。

① 在阐明生态系统现状的基础上，分析影响区域内生态系统状况的主要原因。预测生态系统的结构与功能状况（如水源涵养、防风固沙、生物多样性保护等主导生态功能）、生态系统面临的压力和存在的问题、生态系统的总体变化趋势等。

② 分析和预测受影响区域内动、植物等生态因子的现状组成、分布；当预测区域涉及受保护的敏感物种时，应重点分析该敏感物种的生态学特征；当预测区域涉及特殊生态敏感区或重要生态敏感区时，应分析其生态现状、保护现状和存在的问题等。

（三）预测方法

生态影响预测方法应根据评价对象的生态学特性，在调查、判定该区域主要的、辅助的生态功能以及完成功能必需的生态过程的基础上，分别采用定量分析与定性分析相结合的方法进行预测。常用的方法包括列表清单法、图形叠置法、生态机理分析法、景观生态学法、指数法与综合指数法、类比分析法、系统分析方法和生物多样性评价等。

（四）预测结果及表达

通过已取得的资料和监测统计数据，对未来或未知的环境进行分析，从事实角度反映出被预测地区的环境状况。

思考题

1. 简述大气环境影响预测的步骤。

2. 大气环境影响评价预测内容是什么？

3. 大气环境影响预测模式有哪些？适用条件是什么？

4. 请简要说明地表水环境影响预测的水质模型的适用情况。

5. 某河段的上断面处有一岸边排放口稳定地向河流排放污水，其污水排放特征为：$Q_E = 43200 \text{m}^3/\text{d}$，$BOD_5(E) = 60\text{mg/L}$；河流水的特征参数为 $Q_P = 25.0 \text{m}^3/\text{s}$，$BOD_5(P) = 2.6\text{mg/L}$，$u = 0.3\text{m/s}$。假设污水一进入河流就与河水混合均匀，试计算在排污口断面 BOD_5 的浓度？

6. 地下水环境影响预测的原则有哪些？

7. 简述地下水环境影响预测的范围及预测方法。

8. 地下水水质预测的模型有哪些？并进行简要说明。

9. 简述声环境影响预测的步骤。

10. 简述声环境影响预测的预测范围和预测点的布置原则？

11. 环境风险环境影响预测的内容与方法有哪些？

12. 生态环境影响预测方法有哪些？

参考文献

[1] 李晓东，黄雪杰. 常用环境噪声预测软件的介绍及选用 [A]. 中国声学学会环境声学分会、中国环境科学学会环境物理分会、全国声学标准化技术委员会、中国环境保护产业协会噪声与振动控制委员会、中国职业安全健康协会噪声与振动控制专业委员会. 2012 全国环境声学学术会议论文集 [C]. 中国声学学会环境声学分会、中国环境科学学会环境物理分会、全国声学标准化技术委员会、中国环境保护产业协会噪声与振动控制委员会、中国职业安全健康协会噪声与振动控制专业委员会，2012：4.

[2] 陈文图. 浅谈生态环境影响的预测及评价 [J]. 赤峰学院学报：自然科学版，2012，17：146-148.

[3] 马卫军，王海荣. 关于生态环境影响的预测与评价 [J]. 北方环境，2011，11：229-237.

[4] HJ/T 2.4—1995. 环境影响评价技术导则　声环境 [S].

[5] HJ 2.1—2011. 环境影响评价技术导则　总纲 [S].

[6] HJ 2.2—2008. 环境影响评价技术导则　大气环境 [S].

[7]　HJ/T 2.3—1993. 环境影响评价技术导则　地面水环境 [S].

[8]　HJ 610—2016. 环境影响评价技术导则　地下水环境 [S].

[9]　HJ 19—2011. 环境影响评价技术导则　生态影响 [S].

[10]　HJ/T 169—2004. 建设项目环境风险评价技术导则 [S].

[11]　陈文图. 浅谈生态环境影响的预测及评价 [J]. 赤峰学院学报：自然科学版，2012，17：146-148.

[12]　朱世云，林春绵等. 环境影响评价 [M]. 北京：化学工业出版社，2013.

[13]　王宁，孙世军等. 环境影响评价 [M]. 北京：北京大学出版社，2013.

[14]　张玉青. 环境风险预测数学模型 [J]. 中国环境管理干部学院学报，2002，01：26-29.

[15]　曾维华. 环境污染事故风险预测评估模式研究 [J]. 防灾减灾工程学报，2004，03：329-334.

第十一章 环境保护措施

第一节 大气污染防治措施

一、锅炉脱硫、除尘、脱硝措施

（一）锅炉脱硫措施

1. 炉内脱硫

炉内脱硫工艺原理是燃料和作为吸收剂的电石粉同时送入燃烧室，气流使燃料颗粒、电石粉和灰一起在循环流化床强烈扰动并充满燃烧室，电石粉在燃烧室内裂解成氧化钙，氧化钙和二氧化硫结合成硫酸钙，锅炉燃烧室温度应控制在 850～900℃，以实现反应最佳。

钙硫比在 2.0～2.5 时，脱硫效率达到 60%～80%，钙硫比在 2.5～4.5 时，脱硫效率稍微上升，当钙硫比大于 4.5 时，脱硫效率变化不明显。

根据燃煤锅炉产排污系数手册，层燃炉、抛煤机炉、煤粉炉的炉内脱硫效率为 20%～40%。对于大型循环流化床锅炉，采用炉内掺烧石灰石脱硫的话，脱硫效率可以达到 90%。采用炉内喷钙脱硫，脱硫效率为 80%。

2. 烟气脱硫

从烟气中去除 SO_2 的技术简称烟气脱硫。烟气中二氧化硫被回收，净化成可出售的副产品，如硫黄、硫酸或浓二氧化硫气体。石灰粉吸入法广泛应用于大型火电厂；钙法（石灰）广泛应用于电力、石油、化工、建材、冶金、玻璃等企业。烟气脱硫技术分类见表 11-1。

表 11-1 烟气脱硫技术分类

分类	处理方法	优点	缺点	处理效果
干法烟气脱硫	石灰粉吸入法	来源广泛、价格低廉，易于获取，副产品石膏具有综合利用的商业价值，应用最广泛、技术最成熟	脱硫效率较低，需设置备用脱硫塔	石灰粉用量较大,脱硫效率为 40%～60%;硫的吸附会增加脱硫剂床层的阻力,需要考虑石灰粉的粒径;脱硫效率随着脱硫剂应用时间增加而不断降低,不利于控制最终产品质量
	活性炭法	脱硫剂消耗少,能重复利用,有利于节约原料,降低运行成本;脱硫产物能回收;工艺比较简单,易于操作;不存在二次污染问题	活性炭的吸附容量有限,因而吸附剂使用量较多;占地面积较大	催化剂在一定的条件下与空气中的硫化氢气体及部分有机硫发生化学反应而生成固定的化合物,减轻空气中的硫化氢气体及部分有机硫的浓度,净化后的混合气体中硫化氢及部分有机硫的含量降低 98% 以上,不会对人员产生危害
	催化氧化法	脱硫效率高,对于烟气温度、SO_2 浓度和烟气量无特殊要求	催化剂投资大,制备条件苛刻,催化活性组分易流失	采用有机催化剂,被强氧化剂氧化后的 SO_2 混合含尘锅炉烟气进入吸收塔,在含有硫氧官能团的有机催化剂存在的条件下,与碱液发生中和反应,脱硫效率大于 80%

续表

分类	处理方法	优点	缺点	处理效果
湿法烟气脱硫	氨法	化学吸收反应速度快，脱硫效率高；原料来源丰富，可以采用液氨、氨水、废氨水，还可以采用化肥级碳酸氢铵；占地面积小，布置具有较大灵活性；脱硫的同时可以脱硝；原料供应可靠、方便、价格便宜；运行成本低，副产物有出路	氨的易挥发性；亚硫酸铵氧化的困难；硫铵在水溶液中的饱和溶解度随温度变化不大易结晶；需控制亚硫酸铵气溶胶	氨法脱硫不但脱除烟气中 95% 以上的 SO_2，而且生产出高附加值的硫酸铵化肥产品，减少污染，变废为宝。能适用于任何含硫量煤种的烟气脱硫
	钙法(石灰)	工艺成熟，脱硫效率高；具有较低的吸收剂化学剂量比；石灰成分价廉易得；建设期间无需停机。副产品石膏具有综合利用的商业价值	占地面积大；造价较高，一次性投资较大；副产品石膏数量大，不容易处理，同时会产生温室气体 CO_2 的排放，还有废水排放，容易产生二次污染	采用空塔形式，使得烟气流速有较大幅度的提高，吸收塔内径有大幅度的减小；系统具有较高的可靠性，系统可用率可达 98% 以上；对锅炉燃煤煤质变化适应性好；对锅炉负荷变化有良好的适应性，在不同的烟气负荷及 SO_2 浓度下，脱硫系统仍可保持较高的脱硫效率及系统稳定性
	钠法	脱硫效率高，可吸收其他酸性气体，设备造价低，占地小	脱硫剂的成本远远高于排放收费，脱硫越多，经济性越差	脱硫剂系统、吸收反应系统和副产品系统都在水溶液状态下运行，脱硫效率高、有吸收其他酸性气体(如 HCl、HF、HBr)等的良好性能。由于其系统简单，液/气小，设备造价最低，占地最小
	镁法	脱硫效率高；设备不易堵塞，腐蚀问题有所改善，运行较可靠；投资少，运行费用低	副产品回收困难；前提是副产品有市场，能回收再利用；脱硫剂氧化镁成本较高；可能存在副反应	镁法脱硫技术是一种成熟度仅次于钙法的脱硫工艺，它的脱硫设备不易堵塞，腐蚀问题有所改善，运行较可靠。在化学反应活性方面氧化镁要大于钙基脱硫剂，并且由于氧化镁的分子量较碳酸钙和氧化钙都比较小。因此其他条件相同的情况下镁法的脱硫效率要高于钙法的脱硫效率，可脱除烟气中 95% 以上的 SO_2，而且可生产出高附加值的硫酸铵化肥产品

（二）锅炉除尘措施

1. 袋式除尘

袋式除尘是一种干式除尘装置，适用于捕集细小、干燥、非纤维性粉尘。滤袋采用纺织的滤布或非纺织的毡制成，利用纤维织物的过滤作用对含尘气体进行过滤，当含尘气体进入布袋除尘器，颗粒大、相对密度大的粉尘，由于重力的作用沉降下来，落入灰斗，含有较细小粉尘的气体在通过滤料时，粉尘被阻留，使气体得到净化。

布袋除尘器结构主要由上部箱体、中部箱体、下部箱体（灰斗）、清灰系统和排灰机构等部分组成。简单的袋式除尘器如图 11-1 所示。

滤料有棉纤维、毛纤维、合成纤维以及玻璃纤维等，不同纤维织成的滤料具有不同性能。常用的滤料有 208 或 901 涤纶绒布，使用温度一般不超过 120℃，经过硅酮树脂处理的玻璃纤维滤袋，使用温度一般不超过 250℃，棉毛织物一般适用于没有腐蚀性；温度在 80～90℃以下含尘气体。

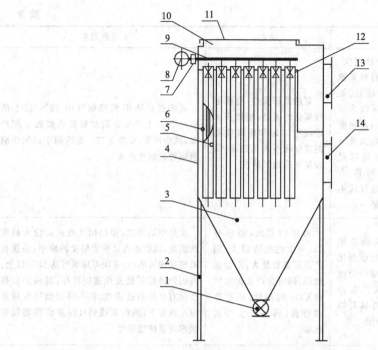

图 11-1　机械清灰袋式除尘器

1—卸灰阀；2—支架；3—灰斗；4—箱体；5—滤袋；6—袋笼；7—电磁脉冲阀；8—储气罐；9—喷管；
10—清洁室；11—顶盖；12—环隙引射器；13—净化气体出口；14—含尘气体入口

布袋除尘器性能的好坏，除了正确选择滤袋材料外，清灰系统对布袋除尘器起着决定性的作用。为此，清灰方法可区分布袋除尘器的特性，也是布袋除尘器运行中重要的一环。目前常用的清灰方法有以下几种。

① 气体清灰：气体清灰是借助于高压气体或外部大气反吹滤袋，以清除滤袋上的积灰。气体清灰包括脉冲喷吹清灰、反吹风清灰和反吸风清灰。

② 机械振打清灰：分顶部振打清灰和中部振打清灰（均对滤袋而言），是借助于机械振打装置周期性的轮流振打各排滤袋，以清除滤袋上的积灰。

③ 人工敲打：是用人工拍打每个滤袋，以清除滤袋上的积灰。

2. 湿式除尘

(1) 除尘过程　湿式除尘器的除尘方式主要有四种：①液体介质与尘粒之间的惯性碰撞和截留；②微细尘粒与液滴之间的扩散接触；③加湿的尘粒相互凝并；④饱和态高温烟气降温时，以尘粒为凝结核凝结。

湿式除尘器的除尘过程是惯性碰撞、截留、扩散、凝并等多种效应的共同结果。

(2) 特点　湿式除尘器与其他除尘器相比具有的特点见表 11-2。

表 11-2　湿式除尘器的特点

特点	内　　容
优点	① 由于气体和液体接触过程中同时发生传质和传热的过程，因此这类除尘器既具有除尘作用，又具有烟气降温和吸收有害气体的作用,适用于处理高温、高湿、易燃和有害气体及黏性大的粉尘； ② 除尘效率高； ③ 结构简单,造价低、占地面积小

特点	内　容
缺点	①从洗涤式除尘器中排出的污泥要进行处理,否则会造成二次污染; ②净化有腐蚀性气体时,易造成设备和管道的腐蚀及堵塞问题; ③不适用于憎水性粉尘的除尘; ④排气温度低,不利于烟气的抬升和扩散; ⑤在寒冷地区要注意设备的防冻问题

（3）湿式除尘器的分类　根据净化机理,可将湿式除尘器分为七类：①重力喷雾洗涤器;②旋风式洗涤器;③自激喷雾洗涤器;④泡沫洗涤器;⑤填料床洗涤器;⑥文丘里洗涤器;⑦机械诱导喷雾洗涤器。其各自的洗涤器的结构形式、性能及操作范围见表 11-3。

表 11-3　湿式气体洗涤器的结构形式、性能及操作范围

洗涤器	对 $5\mu m$ 尘粒的近似分级效率/%	压力损失/Pa	液气比/(L/m³)
重力喷雾	80①	125～500	0.67～268
离心或旋风	87	250～4000	0.27～2.0
自激喷雾	93	500～4000	0.067～0.134
泡沫板式	97	250～2000②	0.4～0.67
填料床	99	50～250	1.07～2.67
文丘里	>99	1250～9000③	0.27～1.34④
机械诱导喷雾	>99	400～1000	0.53～0.67

① 跟近似文献中供出的数值差别大;

② 文丘里孔板使压力损失提高很多;

③ 压力损失为 17.5 kPa 的已采用;

④ 对文丘里喷射式洗涤器,液气比增大到 6.7L/m³。

3. 静电除尘

（1）除尘原理　静电除尘是在高压电场的作用下,通过电晕放电使含尘气流中的尘粒带电,利用电场力使粉尘从气流中分离出来并沉积在电极上的过程。利用静电除尘的设备称为静电除尘器,简称电除尘器。以往常用于以煤为燃料的工厂、电站,收集烟气中的煤灰和粉尘。冶金中用于收集锡、锌、铅、铝等的氧化物,现在也可以用于家居的除尘灭菌产品。

（2）除尘过程　电除尘器的除尘过程分为四步,如图 11-2 所示。

① 气体电离　在放电电极与集尘电极之间加上直流的高电压,在电晕极附近形成强电场,并发生电晕放电,电晕区内空气电离,产生大量的负离子和正离子。

② 粉尘荷电　在放电电极附近的电晕区内,正离子立即被电晕极表面吸引而失去电荷;自由电子和负离子则因受电场力的驱使和扩散作用,向集尘电极移动,于是在两极之间的绝大部分空间内部都存在着自由电子和负离子,含尘气流通过这部分空间时,粉尘与自由电子、负离子碰撞而结合在一起,发现了粉尘荷电。

③ 粉尘沉积　在电场库仑力的作用下,荷电粉尘被驱往集尘电极,经过一定时间后,到达集尘电极表面,放出所带电荷而沉积在表面上,逐渐形成一粉尘薄层。

④ 清灰　当集尘电极表面上粉尘集到一定厚度时,要用机械振打等方法将沉积的粉尘清除,隔一定的时间也需要进行清灰。

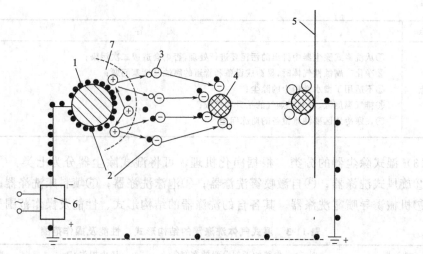

图 11-2　除尘过程示意图

1—电晕极；2—电子；3—离子；4—粒子；5—集尘器；6—供电装置；7—电晕区

为了保证电除尘器在高效率下运行，必须是上述四个过程进行得十分有效。

（3）特点　静电除尘的特点见表 11-4。

表 11-4　静电除尘的特点

特点	内　　容
优点	① 除尘性能好(可捕集微细粉尘及雾状液滴)； ② 除尘效率高(微尘粒径大于 $1\mu m$ 时，除尘效率可达 99%)； ③ 阻力损失小(一般在 20 毫米水柱以下，和旋风除尘器比较，即使考虑供电机组和振打机构耗电，其总耗电量仍比较小)； ④ 允许操作温度高(如 SHWB 型电路除尘器最高允许操作温度 250℃，其他类型还有达到 350～400℃ 或者更高的)； ⑤ 处理气体范围量大； ⑥ 可以完全实现操作自动控制
缺点	① 设备比较复杂，要求设备调运和安装以及维护管理水平高； ② 对粉尘的电阻有一定要求，所以对粉尘有一定的选择性，不能使所有粉尘都获得很高的净化效率； ③ 受气体温、湿度等的操作条件影响较大，同是一种粉尘如在不同温度、湿度下操作，所得的效果不同，有的粉尘在某一个温度、湿度下使用效果很好，而在另一个温度、湿度下由于粉尘电阻的变化几乎不能使用电除尘器了； ④ 一次投资较大，卧式的电除尘器占地面积较大； ⑤ 目前在某些企业实用效果达不到设计要求

（三）锅炉脱硝措施

电站锅炉、工业锅炉、焚烧炉、燃气轮机等的烟气会向环境排放 NO 和 NO_2 等氮氧化物（通称为"NO_x"），氮氧化物（NO_x）是造成大气污染的主要污染物，目前国内有 65% 的 NO_x 是燃煤产生的，而我国又是最大的煤炭生产国和消费国，因为 NO_x 对人体有害、引发酸雨，并且是光化学烟雾的重要产生原因，NO_x 的排放受到越来越严格的限制。

1. 炉内脱硝

炉内抑制氮氧化物的生成，主要有两个途径：一是低温燃烧，可以有效地抑制热力型和快速型氮氧化物的生成。实施方式是低 NO_x 燃烧器（LNB），LNB 一般只有 30%～50% 的效率，单采用低 NO_x 燃烧难以达到 NO_x 的排放控制标准。二是分段燃烧，原因在于挥发分中包含了大量的元素 N，在燃烧室内很快析出，此时由于缺氧会大大降低氮氧化物的生成量，并使部分 NO_x 在富氧区析出与 CO、C 反应被还原成 N。但分段燃烧对 NO_x 的生成和排放控制有一定限度，单采用分段燃烧难以达到 NO_x 的排放控制标准。

2. 烟气脱硝

目前烟气脱硝技术有催化分解法、选择性非催化还原法（SNCR）、选择性催化还原法（SCR）、固体吸附法、电子束法、湿法脱硝等几类，见表 11-5。

表 11-5　烟气脱硝技术

方法	原理	技术特点
催化分解法	在催化剂作用下，使 NO 直接分解为 N_2 和 O_2。主要的催化剂有过渡金属氧化物、贵金属催化剂和离子交换分子筛等	不需耗费氨，无二次污染。催化活性易被抑制，SO_2 存在时催化剂中毒问题严重，还未工业化
选择性非催化还原法（SNCR）	用氨或尿素类物质使 NO_x 还原为 N_2 和 H_2O	效率较高，操作费用较低，技术已工业化。温度控制较难，氨气泄漏可能造成二次污染
选择性催化还原法（SCR）	在特定催化剂作用下，用氨或其他还原剂选择性地将 NO_x 还原为 N_2 和 H_2O	脱除率高，投资和操作费用大，也存在 NH_3 的泄漏
固体吸附法	吸附	对于小规模排放源可行，具有耗资少，设备简单，易于再生。但受到吸附容量的限制，不能用于大排放源
电子束法	用电子束照射烟气，生成强氧化性 OH 基、O 原子和 NO_2，这些强氧化基团氧化烟气中的二氧化硫和氮氧化物，生成硫酸和硝酸，加入氨气，则生成硫硝铵复合盐	技术能耗高，并且有待实际工程应用检验
湿法脱硝	先用氧化剂将难溶的 NO 氧化为易于被吸收的 NO_2，再用液体吸收剂吸收	脱除率较高，但要消耗大量的氧化剂和吸收剂，吸收产物造成二次污染

在众多的脱硝技术中，成熟的脱硝技术有选择性催化还原（SCR）和选择性非催化还原法（SNCR）。

选择性催化还原（SCR），即在催化剂表面通过氨或尿素等含氮还原剂（N-agent）来还原 NO_x。一般 SCR 系统安装在 420℃ 左右的烟气温度范围。虽然 SCR 系统能相对容易地实现 80%～90% 的 NO_x 降低率，但此方法存在的缺点是：需要设置催化剂反应塔，催化剂费用高，烟气中导致催化剂失效的因素较多，燃煤时催化剂的使用寿命仅约为四年，而且失效的催化剂是危险固废。

选择性非催化还原法（SNCR），在高温段将还原剂喷入从而将 NO_x 还原为分子态的氮，现有技术中常用的还原剂是氨和尿素，此时 SNCR 只在一个很狭窄的温度范围内（氨：900～1100℃；尿素：900～1500℃）有效。温度更高的条件下，还原剂本身被氧化成 NO；而低于最佳反应温度时，选择性还原反应速度很慢从而造成未反应的还原剂泄漏（如氨泄漏）。而且在现有的燃烧系统中，最佳温度范围（即通常被称为"温度窗口"）可能随燃烧工况的变化（如锅炉负荷的变动）和烟道内较大的温度梯度的变化而发生改变，这给还原剂的喷射位置的确定带来了很大的困难。除温度窗口外，影响 SNCR 的效果的因素还有烟气中的氧量等。

选择性非催化还原法（SNCR）相对 SCR 而言，脱硝效率偏低。但是，由于它的低投资和低运行成本，特别适合小容量锅炉的使用。在欧洲已有 120 多台装置的成功应用经验，其 NO_x 的脱除率可达到 60%～80%。日本大约有 170 套装置安装了这种设备。美国政府也将 SNCR 技术作为主要的电厂控制 NO_x 的技术。SNCR 方法已成为目前国内外电站脱硝比较成熟的主流技术。经调查，山东黄山电厂 350MW 机组项目采用 SNCR 对锅炉烟气进行脱硝，验收监测显示脱硝效率在 70%以上。

二、工艺废气治理措施

工业废气常含有二氧化碳、二硫化碳、硫化氢、氟化物、氮氧化物、氯、氯化氢、一氧化碳、酸雾、铅、汞、铍化物、烟尘及生产性粉尘等大气污染物，上述大气污染物通过不同的途径进入人体内，有的直接产生危害，有的有蓄积作用，会严重危害人的健康，排入大气会污染空气。工艺废气产生来源主要是化工厂、电子厂、印刷厂、喷漆车间、涂装厂、食品厂、橡胶厂、涂料厂、石化行业等。常见的工艺废气主要有酸雾、含有机物的废气，下面以上述典型大气污染物为例，介绍其治理措施。

（一）酸雾去除措施

通常所说的酸雾是指雾状的酸类物质。酸雾主要产生于化工、电子、冶金、电镀、纺织（化纤）、机械制造等行业的用酸过程中，如制酸、酸洗、电镀、电解、酸蓄电池充电等。在空气中酸雾的颗粒很小，比水雾的颗粒要小，比烟的湿度要高，粒径为 $0.1～10\mu m$，是介于烟气与水雾之间的物质，具有较强的腐蚀性。

酸雾的处理方法主要有液体吸收法、固体吸附法、过滤法、静电除雾法、机械式除雾法及覆盖法等。下面对这几类方法进行简要介绍。

1. 液体吸收法

液体吸收一般包括水洗法和碱液中和法。碱液吸收常用的吸收剂有 10%的 Na_2CO_3、4%～6%的 NaOH 和 NH_3 等的水溶液。所采用净化处理设备主要有洗涤塔、泡沫塔、填料塔、斜孔板塔、湍球塔等。其主要净化机理是使气、液充分接触，酸、碱中和，从而提高净化效率。液体吸收法的优点是设备投资较低，工艺较简单。缺点是：①耗能耗水量大、运行费用高；②容易带来二次污染；③在北方的冬天还容易因结冰而导致设备无法正常运行；④由于硝酸雾中含有不易溶于水的 NO，因此液体吸收法对硝酸雾的净化效率比较低。

2. 固体吸附法

常用的吸附剂有活性炭、分子筛、硅胶、含氨煤泥等。北京工业大学研制成功一种可以治理多种酸雾的吸附剂——SDG 吸附剂，曾被原国家环保总局列为 1992 年最佳实用技术和 1995 年可行实用技术。该吸附剂已在多个行业中得到成功的应用。它可以净化硫酸、硝酸、盐酸、氢氟酸、醋酸、磷酸等各种酸雾。尤其适用于浓度小于 $1000\ mg/m^3$ 的间歇排放的酸洗操作场所。

吸附法净化酸雾的优点是：①能比较好地去除伴随硝酸雾产生的氮氧化物的污染；②设备简单，操作方便；③干式工艺，不产生二次污染。

吸附法净化酸雾的缺点是：由于吸附剂的吸附容量有限，造成设备庞大，且过程为间歇操作。因此，吸附法仅适用于处理酸雾浓度较低的废气。

3. 过滤法

过滤法的除雾机理是：不同粒径的酸雾滴悬浮在气流中，由于互相碰撞而凝聚成较大的颗粒，在经过丝网、板网或纤维层时，通道弯曲狭窄，在惯性效应和钩住效应（咬合效应）作用下，附着在丝网、板网或纤维上。不断附着的结果使细小的酸液滴增大并降落下来，最后流入集液箱回用。

过滤法对密度较大、易凝聚的酸雾，如硫酸雾、铬酸雾的净化效果较好，但对雾滴较小的酸雾去除效果不够理想，对气态污染物几乎没有去除能力。

4. 静电除雾法

静电除雾技术的工作原理见图 11-3 所示。

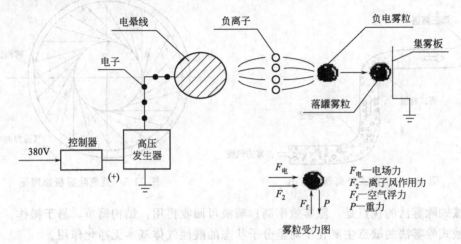

图 11-3 静电除雾的工作原理

通过静电控制装置和直流高压发生装置，将交流电变成直流电送至除雾装置中，在电晕线（阴极）和酸雾捕集极板（阳极）之间形成强大的电场，使空气分子被电离，瞬间产生大量的电子和正、负离子，这些电子及离子在电场力的作用下作定向运动，构成了捕集酸雾的媒介。同时使酸雾微粒荷电，这些荷电的酸雾粒子在电场力的作用下，作定向运动，抵达到捕集酸雾的阳极板上。之后，荷电粒子在极板上释放电子，于是酸雾被集聚，在重力作用下流到除酸雾器的贮酸槽中，这样就达到了净化酸雾的目的。

静电除雾器有以下优点：①除雾效率高，如宝钢冷轧厂酸洗工艺段采用的静电除雾器除雾效率高达 99.55%；②性能稳定。

静电除雾器的缺点有：①易产生电晕闭塞、电晕极肥大等问题；②设备体积大、价格高；③适应面窄，只适用于硫酸雾和铬酸雾，并且对呈分子状态的酸性气体基本无净化作用。

5. 机械式除雾法

机械式除雾法的原理是借用重力、惯性力或离心力的作用使雾滴与气体分离，从而达到净化目的。常用的设备有折流式除雾器、离心式除雾器等。

折流式除雾器示意图如图 11-4 所示，图中为折流板的一段，包括两块折流板，是构成一个通道的壁。在通道的每个拐弯处装有一个贮器，收集并排出液体，液滴与气体在拐弯处分离。当气流经过拐弯处，惯性力阻止液滴随气体流动，一部分液滴碰撞到对面的壁上，聚集形成液膜，并被气流带走聚集在第二拐弯处的贮器里。这部分在第一个拐弯处分离出来的液滴，包括大的液滴和部分靠近第一个拐弯处外壁运动的细滴。剩余的细滴经过通道截面重新分配后能够靠近第二个拐弯处。同样，部分靠近第二拐弯处外壁的液滴，经过碰撞外壁，聚积成液膜并聚集在第三个拐弯处的贮器里。最后，经过除雾的气流离开折流分离器。

为了分离吸收塔顶部的雾沫夹带，进一步导致旋流板除雾器的出现。它的作用是使气体通过塔板产生旋转运动，利用离心力的作用将雾沫除去，除下的雾滴从塔板的周边流下。该塔板除雾器的除雾效率可达98％～99％，且结构比较简单，阻力介于折流板与丝网除雾器之间，如图11-5所示。

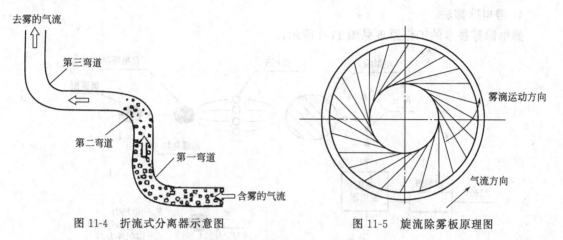

图11-4 折流式分离器示意图　　　　　图11-5 旋流除雾板原理图

机械式除雾法的优点是：除雾效率高；酸液可回收再用；结构简单，易于操作。

机械式除雾法的缺点主要在于对呈分子状态的酸性气体基本无净化作用。

6. 覆盖法

有些工艺如金属酸洗工艺使用较大的开放式工艺槽，酸雾不易有效收集，所以采用悬浮塑球覆盖或用抑雾剂产生泡沫来封闭液面等方法防止酸雾外溢，这类方法称作覆盖法。

悬浮塑球可在酸液液面上形成一层不流通空气的绝缘层，延缓了酸液的蒸发和挥发，该方法可以减少70％以上酸雾的排放。

抑雾剂成分一般为表面活性剂，加入酸液之后可使气液界面的张力有所降低。这样使酸液中化学反应产生的气泡在较小直径时周围就吸附了活性分子膜，向液体表面浮起。这些较小泡沫所含的能量比未加抑雾剂时产生的气泡所含能量大大降低，所以冲破液面时带出的液体也比不加抑雾剂时大大减少。上升的气泡也不会马上破裂，而是停留在液面上，当很多气泡停留在液面而不破裂时，就形成了泡沫。泡沫可以吸收和抑制酸雾的挥发和排放。

另外，在金属酸洗工艺中，为了减少酸液对基体金属的侵蚀，常常加入缓蚀剂。缓蚀剂一般为有机成分，可以吸附于待处理金属表面而形成一层保护膜，从而将金属基体屏蔽起来，大大减少了金属基体与酸介质的作用，这样既减少了金属因过度酸洗造成的损耗，又避免了酸液与金属基体反应产生的气体带出更多酸雾。

缓蚀剂抑雾剂同时加入则起到减少基材的浪费、节约酸洗用酸、治理酸雾等多种作用。

覆盖法的优点是成本低，工艺简单。缺点是有可能对生产过程造成不便或对产品质量有影响。如采用悬浮塑球覆盖时可能引起工件取放不便，使用缓蚀剂则可能造成产品表面出现色斑等。

（二）有机废气去除措施

1. 有机废气常用的治理措施

有机废气主要包括碳氢化合物、苯及苯系物、醇类、酮类、酚类、醛类、酯类、胺类、腈、氰等有机化合物。主要来自汽车尾气以及电子、化工、石油化工、涂料、印刷、涂装、家具、皮革等行业，见表 11-6。有机废气一般都存在易燃易爆、有毒有害、不溶于水、溶于有机溶剂、处理难度大的特点，见表 11-7。

表 11-6　有机废气的来源

类别	污染源	污染途径
固定源	石油炼制、贮存，印刷、油漆化工行业的有机原料及合成材料，农药、燃料、涂料等化工产品，炼焦、固定燃烧装置	石油炼制过程，化工产品生产工艺中泄漏、存贮设施中蒸发，废水有机物的蒸发，油墨、涂料中的有机物蒸发，消毒剂、农药蒸发，垃圾焚烧中不完全燃烧，饮食业煎、炸、烤类食物
流动源	汽车、轮船、飞机	尾气排放、曲轴箱漏气

表 11-7　有机废气对人体的危害（12 种常见的有机废气对人体的危害）

名称	危害
苯类有机物	损害人的中枢神经，造成神经系统障碍，当苯蒸气浓度过高时（空气中含量达 2%），可以引起致死性的急性中毒
腈类有机物	呼吸困难、严重窒息、意识丧失直至死亡
多环芳烃有机物	强烈的致癌性
苯酸类有机物	使细胞蛋白质发生变形或凝固，致使全身中毒
有机物硝基苯	影响神经系统、血象和肝、脾器官功能，皮肤大面积吸收可以致人死亡
芳香胺类有机物	致癌
有机氰化合物	致癌
二苯胺、联苯胺	进入人体可以造成缺氧症
有机硫化合物	低浓度硫醇可引起不适，高浓度可致人死亡
含氧有机化合物	吸入高浓度环氧乙烷可致人死亡
丙烯醛	黏膜有强烈的刺激
戊醇	呕吐、腹泻等

常用的治理措施是燃烧法、催化燃烧法、吸附法、吸收法、冷凝法等，具体见表 11-8。其中，吸附技术、催化燃烧技术和热力焚烧技术是传统的有机废气治理技术。

表 11-8　有机废气治理方法

净化方法	方法要点	适用范围
燃烧法	将废气中的有机物作为燃料烧掉或将其在高温下进行氧化分解，温度范围在 600～1100℃	适用于高、中浓度范围废气的净化
催化燃烧法	在氧化催化剂的作用下，将碳氢化合物氧化为二氧化碳和水，温度范围在 200～400℃	适用于各种浓度的废气净化、连续排气的场合
吸附法	用适当的吸附剂对废气中有机物分级进行物理吸附，温度范围为常温	适用于低浓度废气的净化
吸收法	用适当的吸收剂对废气中有机组分进行物理吸收，温度范围为常温	适用于含有颗粒物的废气净化
冷凝法	采用低温，使有机物冷却，组分冷却至露点以下，液体回收	适用于高浓度废气净化

2. 挥发性有机物（VOCs）去除措施

（1）传统的 VOCs 控制技术分类　传统的 VOCs 控制技术基本可分为两大类：回收技术和销毁技术，如图 11-6 所示。

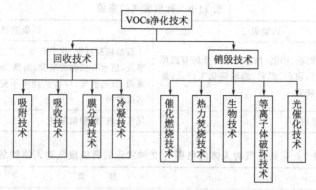

图 11-6　传统 VOCs 治理技术

回收技术是根据 VOCs 本身的性质，通过物理方法，在一定的温度和压力下，使用吸收、吸附剂及选择性渗透膜等实现 VOCs 的分离，主要包括吸收法、吸附法、冷凝法及膜分离法。而销毁技术则是采用化学或生物方法，使 VOCs 气体分子转变为小分子的水和二氧化碳，主要包括燃烧法和生物法。

（2）应用最广泛的 VOCs 实用治理技术

① 催化燃烧装置　催化燃烧装置首先通过除尘阻火系统，然后进入换热器，再送到加热室，使气体达到燃烧反应温度，再通过催化床的作用，使有机废气分解成二氧化碳和水，再进入换热器与低温气体进行热交换，使进入的气体温度升高达到反应温度。如达不到反应温度，加热系统可通过自控系统实现补偿加热。利用催化剂作中间体，使有机气体在较低的温度下，变成无害的水和二氧化碳气体。

② 蓄热式焚烧炉　蓄热式焚烧炉的工作原理是在高温下（800℃左右）将有机废气氧化生成 CO_2 和 H_2O，从而净化废气，并回收分解。蓄热式焚烧炉的工艺示意图见图 11-7。

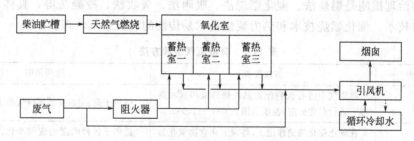

图 11-7　蓄热式焚烧炉工艺示意图

③ 吸附浓缩技术　沸石转轮吸附浓缩技术是针对低浓度 VOCs 的治理而发展起来的一种新技术，与焚烧技术（催化燃烧或高温焚烧）或冷凝技术进行组合，形成了"沸石转轮吸附浓缩＋焚烧技术"和"沸石转轮吸附浓缩＋冷凝回收技术"。目前，TVOCs 治理技术通常涉及上述多种技术工艺的组合，如吸附浓缩＋燃烧技术、吸附浓缩＋冷凝回收技术、等离子体＋光催化复合净化技术等。

三、无组织废气治理措施

凡不通过排气筒或通过 15m 高度以下排气筒的有害气体排放，均属于无组织排放。主要是由于物料跑、冒、滴、漏，以及在空气中蒸发和逸散下引起的不规律排放，此外物料敞开存放或输送过程中产生的弥散作用可形成无组织排放。

无组织排放的废气中主要的污染物有：①SO_2、NO_x、颗粒物、氟化物等；②烟尘及生产性粉尘；③恶臭气体，主要污染物为 NH_3、H_2S。

（一）通用措施

在生产过程中，工业炉窑烟气中含有 SO_2、NO_x、CO、氟化物和烟尘等，焊接过程会产生焊烟，其主要成分是粉尘、CO、O_3、NO_2、HF 等。另外，不同行业生产过程中还会从粉碎/破碎、筛分、投料、料仓、输送、喷雾、干燥、造粒、包装等环节产生工业粉尘，堆场、灰库等场所也产生含尘废气。对于上述无组织排放源，生产车间的治理措施的基本思路为"密闭工作场所＋排风系统＋除尘系统＋排气筒"的配置，并且一般情况下采用干法除尘，优先选用袋式除尘器，除尘效率可以达到 90％以上，还可以回收物料，收尘效率高，除尘效率好，可以满足污染物达标排放要求。贮罐区无组织废气的处理方法见表 11-9。

表 11-9　无组织废气的主要处理方法

来源	处 理 方 法
贮罐区	(1)限制排放的条件 ① 控制温差。主要方法：将罐主体置于地下，罐顶装设喷淋冷却水系统，地上罐体外壁涂白色，罐四周种植高大阔叶乔木等。 ②罐型设计。尽量采用浮顶罐装置，可降低呼吸损耗排放。 ③设置呼吸阀挡板。 ④ 制订合理的收发方案，减少有机液体的输转作业，尽量保持贮罐装满。 (2)增设回收系统：常用的回收方法有集气罐法、冷凝回收法、压缩回收法、喷淋回收法
生产车间	(1)产生无组织废气的工序：在离心、烘干、反应釜等废气排放较频繁的设备上方设置集气装置，将废气进行收集，经冷凝、液体吸收、吸附、燃烧催化转化等化学或物理方法处理后，由排气筒排放，浓度较低时可直接经排气筒排放。 (2)被液体物料污染的地面：采用石灰、黄沙等，将污染物彻底清除，必要时将地面切块修补。 (3)车间内物料的转移：在装料和卸料时采用管道输送，气相管和液相管分别与料桶相连，输液时形成闭路循环。 (4)设备、管道装置：加强检查频次，及时更换零部件

（二）除臭措施

恶臭气体主要来自于制药厂、油墨厂、油漆厂、肉联厂、电镀厂、塑料厂、轮胎厂、化工厂、涂料厂、彩印厂、油脂厂、电子器件厂、喷涂厂、香精香料厂、污水处理站、垃圾填埋场等产生臭气的场所。除臭措施与除臭技术主要针对集中排放的恶臭物质，其处理方式分为吸附法、吸收法、燃烧法、冷凝法、膜分离法、电化学氧化法、光催化降解法、等离子体分解法、电晕法、生物法等 13 种，见表 11-10。

表 11-10 几种恶臭气体治理技术比较

序号	脱臭方法	脱臭原理	适用范围	优点	缺点
1	掩蔽法	采用更强烈的芳香气味与臭气掺和,以掩蔽臭气,使之能被人接受	适用于需立即地、暂时地消除低浓度恶臭气体影响的场合,恶臭强度2.5左右,无组织排放源	可尽快消除恶臭影响,灵活性大,费用低	恶臭成分并没有被去除
2	稀释扩散法	将有臭味的气体通过烟囱排至大气,或用无臭空气稀释,降低恶臭物质浓度,以减少臭味	适用于处理中/低浓度的有组织排放的恶臭气体	费用低,设备简单	易受气象条件限制,恶臭物质依然存在
3	热力燃烧法	在高温下恶臭物质与燃料气充分混合,实现完全燃烧	适用于处理高浓度、小气量的可燃性气体	净化效率高,恶臭物质被彻底氧化分解	设备易腐蚀,消耗燃料,处理成本高,易形成二次污染
4	催化燃烧法				
5	水吸收法	利用臭气中某些物质易溶于水的特性,使臭气成分直接与水接触,从而溶解于水,达到脱臭目的	水溶性、有组织排放源的恶臭气体	工艺简单,管理方便,设备运转费用低	产生二次污染,需对洗涤液进行处理;净化效率低,应与其他技术联合使用,对硫醇、脂肪酸等处理效果差
6	药液吸收法	利用臭气中某些物质和药液产生化学反应的特性,去除某些臭气成分	适用于处理大气量、中高浓度的臭气	能够有针对性处理某些臭气成分,工艺较成熟	净化效率不高,消耗吸收剂,易形成二次污染
7	吸附法	利用吸附剂的吸附功能使恶臭物质由气相转移至固相	适用于处理低浓度、高净化要求的恶臭气体	净化效率很高,可以处理多组分恶臭气体	吸附剂费用昂贵,再生较困难,要求待处理的恶臭气体有较低的温度和含尘量
8	生物滤池式脱臭法	恶臭气体经过去尘增湿或降温等预处理工艺后,从滤床底部由下向上穿过由滤料组成的滤床,恶臭气体由气相转移至水-微生物混合相,通过固着于滤料上的微生物代谢作用而被分解掉	目前研究最多,工艺最成熟,在实际中也最常用的生物脱臭方法。又可细分为土壤脱臭法、堆肥脱臭法、泥炭脱臭法等	处理费用低	占地面积大,填料需定期更换,脱臭过程不易控制,运行一段时间后容易出现问题,对疏水性和难生物降解物质的处理还存在较大难度
9	生物滴滤池式	原理同生物滤池式类似,不过使用的滤料是诸如聚丙烯小球、陶瓷、木炭、塑料等不能提供营养物的惰性材料	只有针对某些恶臭物质而降解的微生物附着在填料上,而不会出现生物滤池中混合微生物群同时消耗滤料有机质的情况	池内微生物数量大,能承受比生物滤池大的污染负荷,惰性滤料可以不用更换,造成压力损失小,而且操作条件极易控制	需不断投加营养物质,而且操作复杂,使得其应用受到限制
10	洗涤式活性污泥脱臭法	将恶臭物质和含悬浮物泥浆的混合液充分接触,使之在吸收器中从臭气中去除掉,洗涤液再送到反应器中,通过悬浮生长的微生物代谢活动降解溶解的恶臭物质	有较大的适用范围	可以处理大气量的臭气,同时操作条件易于控制,占地面积小	设备费用大,操作复杂而且需要投加营养物质

序号	脱臭方法	脱臭原理	适用范围	优点	缺点
11	曝气式活性污泥脱臭法	将恶臭物质以曝气形式分散到含活性污泥的混合液中,通过悬浮生长的微生物降解恶臭物质	适用范围广,目前日本已用于粪便处理场、污水处理厂的臭气处理	活性污泥经过驯化后,对不超过极限负荷量的恶臭成分,去除率可达99.5%以上	受到曝气强度的限制,该法的应用还有一定局限
12	三相多介质催化氧化工艺	反应塔内装填特制的固态复合填料,填料内部复配多介质催化剂。当恶臭气体在引风机的作用下穿过填料层,与通过特制喷嘴呈发散雾状喷出的液相复配氧化剂在固相填料表面充分接触,并在多介质催化剂的催化作用下,恶臭气体中的污染因子被充分分解	适用范围广,尤其适用于处理大气量、中高浓度的废气,对疏水性污染物质有很好的去除率	占地小,投资低,运行成本低;管理方便,即开即用;耐冲击负荷,不易污染物浓度及温度变化影响	需消耗一定量的药剂
13	低温等离子体技术	介质阻挡放电过程中,等离子体内部产生富含极高化学活性的粒子,如电子、离子、自由基和激发态分子等。废气中的污染物质与这些具有较高能量的活性基团发生反应,最终转化为 CO_2 和 H_2O 等物质,从而达到净化废气的目的	适用范围广,净化效率高,尤其适用于其他方法难以处理的多组分恶臭气体,如化工、医药等行业的恶臭气体	电子能量高,几乎可以和所有的恶臭气体分子作用;运行费用低;反应快,设备启动、停止十分迅速,随用随开	一次性投资较高

第二节　污水治理措施

城镇污水主要来源于城镇居民生活中的污水、各工业企业生产过程中产生的生产废水以及地表径流三个方面。根据城镇污水的来源不同,城镇污水可以分为 3 大类,即生活污水、工业污水、地表径流。本节只介绍生活污水和工业污水治理措施。

一、生活污水治理措施

生活污水根据污水来源的不同可以分为居民生活污水、宾馆饭店等服务业的生活污水以及一些娱乐场所的生活污水等。从污染源排出的污水,经过人工强化处理,处理后的出水排入地表水体或回用。典型生活污水水质指标见表11-11。

（一）污水处理厂处理工艺

根据我国的实际情况,污水处理厂的规模大体上可分为大型、中型和小型污水处理厂。

规模大于 $10 \times 10^5 \, m^3/d$ 的是大型污水厂,一般建在大城市,基建投资以亿元计,年运营费用以千万元计,目前全国最大的是北京高碑店污水处理厂,规模达 $100 \times 10^6 \, m^3/d$。

表 11-11 典型生活污水水质指标

序号	指标		浓度/(mg/L)			序号	指标		浓度/(mg/L)		
			高	正常	低				高	正常	低
1	总固体(TS)		1200	720	350	9	可生物降解部分	溶解性	375	150	100
2	溶解性总固体	非挥发性	525	300	145			悬浮物	375	150	100
		挥发性	325	200	105			合计	750	300	200
		合计	850	500	250			有机氮	35	15	8
3	悬浮物(SS)	非挥发性	75	55	20	10	总氮(N)	游离氮	50	25	12
		挥发性	275	165	80			合计	85	40	20
		合计	350	220	100	11	亚硝酸盐		0	0	0
4	可沉降物		20	10	5	12	硝酸盐		0	0	0
5	生化需氧量(BOD₅)	溶解性	200	100	50	13	总磷	有机磷	5	3	1
		悬浮性	200	100	50			无机磷	10	5	3
		合计	400	200	100			合计	15	8	4
6	总有机碳(TOC)		290	160	80	14	氯化物(Cl)		200	100	60
7	化学需氧量(COD)		1000	400	250	15	碱度(CaCO₃)		200	100	50
8	溶解性		400	150	100	16	油脂		150	100	50

中型污水处理厂的规模为 $(1\sim10)\times10^4 m^3/d$ ，一般建于中、小城市和大城市的郊县，基建投资几千万至上亿元，年运营费用几百万到上千万元。

规模小于 $1\times10^4 m^3/d$ 的是小型污水处理厂，一般建于小城镇，基建投资几百万到上千万，年运营费用几十万到上百万。

从处理深度上，污水处理厂处理工艺可以分为一级、二级、三级或深度处理。一级处理：物理处理，通过机械处理，如格栅、沉淀或气浮，去除污水中所含的石块、砂石和脂肪、油脂等。二级处理：生物化学处理，污水中的污染物在微生物的作用下被降解和转化为污泥。三级处理：污水的深度处理，它包括营养物的去除和通过加氯、紫外辐射或臭氧技术对污水进行消毒。根据处理目标和水质的不同，有的污水处理过程并不是包含上述所有过程。常见的污水处理厂工艺流程见图 11-8。

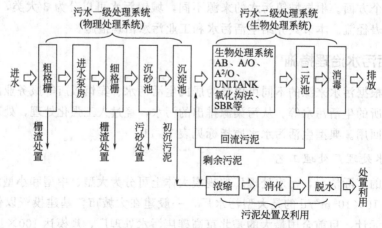

图 11-8 常见的污水处理厂工艺流程图

《城市污水处理及防治技术政策》中对大型城市污水处理厂的处理工艺作如下规定：日处理能力在 $2.0\times10^5\,m^3$ 以上（不包括 $2.0\times10^5\,m^3/d$）的污水处理设施，一般采用常规活性污泥法，也可采用其他成熟技术；日处理能力在 $(1.0\sim2.0)\times10^5\,m^3/d$ 的污水处理设施，可选用常规活性污泥法、氧化沟法、SBR 法和 AB 法等成熟工艺。在对氮、磷污染物有控制要求的地区，一般选用 A/O 法、A^2/O 法等技术。也可审慎选用其他的同效技术。污水处理厂常用生物处理方法的比较见表 11-12。

表 11-12 污水处理厂常用生物处理方法的比较

序号	处理方法名称	BOD_5 去除率/%	N,P 去除率	占地	投资	能耗
1	常规活性污泥法	90～95	低	大	大	高
2	SBR 法	85～95	一般	较小	小	较小
3	CASS	90～95	较高	较小	一般	一般
4	UNITANK	85～95	一般	小	大	一般
5	氧化沟	92～98	较高	较大	较小	低
6	AB	90～95	较高	一般	一般	一般
7	A^2/O	90～95	高	大	一般	一般
8	高负荷生物滤池	75～85	较低	较小	大	低
9	生物接触氧化	90～95	一般	一般	一般	较高
10	水解好氧法	90～95	一般或较高	较小	较小	较低

大型城市污水处理厂的优选工艺是传统活性污泥法、改进型 A/O 法、A^2/O 法。目前世界上绝大多数国家（包括我国）的大型污水厂大多采用传统活性污泥法、A/O、A^2/O 法，我国的北京高碑店污水厂、天津纪庄子污水厂和东郊污水厂、沈阳市北部污水厂、郑州市污水厂、杭州市四堡污水厂、成都市三瓦窑污水厂等都采用这种工艺，因为这种工艺对大型污水厂具有难以替代的优点。传统活性污泥法、A/O 和 A^2/O 法与氧化沟和 SBR 工艺相比最大优势是能耗较低、运营费用较低，规模越大，这种优势越明显。对于大型污水厂来说，年运营费很可观，如规模为 $4.0\times10^5\,m^3/d$ 的污水厂，$1\,m^3$ 污水节省处理费 1 分钱，一年就节省 146 万元。

城市中型污水处理厂处理规模一般为 $5\times10^4\,m^3/d$。考虑到脱氮除磷的要求，在我国适合中型污水处理厂的工艺主要有 A^2/O 工艺、SBR 工艺、氧化沟工艺。

我国小型污水处理工艺较多，但真正投资省、运行费用低、处理效果好、工艺流程及运行管理简单的污水处理工艺较少。目前小型城市污水处理厂的优选工艺是氧化沟和 SBR。

A^2/O 工艺即厌氧-缺氧-好氧生物脱氮除磷工艺，是一项能够同步脱氮除磷的污水处理工艺。因具有良好的有机物、氨氮、总磷去除率，加上运行安全可靠、操作简便、投资较省、自动化要求不高及城市污水厂原来的处理工艺易向 A^2/O 改造等优点，是目前中小型污水处理中较常用的工艺之一。氧化沟与 SBR 工艺通常都不设初沉池和污泥消化池，整个处理单元比常规活性污泥法少 50％以上，操作管理大大简化，这对于技术力量相对较弱、管理水平相对较低的中小型污水处理厂很合适。氧化沟与 SBR 工艺去除有机物效率很高，有的还能脱氮、除磷，或既脱氮又除磷，而且处理设施十分简单，管理非常方便，是目前国际上公认的高效、简化的污水处理工艺，也是世界各国中小型城市污水处理厂的优选工艺。氧化沟工艺的抗冲击负荷能力比常规活性污泥法好得多，这对于水质、水量变化剧烈的中小型污水厂很有利。

正是由于上述种种原因,氧化沟和 SBR 在国内外都发展很快。美国环境保护署(EPA)把污水处理厂的建设费用或运营费用比常规活性污泥法节省 15％以上的工艺列为革新替代技术,由联邦政府给予财政资助,SBR 和氧化沟工艺因此得以大力推广,已经建成的污水厂各有几百座。欧洲的氧化沟污水厂已有上千座,澳大利亚近 10 多年建成 SBR 工艺污水厂近 600 座。在国内,氧化沟和 SBR 工艺已成为中小型污水处理厂的首选工艺。

经过污水处理厂处理后的出水水质应该满足《城镇污水处理厂污染物排放标准》(GB 18918—2002)和《城镇污水处理厂污染物排放标准》(GB 18918—2002)修改单的要求。

根据城镇污水处理厂排入地表水域环境功能和保护目标,以及污水处理厂的处理工艺,将基本控制项目的常规污染物标准值分为一级标准、二级标准、三级标准。一级标准分为 A 标准和 B 标准。一类污染物(重金属)和选择控制项目不分级,见表 11-13、表 11-14。

表 11-13　基本控制项目最高允许排放浓度(日均值)　　　单位:mg/L

序号	基本控制项目		一级标准		二级标准	三级标准
			A 标准	B 标准		
1	化学需氧量(COD)		50	60	100	120①
2	生化需氧量(BOD₅)		10	20	30	60①
3	悬浮物(SS)		10	20	30	50
4	动植物油		1	3	5	20
5	石油类		1	3	5	15
6	阴离子表面活性剂		0.5	1	2	5
7	总氮(以 N 计)		15	20	—	—
8	氨氮(以 N 计)②		5(8)	8(15)	25(30)	—
9	总磷(以 P 计)	2005 年 12 月 31 日前建设的	1	1.5	3	5
		2006 年 1 月 1 日前建设的	0.5	1	3	5
10	色度(稀释倍数)		30	30	40	50
11	pH		6～9			
12	粪大肠菌群数/(个/L)		10³	10⁴	10⁴	—

① 下列情况按去除率指标执行:当进水 COD 大于 350mg/L 时,去除率应大于 60％;BOD 大于 160mg/L 时,去除率应大于 50％。

② 括号外数值为水温>12℃时的控制指标,括号内数值为水温≤12℃时的控制指标。

表 11-14　部分一类污染物最高允许排放浓度(日均值)　　　单位:mg/L

序号	项目	标准值
1	总汞	0.001
2	烷基汞	不得检出
3	总镉	0.01
4	总铬	0.1
5	六价铬	0.05
6	总砷	0.1
7	总铅	0.1

一级标准的 A 标准是城镇污水处理厂出水作为回用水的基本要求。当污水处理厂出水引入稀释能力较小的河湖作为城镇景观用水和一般回用水等用途时，执行一级标准的 A 标准。

城镇污水处理厂出水排入国家和省确定的重点流域及湖泊、水库等封闭、半封闭水域时，执行一级标准的 A 标准，排入 GB 3838 地表水Ⅲ类功能水域（划定的饮用水源保护区和游泳区除外）、GB 3097 海水二类功能水域时，执行一级标准的 B 标准。

城镇污水处理厂出水排入 GB 3838 地表水Ⅳ、Ⅴ类功能水域或 GB 3097 海水三、四类功能海域，执行二级标准。

非重点控制流域和非水源保护区的建制镇的污水处理厂，根据当地经济条件和水污染控制要求，采用一级强化处理工艺时，执行三级标准。但必须预留二级处理设施的位置，分期达到二级标准。

（二）地埋式污水处理工艺

居住小区（含别墅小区）、高级宾馆、医院、综合办公楼和各类公共建筑的生活污水处理可采用地埋式生活污水处理设备。

地埋式污水处理设备是一种模块化的高效污水生物处理设备，是一种以生物膜为净化主体的污水生物处理系统，充分发挥了厌氧生物滤池、接触氧化床等生物膜反应器具有的生物密度大、耐污能力强、动力消耗低、操作运行稳定、维护方便的特点，使得该系统具有很广的应用前景和推广价值。

该设备采用国际先进的生物处理工艺，全套设备均可埋设于地下，集去除 BOD_5、COD、NH_3-N 于一身，具有技术性能稳定可靠、处理效果好、投资省、占地少、维护方便等优点。地埋式污水处理工艺流程见图 11-9。该工艺适宜于污水量小于 $20m^3/d$ 的污水处理工程，可在较为富裕的农村地区使用。三种地理式生活污水处理技术的比较见表 11-15。经该设备处理后的出水，经消毒、砂滤处理，出水水质可达到《城镇污水处理厂污染物排放标准》（GB 18918—2002）一级 B 要求，见表 11-16。

表 11-15　三种地理式生活污水处理技术的比较

名称	地埋式无动力处理技术	地埋式有动力处理技术	地埋式一体化处理技术
常见工艺	厌氧消化＋厌氧生物过滤＋接触氧化	生物接触氧化法、SBR 法、A/O 及 A²/O 工艺	生物接触氧化法、SBR 法、A/O 及 A²/O 工艺
处理效果	接近二级处理 基本能达标	二级处理 能达标	二级处理 能达标
处理范围	1000m³/d 以下	10000m³/d 以下	3000m³/d 以下
建设投资费用	较低	基建费用较高	较高，其中设备费用所占比重大
运行费用	基本上无运行费用	较高	较低，0.3 元/m³ 左右
维护管理	较方便	可通过 PLC 自控系统操作，管理方便	较复杂
适用范围	经济技术基础较差、排水管网尚不完善的农村地区	城市生活小区；小城镇污水处理厂（站）	经济技术基础较好的地区；城市排水管网未能覆盖的住宅小区；学校、宾馆、饭店、疗养院等

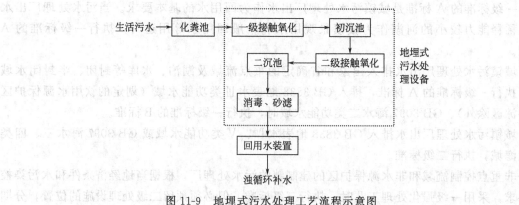

图 11-9　地埋式污水处理工艺流程示意图

表 11-16　地埋式生活污水处理设备出水水质

类　别	原水水质	处理水质	国家一级排放标准 B（GB 18918—2002）
BOD/(mg/L)	150～250	＜10	20
COD/(mg/L)	200～400	＜50	60
SS/(mg/L)	150～250	＜10	20
氨氮/(mg/L)	10～35	＜5	(8)15

二、工业污水治理措施

工业废水处理技术，按作用原理可分为物理法、化学法、物理化学法和生物法四大类，具体见表 11-17。工业废水中的污染物质多种多样，一种废水往往要采用多种方法组合成的处理工艺系统才能达到预期要求的处理效果，废水中污染物及其处理方法的选择见表 11-18。

表 11-17　废水处理方法

方法	原　　理
物理法	废水处理方法的选择取决于废水中污染物的性质、组成、状态及对水质的要求。利用物理作用处理、分离和回收废水中的污染物。例如用沉淀法除去水中相对密度大于 1 的悬浮颗粒的同时回收这些颗粒物；浮选法(或气浮法)可除去乳状油滴或相对密度近于 1 的悬浮物；过滤法可除去水中的悬浮颗粒；蒸发法用于浓缩废水中不挥发性的可溶性物质等
化学法	利用化学反应或物理化学作用回收可溶性废物或胶体物质。例如，中和法用于中和酸性或碱性废水；萃取法利用可溶性废物在两相中溶解度不同的"分配"，回收酚类、重金属等；氧化还原法用来除去废水中还原性或氧化性污染物，杀灭天然水体中的病原菌等
生物法	利用微生物的生化作用处理废水中的有机物。例如，生物过滤法和活性污泥法用来处理生活污水或有机生产废水，使有机物转化降解成无机盐而得到净化

表 11-18　废水中污染物及其处理方法的选择

污水中的污染物	处理方法(单元操作或其组合)的选择
悬浮物	格栅、磨碎、筛网、筛滤、沉淀、浮除、离心分离、混凝沉淀(投加混凝剂、聚合电解质等药剂)
可生物降解有机污染物	活性污泥法(悬浮生长型生物处理系统)、生物膜法(固着生长型生物处理系统)、稳定塘处理系统、土地处理系统

续表

污水中的污染物	处理方法（单元操作或其组合）的选择
难降解有机污染物	物理-化学处理系统：活性炭吸附、臭氧氧化或其他强氧化剂氧化；土地处理系统
病原体	消毒处理：加氯、臭氧、二氧化氯、紫外线、加溴或碘、辐射以及超声波-紫外线-臭氧复合消毒；土地处理系统
氮	生物硝化与脱氮、氨吹脱解析、离子交换法、土地处理系统
磷	投加药剂：铝盐、铁盐、石灰或复合盐、生物-化学法除磷、A^2/O 生物法除磷脱氮、土地处理系统
重金属	化学混凝沉淀或浮除法、离子浮除、离子交换法、电渗析、反渗透、活性炭吸附、铁氧体法
溶解性无机固体	离子交换法、反渗透、电渗析、蒸发
油	隔油浮除、混凝过滤、粗粒化、过滤、电解-絮凝-浮除
热	冷却池、冷却塔
酸、碱	中和、渗透分析、热力法回收
放射性污染	化学混凝沉淀、离子交换、蒸发、贮存等

（一）酸碱废水处理措施

酸碱废水是废水处理时最常见的一种。酸性废水主要来自钢铁厂、化工厂、染料厂、电镀厂和矿山等，其中主要含有各种有害物质或重金属盐类。废水处理中酸的质量分数差别很大，低的小于1%，高的大于10%。碱性废水主要来自印染厂、皮革厂、造纸厂、炼油厂等。碱性废水含有机碱或无机碱。碱的质量分数有的高于5%，有的低于1%。酸碱废水中，除含有酸碱外，常含有酸式盐、碱式盐以及其他无机物和有机物。

酸碱废水具有较强的腐蚀性，如不加治理直接排出，会腐蚀管渠和构筑物；排入水体，会改变水体的 pH 值，干扰并影响水生生物的生长和渔业生产；排入农田，会改变土壤的性质，使土壤酸化或盐碱化，危害农作物；酸碱原料流失也是浪费，所以酸碱废水应尽量回收利用，或经过处理，使废水的 pH 值处在 6～9，才能排入水体。酸碱废水处理的一般原则如下。

① 高浓度酸碱废水，应优先考虑回收利用的废水处理法。根据水质、水量和不同工艺要求，进行厂区或地区性调度，尽量重复使用，如重复使用有困难，或浓度偏低，水量较大，可采用浓缩废水的方法回收酸碱。

② 低浓度的酸碱废水，如酸洗槽的清洗水、碱洗槽的漂洗水，应进行中和处理。对于中和处理，应首先考虑以废治废的废水处理原则。如酸、碱废水相互中和或利用废碱（渣）中和酸性废水，利用废酸中和碱性废水。在没有这些条件时，可采用加入中和剂进行废水处理。

（二）含重金属废水处理措施

含重金属废水处理大致可以分为三大类：化学法；物理处理法；生物处理法。

1. 化学法

化学法主要包括化学沉淀法和电解法，主要适用于含较高浓度重金属离子废水的处理，化学法是目前国内外处理含重金属废水的主要方法。

（1）化学沉淀法 化学沉淀法的原理是通过化学反应使废水中呈溶解状态的重金属转变

为不溶于水的重金属化合物，通过过滤和分离使沉淀物从水溶液中去除，包括中和沉淀法、硫化物沉淀法、铁氧体共沉淀法。由于受沉淀剂和环境条件的影响，沉淀法往往出水浓度达不到要求，需作进一步处理，产生的沉淀物必须很好地处理与处置，否则会造成二次污染。

(2) 电解法　电解法是利用金属的电化学性质，金属离子在电解时能够从相对高浓度的溶液中分离出来，然后加以利用。电解法主要用于电镀废水的处理，这种方法的缺点是水中的重金属离子浓度不能降得很低。所以，电解法不适于处理较低浓度的含重金属离子的废水。

(3) 纳米重金属水处理技术　纳米材料因其比表面积远超普通材料，故同一种物质将会显示出不同的物化特性，很多新型的纳米材料都不断地在水处理行业中实验、实践。

纳米重金属水处理技术处理后的出水水质优于国家规定的排放标准且稳定可靠，投资成本和运行成本较低，与水中重金属离子反应快，吸附、处理容量是普通材料的 $10 \sim 1000$ 倍，而且使沉淀的污泥量较传统工艺降低 50% 以上，污泥中杂质也少，有利于后续处理和资源回收。

2. 物理处理法

物理处理法主要包含溶剂萃取分离、离子交换法、膜分离技术及吸附法。

(1) 溶剂萃取分离　溶剂萃取法是分离和净化物质常用的方法。由于液液接触，可连续操作，分离效果较好。使用这种方法时，要选择有较高选择性的萃取剂，废水中重金属一般以阳离子或阴离子形式存在，例如在酸性条件下，与萃取剂发生配合反应，从水相被萃取到有机相，然后在碱性条件下被反萃取到水相，使溶剂再生以循环利用。这就要求在萃取操作时注意选择水相酸度。尽管萃取法有较大优越性，然而溶剂在萃取过程中的流失和再生过程中能源消耗大，使这种方法存在一定局限性，应用受到很大的限制。

(2) 离子交换法　离子交换法是重金属离子与离子交换剂进行交换，达到去除废水中重金属离子的方法。常用的离子交换剂有阳离子交换树脂、阴离子交换树脂、螯合树脂等。几年来，国内外学者就离子交换剂的研制与开发展开了大量的研究工作。随着离子交换剂的不断涌现，在电镀废水深度处理、高价金属盐类的回收等方面，离子交换法越来越展现出其优势。离子交换法是一种重要的电镀废水治理方法，处理容量大，出水水质好，可回收重金属资源，对环境无二次污染，但离子交换剂易氧化失效，再生频繁，操作费用高。

(3) 膜分离技术　膜分离技术是利用一种特殊的半透膜，在外界压力的作用下，不改变溶液中化学形态的基础上，将溶剂和溶质进行分离或浓缩的方法，包括电渗析和隔膜电解。电渗析是在直流电场作用下，利用阴阳离子交换膜对溶液阴阳离子选择透过性使水溶液中重金属离子与水分离的一种物理化学过程。隔膜电解是以膜隔开电解装置的阳极和阴极而进行电解的方法，实际上是把电渗析与电解组合起来的一种方法。上述方法在运行中都遇到了电极极化、结垢和腐蚀等问题。

(4) 吸附法　吸附法是利用多孔性固态物质吸附去除水中重金属离子的一种有效方法。吸附法的关键技术是吸附剂的选择，传统吸附剂是活性炭。活性炭有很强吸附能力，去除率高，但活性炭再生效率低，处理水质很难达到回用要求，价格贵，应用受到限制。近年来，逐渐开发出有吸附能力的多种吸附材料。有相关研究表明，壳聚糖及其衍生物是重金属离子的良好吸附剂，壳聚糖树脂交联后，可重复使用 10 次，吸附容量没有明显降低。利用改性的海泡石治理重金属废水对 Pb^{2+}、Hg^{2+}、Cd^{2+} 有很好的吸附能力，处理后废水中重金属含量显著低于污水综合排放标准。另有文献报道蒙脱石也是一种性能良好的黏土矿物吸附剂，蒙脱石在酸性条件下对 Cr^{6+} 的去除率达到 99%，出水中 Cr^{6+} 含量低于国家排放标准，具有实际应用前景。

3. 生物处理法

生物处理法是借助微生物或植物的絮凝、吸收、积累、富集等作用去除废水中重金属的方法，包括生物吸附、生物絮凝、植物修复等方法。

（1）生物吸附　生物吸附法是指生物体借助化学作用吸附金属离子的方法。藻类和微生物菌体对重金属有很好的吸附作用，并且具有成本低、选择性好、吸附量大、浓度适用范围广等优点，是一种比较经济的吸附剂。用生物吸附法从废水中去除重金属的研究，美国等国家已初见成效。有研究者预处理假单胞菌的菌胶团后，将其固定在细粒磁铁矿上来吸附工业废水中 Cu，发现当浓度高至 100mg/L 时，去除率可达 96%，用酸解吸，可以回收 95% 铜，预处理可以增加吸附容量。但生物吸附法也存在一些不足，例如吸附容量易受环境因素的影响，微生物对重金属的吸附具有选择性，而重金属废水常含有多种有害重金属，影响微生物的作用，应用上受限制等，所以还需再进行进一步研究。

（2）生物絮凝　生物絮凝法是利用微生物或微生物产生的代谢物进行絮凝沉淀的一种除污方法。生物絮凝法的开发虽然不到 20 年，却已经发现有 17 种以上的微生物具有较好的絮凝功能，如霉菌、细菌、放线菌和酵母菌等，并且大多数微生物可以用来处理重金属。生物絮凝法具有安全无毒、絮凝效率高、絮凝物易于分离等优点，具有广阔的发展前景。

（3）植物修复法　植物修复法是指利用高等植物通过吸收、沉淀、富集等作用降低已污染的土壤或地表水的重金属含量，以达到治理污染、修复环境的目的。植物修复法是利用生态工程治理环境的一种有效方法，它是生物技术处理企业废水的一种延伸。利用植物处理重金属，主要有以下三部分组成。

① 利用金属积累植物或超积累植物从废水中吸取、沉淀或富集有毒金属；

② 利用金属积累植物或超积累植物降低有毒金属活性，从而减少重金属被淋滤到地下或通过空气载体扩散；

③ 利用金属积累植物或超积累植物将土壤中或水中的重金属萃取出来，富集并输送到植物根部可收割部分和植物地上枝条部分。通过收获或移去已积累和富集了重金属植物的枝条，降低土壤或水体中的重金属浓度。

在植物修复技术中能利用的植物有藻类植物、草本植物、木本植物等。

（三）含有机物废水处理措施

国内外对难降解有机物废水的处理方法主要有生物法、物化法和氧化法等。

1. 生物法

生物法是目前应用最广泛的一种有机废水处理方法，主要包括活性污泥法、生物膜法、好氧-厌氧法等。它主要是利用微生物的新陈代谢，通过微生物的凝聚、吸附、氧化分解等作用来降解污水中的有机物，具有应用范围广、处理量大、成本低等优点。但当废水含有有毒物质或生物难降解的有机物时，生物法的处理效果欠佳，甚至不能处理。针对这类废水，对生物法作了一些改进，使其能应用于这类废水的处理。主要包括以下几个方面。

① 生物强化（bioaugmentation）技术　生物强化技术是通过改善外界环境因素，提高现有工艺对有毒难降解有机物的生物降解效率。目前实施的生物强化技术主要有以下途径。

a. 投加有效降解的微生物。它主要是针对所要去除的污染物质，投加专门培养的优势菌种对所要去除的污染物进行有效降解。该法已在美国、德国、日本等国采用，主要用于改善活性污泥法处理效果。但优势菌种在新环境中的适应性和再生问题尚待解决。为了增加优势菌种在生物处理装置内的浓度，提高难降解有机物的处理效率，固定化技术已被用来处理部分难降解有机物。固定化技术是通过化学或物理的手段将优势的游离菌固定，使其不再游离，但仍具有生物活性的技术。固定化细胞的制备方法大致可分成结合固定法、包埋固定法和交联固定法。

b. 投加营养物和基质类似物。由于大部分有毒有机物的降解是通过共代谢途径进行的，在常规活性污泥系统中可降解目标污染物的微生物数量与活性比较低，添加某些营养物包括碳源与能源性物质，或提供目标污染物降解过程所需的因子，将有助于降解菌的生长，改善处理系统的运行性能。投加基质类似物是针对代谢酶的可诱导性而提出的，利用目标污染物的降解产物、前体作为酶的诱导物，提高酶活性。

c. 投加遗传工程菌、酶。通过基因工程技术构建具有特殊降解功能的菌，形成了酶生物处理技术。酶的固定化技术是目前这一领域研究的热点。

② 优化组合的处理工艺　提高难降解物质的去除率，必须延长水力停留时间和增加泥龄，提高微生物有效浓度，增加污染物与微生物的接触时间。目前常用的工艺有以下几种。

a. 采用 PACT 工艺（添加粉末活性炭活性污泥工艺），使有机物除被微生物氧化处理外，还被活性炭所吸附。由于活性炭表面的污泥泥龄较长，污染物与微生物接触时间远大于水力停留时间，从而使难降解毒性有机物去除率提高。

b. 厌氧-好氧工艺的组合。有时采用单独的好氧或厌氧工艺处理效果都不理想，但采用联合处理工艺后，可能会发挥各工艺的优点，产生协同效应，使处理效果大大提高，如厌氧-缺氧/好氧工艺组合。

2. 物化法

物化法处理难降解有机污染物的方法主要有吸附法、萃取法、各种膜处理技术等。

吸附法主要采用交换吸附、物理吸附或化学吸附等方式，将污染物从废水吸附到吸附剂上，达到去除的目的。吸附效果受到吸附剂结构、性质和污染物的结构和性质以及操作工艺等因素的影响，常用的吸附剂有活性炭、树脂、活性碳纤维、硅藻土等。该法的优点是设备投资少、处理效果好、占地面积小。但由于吸附剂的吸附容量有限，吸附后的再生往往能耗很大，废弃后排放对环境易造成二次污染，这些因素限制了该方法的实际应用。

萃取法是利用与水互不相溶、但对污染物的溶解能力较强的溶剂，将其与废水充分混合接触，大部分的污染物转移至溶剂相，分离废水和溶剂，使废水得到了净化。分离溶剂与污染物，溶剂可以循环利用，废物中的有用物质回收，还可变废为宝。但是目前萃取法仅适用于少数几种有机废水，萃取效果及费用主要取决于所使用的萃取剂，由于萃取剂在水中还有一定的溶解度，处理时难免有少量溶剂流失，使处理后的水质难以达到排放标准，还需结合其他方法作进一步的处理。

随着材料技术的进步，超滤法和反渗透法等膜技术也已用于废水的治理研究，它不但可以治理废水，还可从废水中回收有用物质。但此法存在膜通量低，对小分子有机物的截留效率低、膜易污染、专业设备费用高等缺点。

3. 化学氧化法

化学氧化技术常用于生物处理的前处理，一般是在催化剂的作用下，用化学氧化剂处理有机废水可提高废水可生化性，或直接氧化降解废水中有机物使之稳定化。常用的氧化剂有 O_3、H_2O_2、$KMnO_4$ 等。随着研究的深入，高级氧化技术（Advanced Oxidation Processes，AOPs）应运而生，且已获得显著的进展。高级氧化技术的基础在于运用光辐照、电、声、催化剂，有时还与氧化剂结合，在反应中产生活性极强的自由基（如·OH），再通过自由基与有机化合物之间的加合、取代、电子转移、断键等，使水体中的大分子、难降解有机物氧化降解成低毒或无毒的小分子物质，甚至直接降解成 CO_2 和 H_2O，接近完全矿化。表 11-19 列出了常见氧化剂的氧化电位，由表可见，·OH 比普通氧化剂（O_3、Cl_2、H_2O_2 等）的氧化电位要高得多。

表 11-19　常见氧化剂的氧化电位

氧化剂	反应式	氧化电位/V
·OH	$\cdot OH + H^+ + e^- \longrightarrow H_2O$	2.80
臭氧	$O_3 + 2H^+ + 2e^- \longrightarrow H_2O + O_2$	2.07
过氧化氢	$H_2O_2 + 2H^+ + 2e^- \longrightarrow 2H_2O$	1.77
高锰酸根	$MnO_4^- + 8H^+ + 5e^- \longrightarrow Mn^{2+} + 4H_2O$	1.51
二氧化氯	$ClO_2 + e^- \longrightarrow Cl^- + O_2$	1.50
氯气	$Cl_2 + 2e^- \longrightarrow 2Cl^-$	1.30

这种以·OH 为主要氧化剂的降解技术克服了普通氧化法存在的问题，具有以下特点：①产生的·OH 氧化能力极强，与各种有机物质的反应速率相近，具有"广谱性"，能有效地将废水中的有机物彻底降解为 CO_2、H_2O 和无机盐，无二次污染；②工艺灵活，既可单独处理，又可以与其他处理工艺组合；③作为一种物理-化学处理过程，极易控制，以满足不同处理需要。由于氧化过程可以完全破坏毒性污染物，较之其他处理方法有其特殊优越性，因而在水处理研究领域引起了广泛的关注和应用。

第三节　噪声污染防治措施

噪声是发声体做无规则振动时发出的声音，是一类引起人烦躁或音量过强而危害人体健康的声音。噪声污染主要来源于交通运输噪声、工业企业噪声、施工噪声、社会噪声等。由于噪声源不同，所采取的噪声防治措施也不同，但都是从噪声源、传播途径、受声者三个方面考虑。

一、交通运输噪声防治措施

（一）针对声源的降噪措施

1. 选用低噪声路面

一般来说，汽车行驶在沥青混凝土路面比行驶在水泥路面噪声要低 1～3dB。其中疏水沥青混凝土路面的降噪效果更为明显，可降噪 2～8dB。因此，使用低噪声路面可有效地降低公路交通噪声污染。

2. 交通管制措施

在某时段内禁止大型车辆在敏感路段通行、禁止鸣笛，调整交通信号使交通流顺畅等降噪效果较为明显，也易于采用。

（二）针对噪声传播途径的降噪措施

1. 在公路与受声点之间设置声屏障

声屏障是一个降低公路噪声的重要设施，也是道路设计者经常采用的降噪措施，对距公路 200m 范围内的受声点有非常好的降噪效果。声屏障对交通的衰减作用主要是通过吸声和隔声来达到的。吸声靠声材料实现，而隔声主要是靠增加噪声的传播距离达到。一个足够高和长的声屏障可以对处于声影区（见图 11-10）的受声点降噪 5~15dB，从而可以达到利用声屏障降噪的目的。

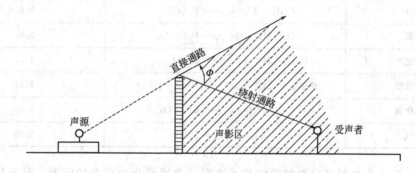

图 11-10 声屏障隔声原理

采用声屏障减少交通车辆噪声干扰，一般沿道路设置 5~6m 高的隔声屏，可达 10~20dB（A）的减噪效果。

2. 在公路受声点之间种植绿化林带

有关资料表明，非常稠密的树林（在声源与受声点之间没有清楚的视线），且树林高度高过视线 4.5m 以上时，树林深入 30m 可降噪 5dB，树林深入 60m 可降噪 10dB，树林的最大降噪值是 10dB。

种植绿化带不但具有降噪作用，还兼有绿化美化环境的功能，但会大幅度提高公路用地范围，当公路经过荒山丘陵地区时，该方法较为实用。

绿色植物减弱噪声的效果与林带宽度、高度、位置、配置方式及树木种类有密切关系。在城市中，林带宽度最好是 6~15m，郊区为 15~20m。林带的高度大致为声源至声区距离的 2 倍。林带的位置应尽量靠近声源，降噪效果更好。一般林带边缘至声源的距离 6~11m 为宜。林带应以乔木、灌木和草地相结合，形成一个连续、密集的障碍带。树种一般选择树冠矮的乔木，阔叶树的吸声效果比针叶树好，灌木丛的吸声效果更为显著。

利用绿化林带可以降低汽车运输噪声。在表 11-20 中可见绿化带的减噪效果。从表中看出，对低频声频段，即交通运输噪声主要频段，利用绿化带作为防噪措施所达到的降低噪声级平均值为 0.05~0.17dB/m。一般绿化带对中、高频噪声具有较高的减噪效果，而对低频的减噪作用则较差。

表 11-20　树木单位吸声量

树木种类	频率/Hz					全频带噪声降低平均值/(dB/m)
	200～400	400～800	800～1600	1600～3200	3200～6400	
松木（树冠）	0.08～0.11	0.13～0.15	0.14～0.15	0.16	0.19～0.20	0.15
幼年松林	0.10～0.11	0.1	0.10～0.15	0.10	0.14～0.20	0.15
冷杉（树冠）	0.10～0.12	0.14～0.17	0.18	0.14～0.17	0.23～0.30	0.18
茂密阔叶林	0.05	0.05～0.07	0.08～0.10	0.11～0.15	0.17～0.20	0.12～0.17
浓密的绿篱	0.13～0.15	0.17～0.25	0.18～0.35	0.02～0.40	0.3～1.50	0.25～0.35

正确选择树种是提高绿化带防噪效果的重要一环。一般来说，树的高度不小于 7～8m，灌木不小于 1.5～2m。树木栽植的间距为 0.5～3m。

多列树木组成的绿化带较适合在城市采用，因为每列之间可以铺设人行林荫道。利用绿化带降低噪声可以收到很好效果，密植 20～30m 宽的林带能够降低交通噪声 10dB。绿化带宽度为 10～15m 时，降低交通噪声的效果良好。

3. 增大公路与受声点之间的距离

因为噪声强度自声源开始随距离衰减，所以增加噪声源和受声点之间的距离，可以有效地减少噪声的影响。在公路选线时，应充分考虑公路交通噪声污染问题，尤其对执行《声环境质量标准》中 2 类标准的学校教室、医院病房、疗养院住房和特殊宾馆等噪声敏感点，应先估算其噪声级，如通过设置声屏障无法解决噪声污染问题，就需考虑调整线位，增大线位与敏感点之间的距离，从而降低敏感点的噪声级。

（三）针对受声点的降噪措施

通过对敏感建筑物采取一定的措施，也能达到降噪目的，如对山坡上的房屋加高院墙、给朝向公路的窗户安装双层窗等都有明显的降噪效果。

二、工业企业噪声防治措施

治理工业企业噪声污染，主要从噪声源、传播途径、受声者（企业职工）这三方面考虑。针对不同的噪声污染情况和特点采取相应的措施，以达到防振降噪的目的。

（一）针对声源的降噪措施

常见工业设备的声级范围见表 11-21。

表 11-21　常见工业设备的声级范围

设备名称	声级范围/dB	设备名称	声级范围/dB	设备名称	声级范围/dB	设备名称	声级范围/dB
织布机	96～106	锻机	89～110	风铲（镐）	91～110	卷扬机	80～90
鼓风机	80～126	冲床	74～98	剪板机	91～95	退火机	91～100
引风机	75～118	车床	75～95	粉碎机	91～105	拉伸机	91～95
空压机	73～116	砂轮	91～105	磨粉机	91～95	细纱机	91～95
破碎机	85～114	冲压机	91～95	冷冻机	91～95	整理机	70～75
球磨机	87～128	轧机	91～110	抛光机	96～105	木工圆锯	93～101
振动筛	93～130	发电机	71～106	锉锯机	96～100	木工带锯	95～105
蒸汽机	86～113	电动机	75～107	挤压机	96～100	飞机发动机	107～160

注：距声源 1m，现场实测。

① 对车间的壁面采用适当的吸声材料，可以减少由于反射产生的混响声，从而降低噪声。吸声材料能把入射在车间壁上的声能吸收掉，较好的吸声材料有玻璃棉、矿渣棉、棉絮、海草、毛毡、泡沫、塑料、木丝板、甘蔗板、吸声砖等。常用吸声材料的吸声系数及相关参数见表 11-22。常用建筑材料的吸声系数见表 11-23。表 11-24 列出了一些常用建筑结构的吸声系数及相关系数。

表 11-22　常用吸声材料的吸声系数及相关参数

材料名称	容重 /(kg/m³)	厚度/cm	倍频带中心频率/Hz					
			125	250	500	1k	2	2k
			吸声系数					
超细玻璃棉	25	2.5	0.02	0.07	0.22	0.59	0.94	0.94
		5	0.05	0.24	0.72	0.97	0.90	0.98
		10	0.11	0.85	0.88	0.83	0.93	0.97
矿棉	240	6	0.25	0.55	0.78	0.75	0.87	0.91
毛毡	370	5	0.11	0.30	0.50	0.50	0.50	0.52
微孔砖	450	4	0.09	0.29	0.64	0.72	0.72	0.86
	620	5.5	0.20	0.40	0.60	0.52	0.65	0.62
膨胀珍珠岩	360	10	0.36	0.39	0.44	0.50	0.55	0.55

表 11-23　常用建筑材料的吸声系数

建筑材料	倍频带中心频率/Hz					
	125	250	500	1k	2	2k
	吸声系数					
普通砖	0.03	0.03	0.03	0.04	0.05	0.07
涂漆砖	0.01	0.01	0.02	0.02	0.02	0.03
混凝土块	0.36	0.44	0.31	0.29	0.39	0.25
涂漆混凝土块	0.10	0.05	0.06	0.07	0.09	0.08
混凝土	0.01	0.01	0.02	0.02	0.02	0.02
木料	0.15	0.11	0.10	0.07	0.06	0.07
灰泥	0.01	0.02	0.02	0.03	0.04	0.05
大理石	0.01	0.01	0.01	0.01	0.02	0.03
玻璃窗	0.15	0.10	0.08	0.08	0.07	0.05

表 11-24　一些常用建筑结构的吸声系数及相关系数

材料名称	材料 厚度/cm	空气层 厚度/cm	倍频带中心频率/Hz					
			125	250	500	1000	2000	4000
			吸声系数					
刨花板	2.5	0	0.18	0.14	0.29	0.48	0.74	0.84
		5	0.18	0.18	0.50	0.48	0.58	0.85
三合板	0.3	5	0.21	0.73	0.21	0.19	0.08	0.12
		10	0.59	0.38	0.18	0.05	0.04	0.08

材料名称	材料厚度/cm	空气层厚度/cm	倍频带中心频率/Hz					
			125	250	500	1000	2000	4000
			吸声系数					
细木丝板	1.6	0	0.04	0.11	0.20	0.21	0.60	0.68
	5	5	0.29	0.77	0.73	0.68	0.81	0.83
甘蔗板	1.3	0	0.06	0.12	0.20	0.21	0.60	0.68
		3	0.28	0.40	0.33	0.32	0.37	0.26
木质纤维板	1.1	0	0.06	0.15	0.28	0.30	0.33	0.31
		5	0.22	0.30	0.34	0.32	0.41	0.42
泡沫水泥	5	0	0.32	0.39	0.48	0.49	0.47	0.54
		5	0.42	0.40	0.43	0.48	0.49	0.55

② 修建隔离间、隔声罩及隔声管道、隔声屏，使操作者与声源隔离。如把鼓风机、空压机、球磨机、发电机等放置在隔声间或隔声机罩内，与操作者隔开；也可以使操作者处在隔声性能良好的控制室或操作室内，与一些发声机器隔开，从而使操作者免受噪声危害。

隔声罩通常用于车间内风机、空压机、柴油机、鼓风机、磨球机等强噪声机械设备的降噪，其降噪量一般为10～40dB。

各种形式隔声罩A声级降噪量为：固定密封型为30～40dB；活动密封型为15～30dB；局部开敞型为10～20dB；带有通风散热消声器的隔声罩为15～25dB。

各种常用构件的隔声量见表11-25。常见双层墙的隔声量见表11-26。

表 11-25 常用构件的隔声量

构件名称	面密度/(kg/m²)	实测倍频程隔声量/dB						测定隔声量/dB	计算隔声量/dB
		125	250	500	1000	2000	4000		
1/4 砖墙,双面粉刷	118	41	41	45	40	40	47	43	40
1/2 砖墙,双面粉刷	225	33	37	38	40	52	53	45	44
1/2 砖墙,双面木筋板条加粉刷	280	—	52	47	57	54	—	50	46
1 砖墙,双面粉刷	457	44	44	45	53	57	56	49	49
1 砖墙,双面粉刷	530	42	45	59	57	64	62	53	50
1 砖墙,双面勾缝	444	37	43	53	63	73	83	58	49
双层 1 砖墙,两层墙间留 150mm 空气层	800	50	51	58	71	78	80	64	76
100mm 厚空心砖墙,双面粉刷	183	19	22	29	35	44	44	31	43
150mm 厚空心砖墙,双面粉刷	197	23	33	30	38	42	39	34	43
1 砖空心墙,双面粉刷	374	21	22	31	33	43	46	31	47
空心石膏板76mm 厚,双面粉刷	95	34	35	36	41	47	—	34	39
100mm 厚矿渣砖砌块,双面粉刷	217	18	23	29	40	45	44	31	44

续表

构件名称	面密度/(kg/m²)	实测倍频程隔声量/dB						测定隔声量/dB	计算隔声量/dB
		125	250	500	1000	2000	4000		
100mm 厚木筋板条墙,双面粉刷	70	17	22	35	44	49	48	35	37
150mm 厚加气混凝土砌块墙,双面粉刷	175	28	36	39	46	54	55	43	42
4mm 厚双层密闭玻璃窗留120mm 空气层	20	20	17	22	35	41	38	29	29
45mm 厚双面三夹板门	10	13	15	15	20	21	24	17	24

表 11-26 常见双层墙的隔声量

材料及结构的厚度/mm	面密度/(kg/m)	平均隔声量/dB
12~15 厚铅丝网抹灰双层中填 50 厚矿毛毡	94.6	44.4
双层 1 厚铝板(中空 70)	5.2	30
双层 1 厚铝板涂 3 厚石漆(中空 70)	6.8	34.9
双层厚铝板+0.35 厚镀锌铁皮(中空 70)	10.0	38.5
双层 1 厚钢板(中空 70)	15.6	41.6
双层 2 厚铝板(中空 70)	10.4	31.2
双层 2 厚铝板填 70 厚超细棉	12.0	37.3
双层 1.5 厚钢板(中空 70)	23.4	45.7
18 厚塑料贴面压榨板双层墙,钢木龙骨(12+80 填矿棉+12)	29.0	45.3
18 厚塑料贴面压榨板双层墙,钢木龙骨(12×12+80 填矿棉+12)	35.0	41.3
碳化石灰板双层墙(90+60 中空+90)	130	48.3
碳化石灰板双层墙(120+30 中空+90)	145	47.7
90 碳化石灰板+80 中空+12 厚纸面石膏板	80	43.8
90 碳化石灰板+80 填矿棉+12 厚纸面石膏板	84	48.3
加气混凝土双层墙(15+75 中空+75)	140	54.0
100 厚加气混凝土+50 中空+18 厚草纸板	84	47.6
100 厚加气混凝土+80 中空+三合板	82.6	43.7
50 厚五合板蜂窝板+56 中空+30 厚五合板蜂窝板	19.5	35.5
240 厚砖墙+80 中空内填矿棉+6 厚塑料板	500	64.0
240 厚砖墙+200 中空+240 厚砖墙	960	70.7
60 厚砖墙(表面粉刷)+60 中空+60 厚砖墙(表面粉刷)	258	38.0
双层 80 厚穿孔石膏板条	100	40.0
240 厚砖墙+150 中空+240 厚砖墙	800	64.0
双层 75 厚加气混凝土(中空 75,表面分刷)	140	54.0
双层 40 厚钢筋混凝土(中空 40)	200	52.0

如果生产实际情况不允许对声源做单独隔声罩，又不允许操作人员长时间停留在设备附近的现场，可采用隔声间。隔声间由不同隔声构件（隔声门、隔声窗等）组成，具有良好隔声性能。表 11-27 列出了门的隔声量，表 11-28 列出了窗的隔声量。

表 11-27 门的隔声量

构　造	隔声量/dB						
	125	250	500	1000	2000	4000	平均
三合板门，扇厚 45mm	13.4	15	15.2	19.7	20.6	24.5	16.8
三合板门，扇厚 45mm，上开一小观察孔，玻璃厚 3mm	13.6	17	17.7	21.7	22.2	27.7	18.8
重塑木门，四周用橡皮和毛毡密封	30	30	29	25	26		27
分层木门，密封	20	28.7	32.7	35	32.8	31	31
分层木门，不密封	25	25	29	29.5	27	26.5	27
双层木板实拼门，板厚共 100mm	15.4	20.8	27.1	29.4	28.9		29
钢板门，厚 6mm	25.1	26.7	31.1	36.4	31.5		35

表 11-28 窗的隔声量

构　造	隔声量/dB						
	125	250	500	1000	2000	4000	平均
单层玻璃窗，玻璃厚 3～6mm	20.7	20	23.5	26.4	22.9		22±2
单层固定窗，玻璃厚 6.5mm，四周用橡胶皮密封	17	27	30	34	38	32	29.7
单层固定窗，玻璃厚 15mm，四周用腻子密封	25	28	32	37	40	50	35.5
双层固定窗	20	17	22	35	41	38	28.8
有一层倾斜玻璃双层窗	28	31	29	41	47	40	35.5
三层固定窗	37	45	42	43	47	56	45

③ 对于车间中由于机械设备运转不平衡，引起设备基础和墙体的振动形成的噪声，可采用在设备和基础之间加弹簧和弹性材料制作的减振器或减振垫层以减少能量传递，或在机械设备的基础周围挖设一定深度的沟，隔绝振动的传播。

④ 对于机器设备在设计时由于零件的匹配面，界面和连接点考虑不周、处理不善引起结构激烈的振动，需要在结构的连接处作减振处理。如采用弹性的连轴节、弹性垫或其他装置。使用薄金属板材料做机器设备的罩面或做隔声罩、通风管道等，需在其表面喷涂一层内摩擦阻力大的黏弹性材料，如沥青、软橡胶或其他高分子涂料配成的阻尼浆来减振防噪。

⑤ 消声器是一种使声能衰减而允许气流通过的装置，将其安装在气流通道上便可控制和降低空气动力性噪声。对于风机类的噪声可采用阻性或以阻性为主的复合消声器；而空压机、柴油机则宜使用抗性或抗性为主的复合式消声器和多级扩容减压等新型消声措施。

⑥ 改进机械设备结构、应用新材料来降噪，效果和潜力很大。如化纤厂的拉捻机噪声很高，将现有齿轮改用尼龙齿轮，可降低噪声 20dB。风机叶片由直片式改成后弯形，可降低噪声 10dB；或者将叶片的长度减小，亦可降低噪声。

旋转机械设备的齿轮传动装置如果改用斜齿轮或螺旋齿轮，可降噪 3～16dB。若改用皮带传动代替一般齿轮传动，由于皮带能起到减振阻尼作用，因此可降低噪声 16dB。对于齿轮类的传动装置，通过减小齿轮的线速度、选择合适的传动比，也能降低噪声6dB。

（二）针对传播途径的降噪措施

① 在城市规划上尽量把高噪声的工厂或车间与居民区分隔开（见表11-29），防止相互干扰；在一个工厂内部，把噪声强的车间和作业场所与职工生活区分开；工厂车间内部的强噪声设备应该与其他一般生产设备分隔开来。

表11-29 利用城市规划方法控制交通噪声

控制噪声方法	实用效果
居住区远离交通干线和重型车辆通行道路	距离增加1倍，噪声降低4～5dB
按噪声功能区进行合理区域规划	噪声降5～10dB
利用商店等公共场所做临街建筑、隔离噪声	噪声降7～15dB
道路两侧采用专门设计的声屏障	噪声降5～15dB
减少交通流量	流量减少一倍，噪声降3dB
减少车辆行驶速度	每减少10km/h，噪声降2～3dB
减少车流量中重型车辆比例	每减少10％，降声噪1～2dB
增加临街建筑的窗户隔声效果	噪声降5～20dB
临街建筑的房间合理布局	噪声降10～15dB
禁止汽车使用喇叭	噪声降2～5dB

② 在厂址的选择上，把噪声级高、污染面积大的工厂、车间或作业场所建立在比较边远的偏僻地区，使噪声最大限度地随距离自然衰减。

③ 可以利用天然地形，如山岗、土坡、树木、草丛或已有的建筑屏障等有利条件，阻断或屏蔽一部分声音的传播，例如把噪声严重的工厂周围设置有足够高度的围墙或屏障，可以减弱声音的传播；也可以在噪声严重的工厂或车间周围种植有一定密度和宽度的树丛或草坪，同样可引起声衰减。

（三）针对受声者的降噪措施

在声源和传播途径上无法采取措施时，或采取了措施仍不能达到预期效果时，就要对工人进行防护，佩带防护用品，如耳塞、耳罩、头盔、防声棉等，以使噪声级减少到允许的水平。此外，采取工人轮流作业，缩短工人进入高噪声环境的工作时间也是一种辅助方法。

三、施工噪声防治措施

施工机械噪声值见表11-30。

表11-30 施工机械噪声值 单位：dB

机械名称	距声源10m		距声源30m	
	范围	平均	范围	平均
打桩机	93～112	105	84～102	93
混凝土搅拌	80～96	87	72～87	79
地螺钻	68～82	75	57～70	63
铆抢	85～98	91	74～86	80
压缩机	82～98	88	73～86	78
破土机	80～92	85	74～80	76

（一）加强施工管理，提高施工人员环保意识

施工单位应当根据建筑施工噪声污染防治方案，按照建设项目的性质、规模、特点和施工现场条件、施工所用机械、作业时间安排等情况，采取相应的施工噪声污染防治措施，并保持防治设施的正常使用。

① 合理制定作业时间。为了有效地控制施工单位夜晚连续作业，应该严格控制作业时间。在居民稠密区进行强噪声施工作业时，夜晚作业时间不超过22时，早晨作业时间不早于6时，在特殊情况下（高考期间）缩短或暂停施工作业。昼间尽量将施工作业时间与居民的休息时间错开，当特殊情况下确需连续施工作业的，事先应该与附近居民协商，并上报工地所在地的环保局和有关环保行政执法部门。

② 减少人为噪声。严格执行《建筑工程施工现场管理规定》，进行文明施工，建立健全现场噪声管理责任制，加强对施工人员的素质培养，尽量减少人为的大声喧哗，增强全体施工人员防噪声扰民的意识。

③ 加强对施工现场的噪声监测。为及时了解施工现场的噪声情况，掌握噪声值，应加强对施工现场环境噪声的长期监测。采用专人监测、专人管理的原则，凡超过《建筑施工场界噪声限值》的，要及时对施工现场噪声超标的有关因素进行调整，力争达到施工噪声不扰民的目的。

④ 提倡绿色施工。绿色施工是可持续发展思想在工程施工中应用的主要体现，是绿色施工技术的综合应用。绿色施工涉及生态与环境保护、资源与能源的利用、社会经济的发展等。实施绿色施工遵循减少场地干扰、尊重基地环境、结合气候施工等原则。

（二）合理使用施工机械，改进施工方法

① 合理使用施工机械。施工机械和运输车辆是产生施工噪声的主要原因。为减少施工噪声对周围环境的影响，施工单位在施工过程中应当合理布局和使用施工机械，妥善安排作业时间。施工中应当使用低噪声的施工机械和其他辅助施工设备，对高噪声施工机械采取必要的降噪措施，禁止使用国家明令淘汰的产生噪声污染的落后施工工艺和施工机械设备。

② 积极改进生产技术。生产作业尽量向现场外部发展，减少现场施工作业量或作业内容。对于产生强噪声的成品、半成品的机械加工及制作，可以在工厂、车间内完成，减少因施工现场加工制作产生的噪声，如推广商品混凝土，使混凝土搅拌站远离施工现场，减少该作业的噪声源；采用噪声比较小的振动打桩法和钻孔灌桩法等；以焊接代替铆接；用螺栓代替铆钉等；其他建筑材料如木材、钢筋及其他金属材料的加工等，也要尽量实现非现场作业。

③ 积极改进作业技术，采用先进设备与材料，降低作业噪声的产生量。尽量选用低噪声或备有消声降噪声的施工机械，如以液压打桩机取代空气锤打桩机，在距离15m处实测噪声级仅为50dB。施工现场混凝土施工使用低噪声振捣棒、机械刨凿作业使用低噪声的破碎炮和风镐等剔凿机械、空气动力性机械安装消声器和弹性支座可有效降低噪声。

四、社会噪声防治措施

（一）加强营业性饮食服务单位和娱乐场所的管理

① 营业性饮食服务单位和娱乐场所的边界噪声达到国家规定的环境噪声排放标准；娱

乐场所不得在可能干扰学校、医院、机关正常学习、工作秩序的地点设立。对于不符合要求的，当地环保部门不得同意其建设，工商行政管理部门不得核发营业执照。

② 已建成的位于城镇人口集中区的营业性饮食、服务单位和娱乐场所的边界噪声必须符合国家环境噪声排放标准；居民区内有噪声排放的单位，必须采取相应的降噪措施，不得超过国家规定的噪声排放标准，并严格限制夜间工作时间；在经营活动中使用空调机、冷却塔等可能产生环境噪声污染的设备、设施的单位应采取措施，使其场所边界噪声不超过国家环境噪声排放标准。

（二）加强居民区内噪声污染治理

① 禁止任何单位和个人在城市市区噪声敏感建筑物集中区域内使用高音喇叭；禁止在商业经营活动中使用高音喇叭或其他发出高噪声的方法招揽顾客；禁止在城市市区街道、广场、公园等公共场所组织的娱乐、集会等活动中，使用音量过大、严重干扰周围生活环境的音响器材。

② 在已交付使用的住宅楼进行室内装修活动，严禁施工人员在夜间和午间休息时间进行噪声扰民作业。

（三）设置隔声屏障和绿化带

① 在楼房周围可以种植雪松、芙蓉、银杏等具有观赏价值的树种，树下可间种金银花、月季花或耐寒耐旱的草科植物。在挡土墙、楼墙下栽种爬山虎等攀援类植物。

② 区内街道宜种植高大挺拔的树种，如合欢、白蜡树、侧柏、圆柏等，乔木之下，可种植一些蔷薇科植物，周围种植黑麦草等草科植物。

第四节　生态环保措施

对可能具有生态影响的建设项目，应提出生态保护措施，明确施工期、运营期、使用期满后的生态环境保护要求。

一、施工期生态保护措施

施工期对生态环境的影响主要是占用土地、破坏植被、扰动地貌、引起水土流失，一般可采取以下生态保护措施。

（一）临时工程用地设置及恢复措施

预制场、拌和场地以及建材堆放场等临时用地应尽量减少占耕地，严格控制占用水田，并尽可能地布设在施工用地范围内。对于新开辟的施工便道，必须做好工程防护和排水工程，施工结束后不再利用的，及时进行植被恢复。取土场取土后，应对取土场进行后期恢复治理的专项设计，提出水土保持方案和景观恢复设计要求，按设计要求进行绿化恢复植被，防止水土流失。弃土场应在下部采取拦渣墙，上部采取拦截水设施，防止弃渣进一步侵蚀，弃土场应因地制宜地加以利用。

（二）工程区内有肥力的表层土保护措施

对于工程区内有肥力的原始表层土，应在工程施工前按照旱田滩涂剥离 25cm、林地剥离 20cm 的要求进行剥离，并运送到附近的取土场、弃渣场集中堆放，以备工程后期取土场及其他临时工程用地土地整治覆土之用；沿线设施和立交范围剥离的表土需就地存放，以备本单元覆土绿化使用。

（三）施工过程中的水土保持

做好施工期防水、排水工作，施工废水、生活污水集中设置沉淀池或净水器过滤等方法进行处理，不得排入河道、农田、耕地、饮用水源和灌溉渠道。在隧道洞口等结构物的出水口处集中设置沉淀池，经处理后排入指定地点；施工区域、砂石料场，在施工期间，妥善处理以减少对河道、溪流的侵蚀，防止沉渣进入河道、溪流及池塘；确保施工活动远离生活用水水源，以免生活水源被污染；燃油、油、颜料等化工材料应保存在安全器中，指定放置地点，以免外泄；防止工地死水聚积，污染环境；在施工期间保持土壤的良好排水状态，修建有足够泄水断面的临时排水道，并与永久排水设施相连接，且不得引起淤积和冲刷。

（四）废土废料处理

根据施工现场，拟在各驻地专辟废料场临时堆放施工中产生的大量废料（如塑料薄膜、钢筋废料、水泥袋等）和生活垃圾，在选定的地点集中堆放，同时与当地环保部门联系清运车并及时处理，运至业主和地方环保部门都同意的地点弃置；当废料无法及时运走时，采用掩盖等临时措施，防止扩散，造成污染；有毒废料，应报请业主和当地环保部门批准，弃置于永久性废物堆放地点，并加以密封。

（五）植被保护和恢复措施

在施工过程中，控制施工作业面的范围，避免破坏周围植被。在施工过程中，需结合地方生态规划及绿色通道建设要求，对所有因工程开挖的取土场地以及裸露地及时绿化，尽量降低水土流失危害的影响。公路绿化及生态恢复措施应与景观保护紧密结合，通过绿化手段实现与自然的和谐。沿线绿化时，应注意选用适合当地生长的土生植物，防止外来物种入侵造成对生态系统的破坏。

（六）动物保护措施

对于公路项目，应设置动物通道，在野生动物保护区、自然保护区等经常有野生动物，特别是濒临灭绝的珍稀野生动物生活区，考虑修建动物通道来保护动物栖息地，减少公路对动物的阻隔作用，为动物迁徙提供方便。动物通道分为上跨式和下穿式两种。下穿式通道可与涵洞或其他水利设施结合起来。

二、运营期生态保护措施

（一）污染型项目生态保护措施

以养殖项目为例，介绍污染型项目运营期生态保护措施。

① 养殖项目建设完成后对生态环境的影响主要是土地利用性质、功能以及景观特征等的变化。为减轻项目的建设对土地的影响，项目在建设过程中通过厂区植树、厂区内种植蔬菜等方式增加厂区内的绿化面积，并且对不能种植植物的裸地进行硬化，道路两旁及少部分不可开辟的地块用于菜地、农田或经济林使用，同时厂区内的菜地、农田或经济林可以完全消纳项目经过沼气池发酵处理后产生的沼液。厂区的绿化不仅美化了环境，同时也使项目的污水有了一个合理的去向。

② 项目每天会产生新鲜的动物粪便，粪便产生后由周边的村民无偿运走，在存贮期间需做到堆放有序，同时定期清理堆粪厂。

③ 厂区内产生的其他固体废物和生活垃圾等不得随意丢弃和摆放，须有专门的存放场所，并定期清理。

（二）生态型项目生态保护措施

生态影响型建设项目主要包括交通运输、采掘和农林水利三大类别。下面分别以公路项目、矿山开采和水电项目为例，介绍生态型项目运营期生态保护措施。

1. 公路项目生态保护措施

公路项目运营期间应采取以下生态保护措施。

① 严格执行运营期各项水环境保护措施，保护沿线河流水质，从而保护水生生物生境。

② 加强公路营运期公路监测，防止发生水土流失，保护当地生态系统。

③ 在野生动物经常出没的地方设置动物通道标志，采用人工监控和保护重要动物廊道、控制交通等措施来有效避免对保护区内野生动物的伤害。

④ 按照《国务院关于进一步推进全国绿色通道的通知》精神，落实公路两侧的绿化带的营建工作。

公路绿化除应满足公路主体工程自身防护、防眩、防噪和改善司乘人员视野环境的主要功能外，还必须满足与自然景观相协调、改善生态平衡、创造符合当地的社会经济条件的优美而有生气的环境的要求。

2. 矿山开采项目生态保护措施

① 矿山在开采和运输过程中往往产生较多的弃土、弃石、弃渣、尾矿、废水和其他废弃物质。矿山开采项目常用的工程防护措施有拦渣工程、护坡工程和截排水工程，见表11-31。

表 11-31　矿山开采项目常用工程防护措施

防护措施	形式	形式描述
拦渣工程	拦渣坝	一般有浆砌石坝、干砌石坝、土石混合坝等形式，设计大小由拦渣规模和当地建筑材料决定
	挡渣墙	挡渣墙按结构形式分为重力式、悬臂式和扶壁式等几种
	拦渣堤	有堤内拦渣与堤外防洪两种功能，故拦渣堤的关键是选线、基础和防洪标准
护坡工程	干砌石护坡	对坡面较缓，坡下不受水流冲刷的坡面，采用干砌石护坡
	浆砌石护坡	对坡度在 1∶1～1∶2，坡面可能遭受水流冲刷，切冲击力强的地段，宜采用浆砌石护坡
截排水工程		主要有蓄水池、截流沟、排水沟、道路集流沟、排（放）水暗渠、沉砂池等。矿区在选矿厂场地周边、道路两侧或临坡地段都会开挖排水沟，一般情况下，对位于土质含量高或表面为强风化岩石地段的排水沟采用浆砌石

② 地表土保存技术是在矿山施工之前，先取 50cm 左右深的土壤，并将其保存封藏，尽量减少结构的破坏和养分流失，在矿山开采完毕后，把表土重新覆回，使其还原。

③ 废渣的淋溶水中镉、汞、铅、砷等剧毒元素的含量均超过国家水质标准的，在进行表土改造之前，应设法灌注黏土泥浆，以便让泥浆包裹废渣表面，然后再铺上一层黏土并压实，造成一个人工隔水层，减少地面水下渗，降低其淋溶水中有毒元素的含量，保障人类和生物的健康。

④ 植被恢复技术是利用植物的独特功能与根际微生物协同作用，从而发挥比生物修复更大的功效。它是一种有效和廉价处理某些有害废物的新方法。

⑤ 地表沉陷及破坏的防治对策主要有两方面：一方面是采取措施减少或防止地表沉陷变形与破坏。另一方面是根据受护对象的性质和特征采取针对性的防护治理措施。防止或减少地表沉陷与破坏的措施具体如下。

a. 留设不开采保护区。例如煤矿，即在受护对象下方保留一块比受护面积还要大的煤柱不采，煤柱的大小应根据有关规程规定的方法按本矿区求得的移动角度进行设计。留设保护柱以损失煤炭资源为代价换取受保护对象的安全，其优点是可以最大限度地减少受保护地表的沉陷与变形，保证受保护对象的安全。

b. 填充开采。采用砂石、煤矸石等材料，利用水力、风力作为动力，及时填充采空区，以减少顶板和覆岩的下沉，从而减少地面的沉陷、变形与破坏，一般只适用于重要城市或大型水体下开采。

c. 协调开采利用两个或更多的工作面，按预先设计的开采尺寸、超前比例和开采顺序进行开采，使各工作面开采产生的地表变形，如正曲率与负曲率、拉伸变形与压缩变形相互抵消，从而使地面的实际变形小于单一工作开采引起的变形。

⑥ 水环境治理措施

a. 水土流失严重是矿山开采中发生的重大生态问题。处在矿区内的季节性河流，夏季暴雨来临，河水猛涨，携带大量泥沙，不仅给下游河流造成危害，而且直接威胁到两岸矿井和生活小区的安全。为此，采取生物措施与工程治理相结合的方式，进行水土流失的整治，及时填堵地表塌陷裂缝，防止地表水通过采动裂缝漏入地下，同时搞好塌陷地复垦，防止水土流失。

b. 从优化矿区水环境出发，抓好矿区的水利工程和水土保持工程，包括打坝淤地、治理小流域、兴建水库、拦洪蓄水，提高地下水位。同时认真贯彻节水措施，加强污水和矿井水的处理和利用。

c. 有计划地采取深层水或矿区外远程供水。

3. 水电工程项目生态保护措施

水电站运行期间对生态环境的影响主要是对库区、减水河段的生态影响，可采取以下保护措施消除或减缓水电站运行对生态环境的影响。

① 电站选址应避开基本农田保护区和自然保护区等，坝轴线及正常蓄水位的选择应尽量减少淹没耕地数量。确实不可避免要淹没的，应按照"占多少，补多少"的原则，开垦与所淹没或占用耕地数量相当的耕地，没有条件开垦的应按照规定缴纳开垦费。

② 对于生产移民要科学合理地进行安置，确保他们的生产生活不受影响。同时，对于就近补偿耕地的生产安置移民，要积极引导他们科学耕作，合理使用农药化肥，减少库区农业面源污染；对于无法补偿耕地的移民，应鼓励他们从事其他行业，如外出打工、搞个体商业等，不得在库区进行陡坡开荒耕作，以减少库区水土流失，确保库区水质不受影响。

③ 电站蓄水前应清除库区内的有机物及其他废弃物，蓄水后应协调相关部门，搞好库区各种废水的处理，确保其达标排放，避免影响库区水质；加强库区农业耕作管理，禁止陡坡耕作，搞好库区及上游沿岸的绿化，尽量减少库区水土流失。

④ 拦河坝合理地设置水生生物洄游通道，保护区域水生生物，并按照相关规定对库区水生生物进行补偿保护；或采取经相关部门批准的其他补救措施，如建立鱼类保护区、投放相应鱼苗等。

⑤ 水电站运行期间必须调节发电引水量，确保一定的下泄流量，保证减水河段正常生

态用水。河流生态环境需水量是在特定时间和空间为满足特定服务目标的变量，它是能够在特定水平下满足河流系统诸项功能所需水量的总称。原国家环境保护总局《水电水利建设项目河道生态用水、低温用水和过鱼设施环境影响评价技术指南》、原国家环保总局办公厅"环办函（2006）11号"文件印发的《水电水利建设项目水环境与水生生态保护技术政策研讨会会议纪要》对引水式电站坝址下泄流量作出明确规定："维持水生生态系统稳定所需最小水量一般不应小于河道控制断面多年平均流量的10%（当多年平均流量大于80m³/s时取5%）"。因此，水电工程建成后，必须按照规定下泄一定的流量，保证下游减水河段的正常生态用水。

⑥ 坝下放水用于维持河流生态用水、灌溉或其他用水时，应采用从不同深度分层放水，最终混合调节到适当温度后进入下游河道或进入灌区，避免低温水对下游河道生态环境或灌区等产生不利影响。

三、使用期满后生态保护措施

以矿山开采项目为例，介绍使用期满后的生态保护措施。

矿山使用期满后，建设单位应以环境、生态、经济、水保综合效益充分发挥为目标，对矿区进行综合治理，对受扰动区域采取全面整治、绿化与复垦措施，减少矿区的水土流失和土地功能退化，恢复矿区的自然景观。闭矿期，矿山拟采取以下生态保护措施。

① 土壤基质改良和植被恢复。矿山开采后造成的生态破坏主要是土地退化，即废弃地土壤理化性质变坏、养分丢失及土壤中有毒物质增加，因此，土壤改良是矿山废弃地生态恢复最主要的环节之一。

② 在矿山废弃地恢复过程中，通常添加有效物质，使土壤的物理化学性质得到改良，从而缩短植被演替的进程，加快矿山废弃地的生态重建。

③ 拆除工业场地内地面建筑，清理平整地面，覆盖土壤，选择当地适宜生长的树木和草种，采用乔、灌、草相结合的方式，植树种草，进行生态恢复。

④ 对矿石临时堆场进行清理平整，覆盖土壤，以灌草相结合的方式进行绿化。

对运矿道路进行清理平整、覆盖土壤，撒播草籽或种植适宜树种，采用乔、灌、草相结合的方式，恢复生态环境。

⑤ 在岩石移动区周围设立警示牌，拉刺网。警示牌注明范围及内容，防止无关人员和放牧进入错动区发生危害。警示牌应鲜明、牢固，避免被推倒或破坏，刺网用水泥桩固定。在塌陷、裂隙区周围应设截水沟或挡水围堤，塌陷稳定后封填裂缝、恢复地貌和植被。

⑥ 对废弃井巷采取封堵措施，并在井口设立警示标志，说明该井口深度、直径、原功能、封闭时间、注意事项等内容。井口采用钢筋板覆盖，周围用水泥浆抹面，以防止降水自井口渗入，导致塌陷发生。

第五节　风险防范措施

一、火灾防范措施

我国《建筑设计防火规范》中将能够燃烧的固体分成甲、乙、丙、丁四类，比照危险货物的分类方法，可将甲类、乙类固体划入易燃固体，丙类固体划入可燃固体，丁类固体划入难燃固体。

（一）堆放易燃品仓库的火灾防范措施

① 仓库的电气装置必须符合国家现行的有关电气设计和施工安装验收标准规范的规定。

② 甲、乙类库房要求使用防爆灯。

③ 贮存丙类固体物品的库房，不准使用碘钨灯和超过 60W 以上的白炽灯等高温照明灯具。

④ 库房内不准设置移动式照明灯具。照明灯具下方不准堆放物品，其垂直下方与贮存物品水平间距离不得小于 0.5m。

⑤ 库房内敷设的配电线路，需穿金属管或用非燃硬塑料管保护。

⑥ 库区的每个库房应当在库房外单独安装开关箱，保管人员离库时，必须拉闸断电。禁止使用不合规格的保险装置。

⑦ 库房内不准使用电炉、电烙铁、电熨斗等电热器具和电视机、电冰箱等家用电器。

⑧ 仓库电器设备的周围和架空线路的下方严禁堆放物品。对提升、码垛等机械设备易产生火花的部位，要设置防护罩。

⑨ 仓库必须按照国家有关防雷设计安装规范的规定，设置防雷装置，并定期检测，保证有效。

⑩ 仓库的电器设备，必须由持合格证的电工进行安装、检查和维修保养。电工应当严格遵守各项电器操作规程。

⑪ 易燃物品的运输、存放、领用必须严格履行审批登记手续，符合安全管理规定要求。

（二）油罐火灾风险防范

① 对职工进行安全防火教育，全面提高职工的操作技能、安全防火意识，及专兼职消防人员灭火技能。落实责任追究制，通过强化管理、分级负责、承包考核等，有效提高消防程度，减少各类火灾隐患。

② 配备必要的消防器材，并严格检查标签、日期、有效期。重点部位应有醒目的警示牌。坚持定期检查制度，使消防器材设备时刻处于良好状态，无火警不许动用，为预防特发火灾提供可靠的物质保证。厂区偏角、无人值班室等人为巡查有困难的地方应装置自动火灾报警器，报警器要坚持定期检查、校验，使报警器材时刻保持良好性能。

③ 油灌区等重点部位严禁明火、铁器碰撞、摩擦产生静电引发火灾爆炸事故。

二、爆炸防范措施

在有爆炸性物质参与的各种生产过程中，防止发生爆炸事故的重要措施主要有防止跑、冒、滴、漏；紧急情况下停车处理；防止爆炸性混合物的形成。

（一）防止跑、冒、滴、漏

生产、输送、贮存易燃物料过程中的跑、冒、滴、漏往往导致可燃气体或液体在环境中扩散，是造成爆炸事故的重要原因之一。造成跑、冒、滴、漏一般有以下 3 种情况。

① 操作不精心或误操作，如收料过程中的槽满跑料，分离器液面控制不稳，开错排污阀等；

② 设备管线和机泵的结合面不严密；

③ 设备管线被腐蚀，未及时检修更换。

（二）紧急情况下停车处理

当发生停电、停汽、停水的紧急情况时，装置就要进行紧急停车处理，此时若处理不当，就可能造成事故。

① 停电。为防止因突然停电而发生事故，对生产过程危险性大的工厂、装置应实现双电源环路供电，对比较重要的设备一般都应具备双电源联锁自投装置。在发生停电情况时，要特别注意加热设备和重点反应设备，注意温度和压力的变化，保持必要的物料流通，并准备停产。对某些设备可临时采用手动搅拌、紧急排空和放料等措施。

② 停水。当水压降低、供水量减少时，要注意水压变化情况，同时，也要注意锅炉和使用冷却水部位的温度和压力变化情况。一般情况下可以采取减量生产的措施维持生产。如果水压为零，停止供水，这时要立即停止进料，注意使所有采用水来降温的设备不要超温、超压。若发现压力过高，应立即采取放空卸压措施。要密切注意锅炉运行情况，采取紧急措施，动用后备水源，保证锅炉安全。

③ 停汽。停汽后，加热装置温度下降，汽动设备停运。一些在常温下呈固态而在操作温度下呈液态的物料，应根据温度变化进行妥善处理，防止因降温使液态物料凝结为固态，以免堵塞管道。此外，还应及时关闭蒸气与物料系统相连通的阀门，以防物料倒流入蒸气管线系统。

（三）防止爆炸性混合物的形成

在生产过程中，应根据可燃易燃物质的燃烧爆炸特性，以及生产工艺和设备的条件，采取有效的措施，预防在设备和系统里或在其周围形成爆炸性混合物。这类措施主要有设备的密闭、厂房通风、惰性介质保护、以不燃溶剂代替可燃溶剂等。

1. 设备密闭

充装可燃易燃介质的设备和管路，如果气密性不好，就会由于介质的流动和扩散性，而造成跑、冒、滴、漏现象。逸出的可燃易爆物质，可使设备和管道周围空间形成爆炸性混合物。同样的道理，当设备或系统处于负压状态时，空气就会渗入，使设备和系统内部形成爆炸性混合物。

容易发生可燃易爆物质泄漏的部位主要有设备的转轴与壳体或墙体的密封处，设备的各种孔（人孔、手孔、清扫孔、取样孔等）盖及封头盖与主体的连接处，以及设备与管路、管件的各个连接处等。

2. 厂房通风

要使设备达到绝对密闭是很难办到的，总会有一些可燃气体、蒸气或粉尘从生产工艺设备管道系统中泄漏出来，而且生产过程中某些生产工艺，如喷漆有时也会挥发出可燃性物质。因此，必须用加强通风的方法使可燃气体、蒸气或粉尘的浓度不至于达到危险的程度，一般应控制在爆炸下限的 1/5 以下。如果挥发物既有爆炸性又对人体有害，其浓度同时控制到满足《工业企业设计卫生标准》的要求。

在设计通风系统时，应考虑到气体的相对密度。某些相对密度比空气大的可燃气体或蒸气，即使少量物质，如果在地沟等低洼地带积聚，也可能达到爆炸极限之内，此时车间或库房的下部亦应设通风口使可燃易爆物质及时吹走。从车间中排出含有可燃物质的空气时，应设置防爆的通风系统，鼓风机的叶片应采用碰击时不会发生火花的材料制造，通风管内应设有防火遮板，使一处失火时便能迅速遮断管路，避免波及他处。

3. 惰性介质保护

在可燃易爆气体、蒸气或粉尘与空气混合物中，加入惰性介质（生产中常用的惰性气体氮气、二氧化碳、水蒸气等），可以降低爆炸性混合物的氧含量，冲淡混合物中的可燃易爆物质的百分比，降至消除爆炸极限的下限以下的范围。当厂房内充满可燃性物质而具有爆炸危险时（如发生事故使车间、库房充满有爆炸危险的气体或蒸气时），应向这一地区输送大量惰性气体加以冲淡；在生产条件允许的情况下，可燃混合物在处理过程中亦应加入惰性介质保护；还有用惰性介质充填非防爆电气设备、仪表；在停产检修或开工生产前，用惰性气体置换设备及管道系统内的可燃物质等。总之，合理利用惰性介质，对防火与防爆有很大的实际作用。如果烟道气体为惰性气体时，应经过冷却，并除去氧及残余的可燃组分。氮气等惰性气体在使用时应经过气体分析，其中含氧量不得超过 2%。

一些可燃混合物不发生爆炸时的最大允许氧含量见表 11-32。

表 11-32　可燃混合物不发生爆炸时的最大允许氧含量

可燃物质	最大允许氧含量/%	
	CO_2 作稀释剂	N_2 作稀释剂
甲烷	14.6	12.1
乙烷	13.4	11.0
丙烷	14.3	11.4
丁烷	14.5	12.1
戊烷	14.4	12.1
己烷	14.5	11.9
汽油	14.4	11.6
乙烯	11.7	10.6
丙烯	14.1	11.5
乙醚	10.5	—
甲醇	11.0	8.0
硬脂酸钙	—	11.5
丁二烯	13.9	10.4
氢	5.9	5.0
一氧化碳	5.9	5.6
丙酮	15	13.5
苯	13.9	11.2
煤粉	16	14.0
麦粉	12	—
硬橡胶粉	13	—
硫	11	—
乙醇	10.5	8.5
铝粉	—	7.0
锌粉	—	8.0

（四）以不燃溶剂代替可燃溶剂

以不燃或难燃材料代替可燃或易燃材料，是防止爆炸的根本措施。因此，在满足生产工艺要求的条件下，应当尽可能地用不燃溶剂或爆炸危险性较小的物质代替易燃溶剂或爆炸危险性较大的物质，这样可防止爆炸性混合物的形成，为生产创造更为安全的条件。常用的不燃溶剂主要有甲烷和乙烷的氯衍生物，如四氯化碳、三氯甲烷和三氯乙烷等。使用汽油、丙酮、乙醇等易燃溶剂的生产可以用四氯化碳、三氯甲烷和三氯乙烷或丁醇、氯苯等不燃溶剂或危险性较低的溶剂代替。又如四氯化碳可用来代替溶解脂肪、沥青、橡胶等所采用的易燃溶剂。但这类不燃溶剂具有毒性，因此应采取相应的安全措施。例如，为避免泄漏必须保证设备的气密性，严格控制室内的蒸气浓度，使之不得超过卫生标准规定的浓度等。

饱和蒸气压和沸点是决定生产中所使用溶剂的爆炸危险性的重要参数。饱和蒸气压越大，蒸发速度越快，闪点越低，则爆炸危险性越大；沸点较高（例如沸点在 110℃以上）的液体，在常温（18~200℃）时所挥发出来的蒸气是不会达到爆炸危险浓度的。危险性较小的液体的沸点和蒸气压见表 11-33。

表 11-33　危险性较小的物质的沸点及蒸气压

物质名称	沸点/℃	200℃时的蒸气压/Pa
戊醇	130	267
丁醇	114	534
醋酸戊酯	130	800
乙二醇	126	1067
氯苯	130	1200
二甲萘	135	1333

三、中毒防范措施

1. 普及防范知识

对可能产生有毒有害物质的企业定期开展专题教育，针对各种有毒有害物质中毒的危害进行安全培训，提高企业管理者、安全人员、从业人员对有毒物质中毒危害的认识。

2. 落实责任主体

生产经营单位是安全生产的责任主体，生产经营主要负责人应对本单位的安全生产工作全面负责。

① 生产经营单位要认真宣传贯彻《安全生产法》、《职业病防治法》和《使用有毒物品作业场所劳动保护条例》，加强作业场所劳动保护工作，改善安全生产条件，保证安全生产的投入，落实安全生产责任。

② 生产经营单位应对从业人员如实告知作业场所和工作岗位存在的危险因素、防范措施以及事故应急措施，上岗前和在岗期间要实行安全叮嘱，提示安全措施并指导从业人员正确使用职业防护设备和用品。

③ 生产经营活动有可能产生有毒气体的场所，必须为从业人员配备气体检测仪器、呼吸器、救护带等安全设备；配备有毒有害气体报警仪、医疗救护设备和药品。防毒器具要定

期检查、维护，确保整洁完好。

3. 完善管理制度

① 进入密闭空间作业应由生产经营单位实施安全作业许可。

凡进入坑、池、罐、釜、沟以及井下、管道等存在有毒气体的场区作业的，生产经营单位应制定作业方案、进入许可程序、作业规程和相应的安全措施，明确作业负责人、进入作业劳动者和外部监护者的职责，并实施安全作业许可。

作业负责人应确认作业者、监护者的职业安全卫生培训及上岗条件，确认作业环境、作业程序和防范设施及用品符合进入要求；同时检查、验证应急救援服务、呼叫方法的效果；在作业完成后，要确认作业者及所携带的设备和物品均已撤离。

作业者应接受本单位职业安全卫生培训，持证上岗；遵守密闭空间作业安全操作规程；正确使用密闭空间作业安全设施与个体防护用品；应与监护者进行有效的安全、报警、撤离等双向沟通。

监护者应接受本单位职业安全卫生培训，持证上岗；在作业者作业期间保证在密闭空间外持续监护；适时与作业者进行必要有效的安全、报警、撤离等沟通；在紧急情况时向作业者发出撤离警告，必要时立即呼叫应急救援服务，并在密闭空间外实施应急救援工作；监护者在履行监测和保护职责时，必须坚守岗位，履行职责；对未经许可欲进入者予以警告并劝离。

作业人员作业前，要戴好防毒面具，系好救护带，现场必须落实专人监护。各项安全措施落实后，方可批准作业。

② 建立健全有毒有害物质中毒事故的应急救援预案。

可能产生有毒有害物质中毒的行业、企业应建立健全有毒有害物质中毒事故应急救援预案，根据作业要求，落实应急救援组织、救援人员、救援器材，落实各项安全设施、处置流程。企业应对制定的应急预案根据需要加以修缮并定期演练。

③ 厂区内设置一个防护站，对厂区内有害物质及危险性作业进行监测防护，负责全厂防护器材的保管、发放、维护及检修；对厂区内中毒和事故进行现场急救。

4. 严格作业准入

① 生产经营单位要切实执行有关规定，不得将阴沟疏通、河道挖掘、污物清理等项目，发包给不具备安全生产条件的单位和个人，严禁安排未经专业培训并取得上岗证的人员上岗作业。各单位在签订项目合同时，同时应签订安全生产协议，规定各自的管理职责。发包单位应对承包单位统一协调、管理。

② 切实加强对中小企业的监管，严格作业准入，尤其要将可能产生有毒有害物质中毒的企业列为重点监管对象，强制性规定相关企业配置防毒设施、设备和器具，制定作业规范，提高小企业的安全生产水平。

5. 坚持按章作业

生产经营单位应制定并严格实施密闭空间作业进入许可程序和安全作业规程，各级管理人员和作业人员应认真学习，熟记与作业相关的规定并认真执行。要强化安全意识，克服麻痹的思想，杜绝违章作业、违章指挥的现象，防止有毒有害物质中毒事故的发生。

6. 加强现场管理

① 要在高危场所设置警示标志，并在有专人监护且配备有效个人防护的条件下进行作业。禁止在未采用任何防护措施的情况下私自清理下水道。

② 当有人发生有毒气体中毒时，救援者应佩戴专业防护面具实施救援，制止不具备条件的盲目施救，避免出现更多的伤亡，并及时寻求专业救护。

③ 在安排工作时，必须安排现场专人监护，检查上岗人员的上岗资格，提出安全生产要求，监督安全措施的落实，对作业中可能发生的不安全问题及时告知，发现不符合安全生产规定的情况立即制止，确保安全生产落实到全过程。

④ 要制定详细的作业方案，填报《中毒、窒息等危险作业票》，经所在单位安全生产部门审核和单位负责人批准后方可实施作业。

⑤ 对于生产化学品，如烃类、苯类的工厂，其事故风险值较高，要求该片区要满足相关行业的卫生防护距离要求，禁设居民区等人员常住区域；周围设置绿化防护带，满足环境保护距离要求。

7. 现场急救处理

① 迅速脱离中毒现场至空气新鲜处，有条件时给予吸氧，保持呼吸道通畅。保持安静，卧床休息，注意保暖，严密观察病情变化。

② 对呼吸、心跳骤停者，立即进行心肺复苏。对休克者应让其取平卧位，头稍低；对昏迷者应及时清除口腔内异物，保持呼吸道通畅，迅速送往医院抢救。

③ 有眼部损伤者，应尽快用清水反复冲洗，迅速送往医院进一步处理。

④ 救援人员必须佩戴个人防护器进入中毒环境，并留有危险区外监护人员，做好一切救护准备，以尽可能地减少人员中毒或伤亡。

四、泄漏防范措施

（一）泄漏源控制

关闭有关阀门、停止作业或通过物料走副线、局部停车、打循环、减负荷运行等方法。容器发生泄漏后，根据泄漏点的危险程度、泄漏孔的尺寸、泄漏点处实际的或潜在的压力、泄漏物质的特性，采取措施修补和堵塞裂口，制止进一步泄漏。对于贮罐区发生液体泄漏时，要立即关闭罐区雨水阀，将泄漏物限制在围堰内，如果没有围堰，采用泥沙等物质设立临时围堰。

（二）泄漏物处置

泄漏被控制后，要及时将现场泄漏物进行覆盖、收容、稀释、处理，使泄漏物得到安全可靠的处置，防止二次事故的发生。泄漏物处置主要有以下几种方法。

① 围堤堵截。如果化学品为液体，泄漏到地面上时会四处蔓延扩散，难以收集处理。为此，需要筑堤堵截或者引流到安全地点。贮罐区发生液体泄漏时，要及时关闭雨污水阀，防止物料沿明、暗沟外流。

② 稀释与覆盖。为减少大气污染，通常采用水枪或消防水带以泄漏点为中心，在贮罐、容器的四周设置水幕或喷雾状水进行稀释降毒，使用雾状射流形成水幕墙，防止泄漏物向重要目标或危险源扩散，但不宜使用直流水。在使用这一技术时，将产生大量的被污染水，因此应疏通污水排放系统。对于可燃物，也可以在现场施放大量水蒸气，破坏燃烧条件。对于液体泄漏，为降低物料向大气中的蒸发速率，可用泡沫或其他覆盖物品覆盖外泄的物料，在其表面形成覆盖层，抑制其挥发。

③ 倒罐转移。贮罐、容器壁发生泄漏，无法堵漏时，可采取倒罐技术倒入其他容器罐。

利用罐内压力差倒罐，即液面高、压力大的罐向他罐导流，用开启泵倒罐，输转到其他罐，倒罐不能使用压缩机。压缩机会使泄漏容器压力增加，加剧泄漏。采取倒罐措施，须与企业负责人、技术人员共同论证研究，在确认安全、有效的前提下组织实施。

④ 收容。对于大型泄漏，可选择用隔膜泵将泄漏出的物料抽入容器内或槽车内。当泄漏量小时，可用沙子、吸附材料、中和材料等吸附中和。

⑤ 废弃。可选择用隔膜泵将泄漏物运至废物处理场所处置。用消防水冲洗剩下的少量物料，冲洗水排入应急事故污水系统收集。

第六节 地下水保护措施

一、基本要求

① 地下水环境保护措施与对策应符合《中华人民共和国水污染防治法》和《中华人民共和国环境影响评价法》的相关规定，按照"源头控制、分区防控、污染监控、应急响应"，重点突出饮用水水质安全的原则确定。

② 地下水环境环保对策措施建议应根据建设项目特点、调查评价区和场地环境水文地质条件，在建设项目可行性研究提出的污染防控对策的基础上，根据环境影响预测与评价结果，提出需要增加或完善的地下水环境保护措施和对策。

③ 改、扩建项目应针对现有工程引起的地下水污染问题，提出"以新带老"的对策和措施，有效减轻污染程度或控制污染范围，防止地下水污染加剧。

④ 给出各项地下水环境保护措施与对策的实施效果，列表给出初步估算各措施的投资概算，并分析其技术、经济可行性。

⑤ 提出合理、可行、操作性强的地下水污染防控的环境管理体系，包括地下水环境跟踪监测方案和定期信息公开等。

二、建设项目污染防控对策

（一）源头控制措施

源头控制措施包括提出各类废物循环利用的具体方案，减少污染物的排放量；提出工艺、管道、设备、污水贮存及处理构筑物应采取的污染控制措施，将污染物跑、冒、滴、漏降到最低限度。

（二）分区防控措施

① 结合地下水环境影响评价结果，对工程设计或可行性研究报告提出的地下水污染防控方案提出优化调整的建议，给出不同分区的具体防渗技术要求。

一般情况下，应以水平防渗为主，防控措施应满足以下要求。

a. 已颁布污染控制国家标准或防渗技术规范的行业，水平防渗技术要求按照相应标准或规范执行，如 GB 16889、GB 18597、GB 18598、GB 18599、GB/T 50934 等。

b. 未颁布相关标准的行业，根据预测结果和场地包气带特征及其防污性能，提出防渗技术要求；或根据建设项目场地天然包气带防污性能、污染控制难易程度和污染物特性，参照表 11-34 提出防渗技术要求。其中污染控制难易程度分级和天然包气带防污性能分级分别参照表 11-35 和表 11-36 进行相关等级的确定。

表 11-34　地下水污染防渗分区参照表

防渗分区	天然包气带防污性能	污染控制难易程度	污染物类型	防渗技术要求
重点防渗区	弱	难	重金属、持久性有机污染物	等效黏土防渗层 Mb≥6.0m，K≤1×10^{-7} cm/s；或参照 GB 18598 执行
	中-强	难		
	强	易		
一般防渗区	弱	易-难	其他类型	等效黏土防渗层 Mb≥1.5m，K≤1×10^{-7} cm/s；或参照 GB 16889 执行
	中-强	难		
	中	易	重金属、持久性有机污染物	
	强	易		
简单防渗区	中-强	易	其他类型	一般地面硬化

注：Mb 为岩（土）层单层厚度。

表 11-35　污染控制难易程度分级参照表

污染控制难易程度	主　要　特　征
难	对地下水环境有污染的物料或污染物泄漏后，不能及时发现和处理
易	对地下水环境有污染的物料或污染物泄漏后，可及时发现和处理

表 11-36　天然包气带防污性能分级参照表

分级	包气带岩土的渗透性能
强	岩（土）层单层厚度 Mb≥1.0m，渗透系数 K≤1×10^{-6}cm/s，且分布连续、稳定
中	岩（土）层单层厚度 0.5m≤Mb<1.0m，渗透系数 K≤1×10^{-6}cm/s，且分布连续、稳定 岩（土）层单层厚度 Mb≥1.0m，渗透系数 1×10^{-6}cm/s<K≤1×10^{-4}cm/s，且分布连续、稳定
弱	岩（土）层不满足上述"强"和"中"条件

② 对难以采取水平防渗的场地，可采用垂向防渗为主、局部水平防渗为辅的防控措施。

③ 根据非正常状况下的预测评价结果，在建设项目服务年限内个别评价因子超标范围超出厂界时，应提出优化总图布置的建议或地基处理方案。

第七节　固体废物污染防治措施

固体废物的成分、性质和危险性存在着较大的差异，因此必须针对不同的固体废物制定不同的污染防治措施。《中华人民共和国固体废物污染防治法》把固体废物分为工业固废、生活垃圾和危险固废三类，下面以上述分类方法分别介绍三类固体废物的污染防治措施。

一、一般工业废物污染防治措施

工业废物的特点是种类多、排放量大、分布广、常年排放，但是大部分工业废物具有回收利用的价值，因此工业废物的资源化问题显得很重要。目前综合利用是实现工业废物资源化和减量化、解决环境污染、减轻环境负担和危害的重要途径，对环境保护和工业生产都有着重大的意义。

根据上述固体废物处理的基本原则，对于工业固体废物，常用的处理方法有固化处理、焚烧和热解、生物处理。

1. 固化处理

固化处理是通过向废弃物中添加固化基材，使有害固体废物固定或包容在惰性固化基材中的一种无害化处理过程。经过处理的固化产物应具有良好的抗渗透性，良好的机械特性，以及抗浸出性、抗干湿、抗冻融特性。这样的固化产物可直接在安全土地填埋场处置，也可用做建筑的基础材料或道路的路基材料。固化处理根据固化基材的不同可以分为水泥固化、沥青固化、玻璃固化、自胶质固化等。

2. 焚烧和热解技术

焚烧法是固体废物高温分解和深度氧化的综合处理过程。好处是把大量有害的废料分解而变成无害的物质。由于固体废物中可燃物的比例逐渐增加，采用焚烧方法处理固体废物，利用其热能已成为必然的发展趋势。以此种方法处理固体废物，占地少，处理量大，在保护环境、提供能源等方面可取得良好的效果。焚烧过程获得的热能可以用于发电。利用焚烧炉发生的热量，可以供居民取暖，用于维持温室室温等。目前日本及瑞士每年把超过65%的都市废料进行焚烧而使能源再生。但是焚烧法也有缺点，如投资较大、焚烧过程排烟造成二次污染、设备锈蚀现象严重等。

热解是将有机物在无氧或缺氧条件下高温（$500 \sim 1000℃$）加热，使之分解为气、液、固三类产物。与焚烧法相比，热解法则是更有前途的处理方法。其最显著优点是基建投资少。

3. 生物处理

生物处理是利用微生物对有机固体废物的分解作用使其无害化，可以使有机固体废物转化为能源、食品、饲料和肥料，还可以用来从废品和废渣中提取金属，是固体废物资源化的有效的技术方法。目前应用比较广泛的有：堆肥化、沼气化、废纤维素糖化、废纤维饲料化、生物浸出等。

① 高温堆肥是垃圾经微生物发酵作用温度升高，将其病原菌杀死，垃圾可分解成为优质肥料，如畜禽养殖业、畜牧业、农产品加工、食品加工、种植业、餐饮业产生的固体废物都可以采取该方式处置固体废物，堆肥产品可以直接回用于农业生产。

② 综合利用是根据工业固废的主要成分和特性，考虑经过回收和简单的加工，作为其他行业的原材料，实现二次利用。

目前我国主要的工业固体废物有煤矸石、锅炉渣、粉煤灰、高炉渣、钢渣、尘泥等，多以 SiO_2、Al_2O_3、CaO、MgO、Fe_2O_3 为主要成分。这些废弃物只要进行适当的调制、加工，即可制成不同标号的水泥和其他建筑材料。表 11-37 列出了可作建筑材料的若干种工业废渣。

二、生活垃圾污染防治措施

《生活垃圾处理技术指南》要求因地制宜地选择先进适用、符合节约集约用地要求的无害化生活垃圾处理技术。

表 11-37　可作建筑材料的若干种工业废渣

工业废渣	用　　途
高炉渣、粉煤灰、煤渣、煤矸石、钢渣、电石渣、尾矿粉、赤泥、钢渣、镍渣、铅渣、硫铁矿渣、铬渣、废石膏、水泥、窑灰等	① 制造水泥原料或混凝土材料 ② 制造墙体材料 ③ 制造道路材料、地基垫层填料
高炉渣、气冷渣、粒化渣、膨胀矿渣、膨珠、粉煤灰（陶料）、煤矸石（膨胀煤矸石）、煤渣、赤泥、陶粒、钢渣和镍渣（烧胀钢渣和镍渣等）	④ 作为混凝土骨料和轻质骨料
高炉渣、钢渣、镍渣、铬渣、粉煤灰、煤矸石等	⑤ 制造热铸制品
高炉渣（渣棉、水渣）、粉煤灰、煤渣等	⑥ 制造保温材料

土地资源紧缺、人口密度高、生活垃圾热值满足要求的城市要优先采用焚烧处理技术。生活垃圾管理水平较高、分类回收可降解有机垃圾的城市可采用生物处理技术。土地资源和污染控制条件较好的城市可采用卫生填埋处理技术。

三、危险废物污染防治措施

（一）基本原则

① 对于有毒有害废物应尽量通过焚烧或化学处理方法转化为无害后再处置。

② 对于无法无害化的有毒有害废物必须放在具有长期稳定性的容器和设施内，处置系统应能防止雨水淋溶和地下水浸泡，在任何时候有害有毒物的迁移不会污染水体水质。

③ 对于放射性废物，必须事先进行固定、包装，并放置在具有一定工程屏障的设施中，处置系统能防止雨水淋溶和地下水浸泡，并在放射性水平衰变到接近环境本底以前能阻滞放射性核素的迁移，使释入环境的放射性核素量达到人类可以接受的水平。

（二）危险废物的处置方法

危险废物的处置方法主要有焚烧法、热解法、安全填埋法。

1. 焚烧法

焚烧包括富氧焚烧和催化焚烧，利用高温使危险废物中可燃成分分解氧化，产生最终产物 CO_2 和 H_2O。危险废物的有害成分在高温下被氧化、热解，以达到解毒除害的目的，重金属成分被浓缩并转移到稳定的灰渣和飞灰中。同时焚烧产生的热量在余热锅炉中被回收利用，用来发电或供热。因此焚烧法是一种可以同时实现危险废物处理减量化、无害化和资源化的技术。经过焚烧，固体废物的体积可减少 $80\% \sim 90\%$，新型的焚烧装置可使焚烧后的废物体积只有原来体积的 5% 甚至更少。

2. 热解法

热解基本方法是在炉内无氧的条件下，加热危险废物，并控制温度在 $100 \sim 600℃$。危险废物中的有机物质和挥发物被热解，产生可燃气体排出热解炉。热解/气化技术相比于焚烧技术的优点是更有利于能源的高效再利用，对环境更加友好。

3. 安全填埋法

危险废物安全填埋是一种把危险废物放置或贮存在环境中，使其与环境隔绝的处置方法。为此，原国家环保总局制定了《危险废物安全填埋处置工程建设技术要求》（环发 [2004] 75 号），规范了危险废物安全填埋处置工程建设要求。

危险废物安全填埋场的建设规模应根据填埋场服务范围内的危险废物种类、可填埋量、分布情况、发展规划以及变化趋势等因素综合考虑确定。填埋场根据场地特征可分为平地型填埋场和山谷型填埋场，根据填埋坑基底标高又可分为地上填埋场和凹坑填埋场。填埋场类型的选择应根据当地特点，优先选择渗滤液可以根据天然坡度排出、填埋量足够大的填埋场类型。

危险废物安全填埋场应主要以省为服务区域，根据当地危险废物填埋量的情况，采取一步到位或分期建设的方式集中建设。

危险废物安全填埋场应包括接收与贮存系统、分析与鉴别系统、预处理系统、防渗系统、渗滤液控制系统、填埋气体控制系统、监测系统、应急系统及其他公用工程等。

禁止填埋的废物有医疗废物、与衬层不相容的废物。

(三) 医疗废物焚烧处理法

在当今国际上应用的诸多医疗废物处理法中，只有高温焚烧处理法具备对医疗废物适应范围广，处理后的医疗废物难以辨认，消毒杀菌彻底，使废物中的有机物转化成无机物，减容减量效果显著，有关的标准规范齐全，技术成熟等多方面优点。

焚烧所产生的污染物经过先进的去除污染设备，可以控制在国家的标准范围内。焚烧后的飞灰必须按照危险废物进行安全填埋，因此焚烧法是首推的医疗废物处理方法。

四、固体废物处置、焚烧或填埋方式的选址要求

(一) 有害有毒和放射性废物的处置场场址要求

① 场址地质稳定，场址必须避开断层、褶皱、地震或火山活动等地质作用对废物处置有显著影响的区域；

② 必须避开崩塌、冲蚀、滑坡等地表作用的区域；

③ 场址岩性能有效地阻滞有毒有害物质和放射性核素的迁移；

④ 场址应避开地下水可能侵入的地区及可能受洪水危害或局部大雨造成水灾的地区；

⑤ 场址应避开高压缩性淤泥软土地层。

(二) 生活垃圾焚烧场选址要求

① 生活垃圾填埋场选址应符合当地城乡建设总体规划要求，应与当地大气污染防治、水资源保护、自然保护相一致；

② 生活垃圾填埋场应设在当地夏季主导风向的下风向；

③ 在人畜居栖点 500m 以外，不得在自然保护区、风景名胜区、生活饮用水源地等处设置。

(三) 危险废物焚烧厂选址要求

① 各类焚烧厂不允许建设在地表水环境质量Ⅰ类、Ⅱ类功能区和环境空气质量一类功能区；

② 集中式危险废物焚烧厂不允许建设在人口密集的居住区、商业区和文化区；

③ 各类焚烧厂不允许建设在居民区主导风向的上风向地区；

④ 厂址选择还需要考虑经济技术条件。

(四) 危险废物安全填埋场场址要求

① 应符合总体规划要求，场址应处于一个相对稳定的区域。

② 应进行环境影响评价，并经环境保护行政主管部门批准。

③ 不应选在城市工农业发展规划区、农业保护区、自然保护区、风景名胜区等和其他需要特别保护的区域内。

④ 填埋场距飞机场、军事基地的距离应在 3000m 以上。

⑤ 填埋场场界应位于居民区 800m 以外，并保证当地气象条件下对附近居民区大气环境不产生影响。

⑥ 填埋场场址必须位于百年一遇的洪水标高线以上，并在长远规划中的水库等人工蓄水淹没区和保护区之外。

⑦ 填埋场场址距地表水域的距离不应小于 150m。

⑧ 填埋场场址的地质条件应符合以下要求：充分满足填埋场基础层的要求；现场或其附近有充足的黏土资源以满足构筑防渗层的需要；位于地下水饮用水水源地主要补给区范围之外，且下游无集中供水井；地下水位应在不透水层 3m 以下，否则，必须提高防渗设计标准并进行环境影响评价，取得主管部门同意；天然地层岩性相对均匀、渗透率低；地质构结构相对简单、稳定，没有断层。

⑨ 填埋场场址选择应避开下列区域：破坏性地震及活动构造区；海啸及涌浪影响区；湿地和低洼汇水处；地应力高度集中，地面抬升或沉降速率快的地区；石灰岩溶洞发育带；废弃矿区或塌陷区；崩塌、岩堆、滑坡区；山洪、泥石流地区；活动沙丘区；尚未稳定的冲积扇及冲沟地区；高压缩性淤泥、泥炭及软土区以及其他可能危及填埋场安全的区域。

⑩ 填埋场场址必须有足够大的可使用面积以保证填埋场建成后具有 10 年或更长的使用期，在使用期内能充分接纳所产生的危险废物。

⑪ 填埋场场址应选在交通方便、运输距离较短，建造和运行费用低，能保证填埋场正常运行的地区。

（五）医疗废物集中焚烧厂厂址选择

① 符合《全国危险废物和医疗废物处置设施建设规划》及当地城乡总体发展规划，符合当地大气污染防治、水资源保护和自然生态保护的要求；

② 满足工程地质条件和水文地质条件，考虑交通、运输距离、土地利用现状及基础设施状况等。

思考题

1. 简述锅炉脱硫以及锅炉除尘的措施。

2. 工艺废气应怎么样进行处理？

3. 无组织废气的处理措施有哪些？

4. 简述常见的污水处理厂的处理过程。

5. A²/O 工艺、SBR 工艺以及氧化沟工艺三者的区别是什么？

6. 简述废水的处理方法？

7. 含有机物废水的处理措施有哪些？

8. 噪声的防治措施有哪些？

9. 简述施工期、运营期、使用期满后的生态环境保护措施。

10. 泄漏物处置方法有哪些？

11. 建设项目的地下水污染防控对策有哪些？
12. 一般工业固体废物的特点及其处理的基本原则有哪些？
13. 危险废物的处置方法有哪些？
14. 生活垃圾焚烧场的选址需注意什么？

参考文献

[1]　刘天齐，黄小林，邢连壁等．三废处理工程技术手册［M］．北京：化学工业出版社，1999.
[2]　金醉宝．化验室酸性废气治理现状［J］．矿冶，1998，7（3）：98-102.
[3]　何争光．大气污染控制工程及应用实例［M］．北京：化学工业出版社，2004.
[4]　严易明，张敏，孙秀敏．治理酸雾的环保措施［J］．石油化工环境保护，2000，1：26-28.
[5]　冯莉萍．钢丝绳厂劳动卫生学调查［J］．职业与健康，2001，17（12）：14-15.
[6]　Swenberg J A, Beauchamp R O J. A review of the chronic toxicity, carcinogencity, and possible mechanisms of action of inorganic acid mists in animals［J］. Crit. Rev. Toxicol., 1997, 27（3）: 253-259.
[7]　徐淑碧．重庆市的酸沉降污染及防治对策［J］．重庆环境科学，1994，16（6）：18-23.
[8]　郭玉文，孙翠玲，宋菲．酸性沉降与日本森林衰退［J］．世界林业研究，1997，（1）：52-56.
[9]　Anu W, Alan C, Lucy J S. Fine Structure of Acid Mist Treated Sitka Spruce Needles: Open-top Chamber and Field Experiments［J］. Annals of Botany Company, 1996,（77）: 1-10.
[10]　边归国，马荣．大气环境污染对文物古迹的影响［J］．环境科学研究，1998，11（5）：22-25.
[11]　沈继东，李超．玻璃钢活动板式静电除雾器应用开发［J］．辽宁城乡环境科技，1999，19（6）：71-75.
[12]　张秀珍，陈肖玲．铁路充电间酸雾治理措施的研究［J］．铁道劳动安全卫生与环保，1996，23（3）：181-183.
[13]　沈继东，李超．玻璃钢活动板式静电除雾器应用开发［J］．辽宁城乡环境科技，1999，19（6）：71-75.
[14]　国家环境保护局．净化多种酸气的SDG及其工艺．国家环境保护局最佳实用技术汇编（1995年）［M］．北京：中国环境科学出版社，1995.
[15]　钟晓勇．强酸酸雾的污染治理［J］．东方电机，2001，1：52-54.
[16]　胡宏毅．硫酸厂纤维丝网除雾器技术进展述评［J］．硫磷设计，1994，1：1-10.
[17]　刘后启，林宏．电收尘器——理论设计使用［M］．北京：中国建筑工业出版社，1987.
[18]　蒋基洪，戎司旦．2030冷轧酸洗机组酸雾泄漏的综合治理［J］．宝钢技术，1996，（6）：15-18.
[19]　李超，王洪利．应用立塔式静电除雾器净化宝钢冷轧厂酸洗工艺段酸雾的实践［J］．环境污染治理技术与设备，2002，3（7）：84-86.
[20]　郝德山，高小荣．蜂窝式导电玻璃钢电除雾器的试验总结［J］．硫酸工业，2000，（4）：23-28.
[21]　李向阳，王贤林．多管塑料电除雾器在硫酸工艺中的应用［J］．建筑热能通风空调，2002，（1）：59-61.
[22]　牛玉超，战旗．静电捕集器用于铬酸雾捕集的探讨［J］．电镀与精饰，1997，19（4）：29-30.
[23]　丁莉．抑雾剂与浮球在酸洗工艺中的应用［J］．江苏冶金，1995，2：44-47.
[24]　刘福生，扈国军，王晟．无酸雾污染的硫酸酸洗技术［J］．化工时刊，1996，（10）：21-23.
[25]　龚敏，张远声，陈刚晟．不锈钢在高温盐酸中的酸洗缓蚀抑雾剂［J］．四川轻化工学院学报，1997，10（3）：10-12.
[26]　刘芙燕，陈玉璞，马兰瑞．碱性无氰镀锌工艺试验研究［J］．沈阳师范学院学报：自然科学版，1999，2：32-36.

[27]　丁真真 . 难降解有机物废水的处理方法研究现状 [J] . 甘肃科技, 2006, 22 (2): 113-115.

[28]　李娟 . 城市污水处理厂工艺设计研究 [D] . 西安: 西安建筑科技大学, 2008.

[29]　毕馨升, 寇世伟, 暴丽媛, 卢振兰 . 地埋式生活污水处理技术的应用与研究进展 [J] . 北方环境,
　　　2011, 23 (1-2): 121-122.

[30]　龚啸, 赵昌清, 胡冰 . 高速公路施工期生态环境影响与保护措施分析 [J] . 湖南交通科技, 2012,
　　　38 (4): 35-36.

[31]　杨俊野 . 公路建设项目生态影响评价研究与案例分析 [D] . 成都: 西南交通大学, 2013.

[32]　朱彬, 刘贤才, 庞继忠 . 矿山开采的生态环境保护及治理 [J] . 广西大学学报: 自然科学版,
　　　2009, 34 (增刊): 338-340.

[33]　陈鑫, 牟长波 . 山区小水电工程建设主要生态环境影响及生态环保措施 [J] . 广西轻工业, 2010,
　　　(5): 73-74.

第十二章 清洁生产评价

一、清洁生产标准

清洁生产标准是资源节约与综合利用标准化工作的重要组成部分。为贯彻实施《中华人民共和国环境保护法》和《中华人民共和国清洁生产促进法》，保护环境，指导企业实施清洁生产和推动环境管理部门的清洁生产监督工作，原国家环保总局已经颁布了三批、共70多项清洁生产标准。

清洁生产标准见表 2-7。

二、清洁生产评价方法

（一）标准对比法

适用于已经颁布清洁生产标准的建设项目。清洁生产评价方法采用我国已颁布的清洁生产标准，分析评价项目的清洁生产水平。将项目的生产工艺、资源、产品、污染物等各项指标与清洁生产标准逐一比对，进而评定项目的清洁生产水平等级。

清洁生产水平分为以下三级。

一级代表国际清洁生产先进水平；

二级代表国内清洁生产先进水平；

三级代表国内清洁生产普通水平。

（二）类比法

类比法是环境影响报告书中清洁生产水平分析的主要方法之一，适用于那些没有行业清洁生产标准或者与现行清洁生产标准适用范围存在较大差异的项目。要论证项目 A 是否具有国际或者国内清洁生产先进水平，此时遵循以下逻辑规则：$A \geqslant B$。其中，B 为已经经过确认的具有国际或者国内清洁生产先进水平的企业。

通过生产工艺与装备要求、资源能源利用指标、污染物产生指标（末端处理前）、废物回收利用指标、环境管理要求五个方面的分项比较，若上述不等式成立，则 A 相应地也具有国际或者国内清洁生产先进水平。

三、清洁生产评价指标

依据生命周期分析的原则，环境影响评价中的清洁生产指标可分为六大类：生产工艺与装备要求、资源能源利用指标、产品指标、污染物产生指标、废物回收利用指标和环境管理要求。六类指标既有定性指标也有定量指标，资源能源利用指标、污染物产生指标在清洁生产中是非常重要的两类指标，因此，必须有定量指标，其余四类指标属于定性指标或者半定量指标。

① 生产工艺与装备要求。选用清洁工艺、淘汰落后有毒有害原材料和落后的设备，是推行清洁生产的前提，因此在清洁生产分析专题中，首先要对工艺技术来源和技术特点进行分析，说明其在同类技术中所占地位以及选用设备的先进性。从装置规模、工艺技术、设备等方面分析其在节能、减污、降耗等方面达到的清洁生产水平。

② 资源能源利用指标。从清洁生产的角度看，资源、能源指标的高低也反映一个建设项目的生产过程在宏观上对生态系统的影响程度，因为在同等条件下，资源能源消耗量越高，对环境的影响越大。清洁生产评价资源能源利用指标包括新水用量指标、单位产品的能耗、单位产品的物耗、原辅材料选取等。

③ 产品指标。指影响污染物种类和数量的产品性能、种类和包装，以及反映产品贮存、运输、使用和废弃后可能造成的环境影响的指标。

④ 污染物产生指标。除资源能源利用指标外，另一类能反映生产过程状况的指标便是污染物产生指标，污染物产生指标较高，说明工艺相对比较落后，管理水平较低。考虑到一般的污染问题，污染物产生指标可分为三类，即废水产生指标、废气产生指标和固体废物产生指标。

⑤ 废物回收利用指标。废物回收利用是清洁生产的重要组成部分，在现阶段，生产过程不可能完全避免产生废水、废料、废渣、废气、废热，然而这些"废物"只是相对的概念，对于生产企业应尽可能地回收和利用，而且，应该是高等级的利用，逐步降级使用，然后再考虑末端治理。

⑥ 环境管理要求。指对企业所制定和实施的各类环境管理相关规章、制度和措施的要求，包括执行环保法规情况、企业生产过程管理、环境管理、清洁生产审核、相关方环境管理。

下面以石油炼制业清洁生产标准为例，说明清洁生产评价指标的类别及级别，见表 12-1。

表 12-1　石油炼制业清洁生产标准

清洁生产指标等级	一级	二级	三级
一、生产工艺与装备要求	① 年加工原油能力大于 $2.5×10^6$ t/a； ② 排水系统划分正确，未受污染的雨水和工业废水全部进入假定净化水系统； ③ 特殊水质的高浓度污水（如：含硫污水、含碱污水等）有独立的排水系统和预处理设施； ④ 轻油（原油、汽油、柴油、石脑油）贮存使用浮顶罐； ⑤ 设有硫回收设施； ⑥ 废碱渣回收酚或环烷酸； ⑦ 废催化剂全部得到有效处置		
二、资源能源利用指标			
1. 综合能耗（标油/原油）/（kg/t）	≤80	≤85	≤95
2. 取水量（水/原油）/（t/t）	≤1.0	≤1.5	≤2.0
3. 净化水回用率/%	≥65	≥60	≥50
三、产品指标			
1. 汽油	产量的50％达到《世界燃油规范》Ⅱ类标准	符合 GB 17930—1999 产品技术规范	

续表

清洁生产指标等级	一级	二级	三级
2. 轻柴油	产量的 30％达到《世界燃油规范》Ⅱ类标准	符合 GB 252—2000 产品技术规范	
四、污染物产生指标			
1. 石油类/(kg/t)	≤0.025	≤0.2	≤0.45
2. 硫化物/(kg/t)	≤0.005	≤0.02	≤0.045
3. 挥发酚/(kg/t)	≤0.01	≤0.04	≤0.09
4. COD/(kg/t)	≤0.2	≤0.5	≤0.9
5. 工业废水产生量/(t/t)	≤0.5	≤1.0	≤1.5
五、废物回收利用指标			
六、环境管理要求			
1. 环境法律法规标准	符合国家和地方有关环境法律、法规,污染物排放达到国家和地方排放标准、总量控制和排污许可证管理要求		
2. 组织机构	设专门环境管理机构和专职管理人员		
3. 环境审核		按照各企业清洁生产审核指南的要求进行审核;环境管理制度健全,原始记录及统计数据齐全有效	
4. 废物处理		用符合国家规定的废物处置方法处置废物;严格执行国家或地方规定的废物转移制度;对危险废物要建立危险废物管理制度,并进行无害化处理	
5. 生产过程环境管理	按照各企业清洁生产审核指南的要求进行审核;按照 ISO 14001(或相应的 HES)建立并运行环境管理体系,环境管理手册、程序文件及作业文件齐备	1. 每个生产装置要有操作规程,对重点岗位要有作业指导书;易造成污染的设备和废物产生部位要有警示牌;对生产装置进行分级考核　2. 建立环境管理制度,其中包括:开停工及停工检修时的环境管理程序;新、改、扩建项目环境管理及验收程序;贮运系统油污染控制制度;环境监测管理制度;污染事故的应急程序;环境管理记录和台账	1. 每个生产装置要有操作规程,对重点岗位要有作业指导书;对生产装置进行分级考核　2. 建立环境管理制度,其中包括:开停工及停工检修时的环境管理程序;新、改、扩建项目环境管理及验收程序;环境监测管理制度;污染事故的应急程序
6. 相关方环境管理		原材料供应方的环境管理;协作方、服务方的环境管理程序	原材料供应方的环境管理程序

四、清洁生产评价结果表达

需要给出建设项目清洁生产状况(物料投入、生产过程、产品的产生和废物的产生)的评价结论,并与国内外先进水平相比较,提出清洁生产建议。

如果清洁生产评价全部指标达到二级,说明该项目在清洁生产方面达到国内清洁生产先进水平,该项目在清洁生产方面是可行的。

如果清洁生产评价全部或部分指标未达到二级，说明该项目在清洁生产方面需要继续改进。针对这种情况，必须提出清洁生产的建议。

五、实例

【例 12-1】 大型炼化一体化项目清洁生产评价

项目基本情况介绍：本项目包括 1.0×10^7 t/a 炼油工程和 1.0×10^6 t/a 乙烯工程，炼油部分为乙烯部分提供优质的裂解原料，而且通过优化炼油和乙烯工程之间的物料利用，实现了炼油化工一体化的整体优化。

炼油部分采用"常压蒸馏＋重整加氢＋催化裂化"的加工方案，生产汽、煤、柴油等油品。同时，炼油工程为乙烯工程提供的裂解原料包括富含乙烷的异构化干气、饱和液化气、轻石脑油、加氢焦化石脑油、加氢尾油等。

乙烯部分采用前脱丙烷前加氢分离技术。以乙烯装置裂解出的乙烯和丙烯为原料，生产聚乙烯、聚丙烯、环氧乙烷、乙二醇、丁辛醇、苯酚、丙酮、丁二烯、MTBE 等产品。

【解】

1. 评价指标体系的建立

根据行业基本生产特征，并参考石油化工类的清洁生产评价实例，通过资料分析、专家咨询等方法确立本项目的清洁生产评价指标体系。

2. 评价内容与结果

① 定性分析。本项目属于国内特大型装置，工艺装置的大型化既节省投资，又可降低物耗和能耗，提高生产效率和经济效益。项目采用国内和国际成熟工艺和设备，自动化控制水平达到了国内同行业领先水平。项目产品指标处于国内先进水平。本项目配有硫磺回收装置等，环保措施合理。项目经济效益良好，环保投资合理。

② 定量分析。定量指标收集国内 2009 年投产的某 1.5×10^7 t/a 炼油、1.0×10^6 t/a 乙烯项目的原油加工损失率、综合能耗、新鲜水能耗、水重复利用率、污染物排放等指标作为国内先进水平的基准值。

③ 指标权重及计算结果。清洁生产评价指标权重、基准值和项目的取值见表 12-2。

表 12-2 清洁生产评价指标权重和基本值

一级指标	权重	二级指标	基准值	本项目取值
原材料	5	毒性	较小	较小
		生态影响	较小	较小
		可回收利用性	一般	一般
		能源强度	较低	较低
生产工艺与设备	25	规模/(10^4t/a)	≥1000(炼油)≥80(乙烯)	1000(炼油)100(乙烯)
		工艺成熟稳定	采用国内和国际成熟 工艺和设备	采用国内和国际成熟 工艺和设备
		环保措施	环保措施经济技术可行	环保措施经济技术可行
		系统控制	自动化控制	实现管控一体化,自动 化控制水平高

一级指标	权重	二级指标	基准值	本项目取值
资源能源利用	25	综合能耗(标油)/(kg/t)	57.54	69.81
		新鲜水单耗/(t/t)	0.43	0.48
		水重复利用率/%	98.3	97.7
		原材料加工损失率/%	0.5	0.13
污染物	25	污水单排(水)/(t/t)	0.11	0.34
		SO_2 排放指标(kg/t)	0.652	0.199
		COD 排放指标/(kg/t)	7.14×10^{-3}	2.16×10^{-2}
		排放达标率/%	100	100
产品	5	产品指标	汽油和柴油达到国Ⅳ标准	汽油和柴油达到国Ⅳ标准
环境管理	10	组织机构	设有 HSE 机构和专职管理人员	达到要求
		环境管理体系	环境体系完善,环境管理手册、程序文件及作业文件齐备	达到要求
经济效益	5	投资收益率/%	12	13.25
		投资回收期/a	11	8
		环保投资比例/%	10	5.45

定性指标原材料的计算过程:从表12-2可知,本项目的原材料毒性、生态影响、可回收利用性以及能源强度分别为较小、较小、一般和较好,S_i 取值分别为 0.6、0.7、0.5 和 0.7。按类别评价指数公式 $F_j = \sqrt{\dfrac{(\overline{S_j})^2 + S_{min}^2}{2}}$ 计算得 F_j 为 0.57,其中 $\overline{S_j} = \dfrac{\sum\limits_{i=1}^{n} S_i}{n}$。

定量指标资源能源利用的计算过程:从表12-2可知,本项目综合能耗 69.81,基准值为 57.54,按公式 $S_i = \dfrac{C_i}{D_i}$ 计算得 S_i 为 0.82;水重复利用率 98.3,基准值为 97.7,按公式 $S_i = \dfrac{D_i}{C_i}$ 计算得 S_i 为 0.99;同理,新鲜水单耗和原材料加工损失率的 S_i 值分别为 0.9 和 3.85。按公式 $F_j = \sqrt{\dfrac{(\overline{S_j})^2 + S_{min}^2}{2}}$ 计算得 F_j 为 1.30。

依此类推,其他定性和定量指标计算结果见表12-3。

表12-3 清洁生产评价指标计算结果

一级指标	二级指标	单项评价指数(S_i)	类别评价指数(F_j)
原材料	毒性	0.6	0.57
	生态影响	0.7	
	可回收利用性	0.5	
	能源强度	0.7	

一级指标	二级指标	单项评价指数(S_i)	类别评价指数(F_j)
生产工艺和设备	规模	0.6	0.67
	工艺成熟稳定	0.8	
	环保措施	0.6	
	系统控制	0.9	
资源能源利用	综合能耗	0.82	1.30
	新鲜水单耗	0.90	
	水重复利用率	0.99	
	原料加工损失率	3.85	
污染物	污水单排	0.32	0.95
	SO₂排放指标	3.82	
	COD排放指标	0.33	
	排放达标率	1	
产品	产品指标	0.9	0.90
环境管理	组织机构	0.6	0.60
	环境管理体系	0.6	
经济效益	投资收益率	1.10	0.81
	投资回收期	1.38	
	环保投资比例	0.55	

将表12-3的F_j值和表12-2的权重值相对应带入公式$P = \sum_{j=i}^{m} F_j K_j$，计算得本项目综合评分值$P$为90.4，根据表12-4清洁生产综合评价等级划分，本项目达到较清洁生产水平，可推广应用。

表12-4　清洁生产综合评价等级划分

清洁生产等级	综合评价分值(P)	结论
清洁	>95	可作为行业示范项目
较清洁	85～95	可推广应用
一般	75～85	达标
较差	65～75	可保留生产,但需改进
差	<65	淘汰项目

【例12-2】 M汽车制造有限公司搬迁改造项目清洁生产评价

项目基本情况介绍：M汽车制造有限公司搬迁改造项目概况见表12-5，主要生产工艺流程见图12-1，本项目实施后，污染物排放量见表12-6。

表12-5　M汽车制造有限公司搬迁改造项目基本概况一览表

序号	项目	内　容
1	项目名称	M汽车制造有限公司搬迁改造项目
2	建设地点	×县龙冈经济开发区南北主干道N3路以西、邢左路以南、东侯兰村东

续表

序号	项目	内　容
3	建设单位	M 汽车制造有限公司
4	建设性质	搬迁改造
5	项目投资	总投资 53710 万元,其中环保投 260 万元,占总投资的比例为 0.48%
6	行业类别	C37 交通运输设备制造业
7	建设周期	建设周期计划 11 个月,2014 年 8 月份开始筹建,2015 年 6 月正式生产
8	建设内容	主要建设联合厂房、仓库、试验楼等生产与辅助设施,购置数控三面冲孔机床、立式加工中心、机器人等离子切割机、减速器装配线、驱动桥装配线、发动机分装线、车桥涂装线、总装线、检测线等设备 101 台(套)
9	建设规模及产品方案	年生产 T815 重型汽车(含底盘)3000 辆,车桥 9000 台。车辆符合国 IV 标准要求
10	占地面积及平面布置	占地面积 600 亩,总建筑面积 173092m²
11	劳动定员及工作制度	劳动定员 2000 人,其中,生产工人 1600 人,技术管理人员 400 人;年工作天数为 251 天,工作制度采用 2 班制,每班工作时间 8 小时

表 12-6　本项目实施后污染物排放量一览表　　　　单位：t/a

类别	废气						废水		固体废物
	SO_2	NO_x	颗粒物	二甲苯	非甲烷总烃	VOC	COD	氨氮	
排放量	1.652	11.679	35.173	3.996	7.264	8.412	11.130	1.104	0

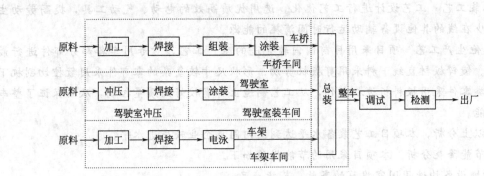

图 12-1　生产工艺流程简图

【解】　1. 清洁生产分析

《中华人民共和国清洁生产促进法》第十八条要求"新建、改建和扩建项目应当进行环境影响评价,对原料使用、资源消耗、资源综合利用以及处置等进行分析论证,优先采用资源利用率高以及污染物产生量少的清洁生产技术、工艺和设备。"本评价根据该规定,并结合国家产业政策和项目本身特点,从生产工艺及技术装备水平、资源综合利用、节能降耗效果、污染控制水平等方面对本项目进行分析,判断其是否符合清洁生产要求,对其不符合清洁生产要求的提出改进或替代方案。

(1) 生产工艺及装备水平先进性分析

① 焊接采用 CO_2 保护焊接　以 CO_2 作保护气体,依靠焊丝与焊件之间的电弧来熔化金属的气体保护焊的方法称 CO_2 保护焊。这种焊接法采用焊丝自动送丝,熔化金属量大、生

产效率高、质量稳定，在我国的造船、机车、汽车制造、石油化工、工程机械、农业机械中获得广泛应用。与其他电弧焊相比 CO_2 保护焊具有以下特点。

a. 焊接成本低：CO_2 气体来源广，价格便宜，而且电能消耗少，故使焊接成本降低。通常 CO_2 焊的成本只有埋弧焊或焊条电弧焊的 40%～50%。

b. 生产效率高：由于焊接电流密度较大，电弧热量利用率较高，以及焊后不需清渣，因此提高了生产率。CO_2 焊的生产率比普通的焊条电弧焊高 2～4 倍。

c. 消耗能量低：CO_2 电弧焊和药皮焊条手工焊相比 3mm 厚钢板对接焊缝，每米焊缝的用电降低 30%。

d. 使用范围宽：不论何种位置都可以进行焊接，薄板可焊到 1mm，最厚几乎不受限制（采用多层焊），而且焊接速度快。

e. 对铁锈敏感性小，焊缝含烃量少，抗裂性能好。

f. 焊后变形较少：由于电弧加热集中，焊件受热面积小，同时 CO_2 气流有较强的冷却作用，所以焊接变形小，特别适宜于薄板焊接。

g. 焊接飞溅小：当采用超低碳合金焊丝或药芯焊丝，或在 CO_2 中加入 Ar，都可以降低焊接飞溅。

h. 操作简便：焊后不需清渣，引弧操作便于监视和控制，有利于实现焊接过程的机械化和自动化。

本项目焊接全部采用 CO_2 气体保护焊接，不仅可提高工艺水平和生产效率，同时可节约电能。与手工电弧焊工艺相比，在完成相同工作量的条件下，每台 CO_2 半自动焊机每年可节电 5000kW·h，本项目采用 CO_2 气体保护焊机每年可节电 $60×10^4$ kW·h。

② 总装工艺　工艺设计进行工艺优化，选用优质高效的电动、气动工具，提高劳动生产率，减少在线的其他设备辅助运行时间消耗的能源。

③ 其他生产工艺　项目采用目前国内较先进的生产工艺，对专用车各部分部件进行最优化配置。镀锌板材直线下料采用剪板机剪切；形状尺寸较复杂的零部件采用数控切割机下料；折边类零件采用板料折边机制作，从工艺制造上都有较好的质量控制，从而保证了整车的技术性能。

综合以上分析，本项目工艺装备水平达到国内同类企业较先进水平。

（2）节能降耗分析　本项目采用的节能措施如下。

① 新增设备均选用国家推荐的高效、节能产品；

② 采用先进工艺及设备，提高生产效率，从而减少设备数量、缩短加工周期，节约能源；

③ 烘干室壁板和外部风管均采用岩棉材料保温，减少热损失；

④ 本工程总装车间工艺设计进行工艺优化，选用优质高效的电动、气动工具，提高劳动生产率，减少在线的其他设备辅助运行时间消耗的能源；

⑤ 通过对建筑物的能量消耗、室内物理环境进行分析，加强节能技术、建筑材料的选用、保温隔热等设计，厂房围护结构的屋面及墙面采用金属夹芯板，降低传热系数；

⑥ 应根据市场推出的节能新设备，加速更新时间长、节能效果差的设备，从而在工艺过程中提高能源利用率，不断获得较好节能效益。

（3）涂装工序指标分析　本评价将搬迁改造项目涂装工序主要技术指标与《清洁生产标准·汽车制造业（涂装）》（HJ 293—2006）进行对比，结果见表 12-7。

表 12-7　清洁生产指标对比一览表

指标		清洁生产标准·汽车制造业(涂装)(HJ 293—2006)			本项目	等级
		一级	二级	三级		
一、生产工艺与装备						
1. 基本要求		(1)禁止使用"淘汰落后的生产能力、工艺和产品目录"规定的内容;(2)优先采用《国家重点行业清洁生产技术导向目录》规定的内容;(3)禁止使用火焰法除旧漆、严格限制使用干喷砂除锈			无淘汰落后内容、无火焰法除旧漆、干喷砂除锈,采用密闭抛丸除锈法进行除锈	符合
2. 涂装前处理	脱脂设施	有脱脂液维护与调整设施			有脱脂液维护与调整设施	一级
	磷化设施	有磷化液维护与调整设施			有脱脂液维护与调整设施	一级
	温度控制	有自动控温系统			采用自动控温系统	一级
	工艺安全	符合 GB 7692 涂漆前处理工艺安全			符合	一级
3. 底漆	电泳漆加料	有自动补加装置		人工调输漆	采用自动补加装置	一级
	温度控制	有自动控温系统			采用自动控温系统	一级
	电泳漆回收	有三级回收,RO 反渗透装置、全封闭冲洗(无废水排放)	有二级电漆泳回收装置	有一级电漆泳回收装置	采用二级电漆泳回收装置	二级
4. 中涂	漆雾处理	有自动漆雾处理装置		有漆雾处理装置	搬迁改造项目不涉及中涂工序	—
	喷漆室	采用节能型设施,废溶剂有效回收;符合 GB 14443 喷漆室安全技术规定				—
	烘干室	有脱臭装置,符合 GB 14443 涂层烘干室安全技术规定		符合 GB 14443		—
5. 面漆	漆雾处理	有自动漆雾处理装置		有漆雾处理装置	有自动漆雾处理装置	一级
	喷漆室	采用节能设施,符合《喷漆室技术规定》(GB 14444)要求			采用分段送风节能设施,符合《喷漆室技术规定》(GB 14444)要求	一级
	烘干室	有脱臭装置,符合《涂层烘干室技术规定》(GB 14443)要求		符合 GB 14443	有脱臭装置,符合 GB 14443 要求	一级
二、原材料指标						
1. 基本要求		(1)禁止使用含苯的涂料、稀释剂和溶剂,禁止使用含铅的涂料、含红丹的涂料以及含苯、汞、砷、铅、镉、锑和铬酸盐的底漆;(2)严禁在前处理中使用苯,禁止在大面积除油和除旧漆中使用甲苯、二甲苯和汽油;(3)限制使用含二氯乙烷的清洗液,限制使用含铬酸盐的清洗液			不使用禁止使用的物质	符合

续表

指标		清洁生产标准·汽车制造业(涂装)(HJ 293—2006)			本项目	等级
		一级	二级	三级		
2. 涂装前处理	脱脂剂	采用无磷、低温或生物分解性脱脂剂	采用低温、低温型脱脂剂	采用高效、中温型脱脂剂	不采用	一级
	磷化剂	(1)不含亚硝酸盐;(2)不含第一类金属污染物;(3)采用低温、低锌、低渣磷化液	采用低温、低锌、低渣磷化液		不采用	一级
3. 底漆		(1)水性漆;(2)无铅、无锡,节能型阴极电泳漆;(3)节能型粉末涂料	(1)水性漆;(2)阴极电泳漆;(3)粉末涂料		无铅、无锡的节能型阴极电泳漆	一级
4. 面漆		(1)涂料固体分大于75%;(2)水性涂料;(3)节能型粉末涂料;(4)紫外线固化涂料	(1)涂料固体分大于70%;(2)水性涂料;(3)节能型粉末涂料;(4)紫外线固化涂料	(1)涂料固体分大于60%;(2)水性涂料;(3)节能型粉末涂料;(4)紫外线固化涂料	涂料固体分大于70%	二级
三、资源能源利用指标						
1. 新鲜水耗量/(m^3/m^2)		≤0.1	≤0.2	≤0.3	0.103	二级
2. 水循环利用率/%		≥85	≥70	≥60	水项目生产用水重复利用率89.7%	一级
3. 耗电量/(kW·h/m^2)		≤20	≤23	≤27	20.338	二级
四、污染物产生指标						
1. 废水/(m^3/m^2)		≤0.09	≤0.18	≤0.27	0.133	二级
2. COD 产生量/(g/m^2)		≤100	≤150	≤200	31.441	一级
3. 总磷产生量/(g/m^2)		≤5	≤10	≤20	0.031	一级
4. 有机废气(VOC)产生量/(g/m^2)		≤40	≤60	≤80	18.958	一级
5. 废渣产生量/(g/m^2)		≤20	≤50	≤80	0	一级

由表 12-7 分析可知,对于不分级的四项指标,本项目均能符合指标要求;对于分级的各项指标均能满足二级以上标准。综合分析本项目涂装工序清洁生产水平达到国内先进水平。

2. 结论

综合所述,本项目符合国家产业政策;采用了清洁的原料、先进的生产工艺和设备;采用了多项节能降耗措施,节能效果明显;涂装工序清洁生产水平达到《清洁生产标准·汽车制造业(涂装)》(HJ 293—2006)国内先进水平。综合分析本项目清洁生产水平达到了国内先进水平。

思考题

1. 清洁生产评价方法有哪些？分别适用于哪种行业？

2. 清洁生产评价指标有哪些？

3. 某化工企业生产某化工产品 A，现拟进行扩产改造。现状：该化工产品的产量为 5000t/a，年工作 300 天、7200h；消耗主要原料 B 为 7000t/a，用水量为 3.4×10^4 t/a，年耗电量 2.4×10^4 kW·h，1 个 3t/h 锅炉，耗煤 7200t/a；锅炉房安装有脱硫除尘设施，全厂生产生活污水经厂污水处理站处理后排放，约 70m³/d；车间有两个高度均为 20m 的工艺废气排气筒 P_1 和 P_2，均排放 HCl 废气，相距约 35m。现状废气及废水污染物排放监测数据见表 12-8～表 12-10。

表 12-8　废水监测数据

采样点位	pH	SS	COD_{Cr}	硫化物	总铅	总锌	氨氮
污水排放总口 /(mg/L)	6.8～7.7	110～175	140～147	0.01～0.2	0.1～0.6	0.6～1.3	16～23
标准值/(mg/L)	6～9	200	150	1.0	1.0	5.0	25

表 12-9　工艺废气 HCl 监测数据

监测点位	排放浓度/(mg/m³)	排放速率 R/(kg/h)
排气筒 P_1	78	0.23
排气筒 P_2	96	0.29
20m 排气筒标准	100	0.43

表 12-10　锅炉燃烧烟气监测数据（烟气量 8400m³/h）

监测点位	SO_2/(mg/m³)	烟尘/(mg/m³)	黑度	排放高度/m
锅炉烟囱	952	120	<1	35
标准值（Ⅰ时段）	1200	150	1	30

改扩建采用先进生产工艺，淘汰旧设备，对现有公用工程装置做相应增容改造。原有生产线改造后能耗和水耗维持不变。改扩建后，该产品产量拟达到 15000t/a。消耗主要原料 B 为 18000t/a，用水量达 9×10^4 t/a，年耗电量达 7.5×10^5 kW·h。锅炉增容改造后燃烧含硫 0.4% 的低硫煤，吨煤产尘系数为 3%，用量增加到 20000t/a。同时对锅炉脱硫除尘系统进行改造，提高脱硫率、除尘效率分别至 85% 和 99%，以满足新时段排放标准要求。同时对厂污水处理站进行改造，预计排水量增加到 185m³/d，处理出水水质为：$COD_{Cr} \leqslant 100$mg/L，氨氮 $\leqslant 15$mg/L。则本项目的清洁生产分析应有哪些内容？

参考文献

[1] 马萌. 环境影响评价中的清洁生产评述 [J]. 中国科技, 2010, (12): 1671-2064.

[2] 李雄飞. 论类比法在环境影响评价中的应用 [J]. 环保科技, 2014, 02: 21-23, 48.

[3] 聂志丹, 梅桂友, 周浩. 大型炼化一体化项目清洁生产评价实例研究 [J]. 环境科学与技术, 2011, 08: 185-188.

第十三章　防护距离计算

一、大气环境防护距离

大气环境防护距离是为保护人群健康，减少正常排放条件下大气污染物对居住区的环境影响，在项目厂界以外设置的环境防护距离。在大气环境防护距离内不应有长期居住的人群。大气环境防护距离计算采用估算模式开发的计算模式，主要用于确定无组织排放源的大气环境防护距离。

（一）计算方法

1. 大气环境防护距离确定方法

① 采用推荐模式中的大气环境防护距离模式计算各无组织源的大气环境防护距离。

② 计算出的距离是以污染源中心点为起点的控制距离，并结合厂区平面布置图，确定控制距离范围，超出厂界以外的范围，即为项目大气环境防护区域。

③ 当无组织源排放多种污染物时，应分别计算，并按计算结果的最大值确定其大气环境防护距离。

④ 对于属于同一生产单元（生产区、车间或工段）的无组织排放源，应合并作为单一面源计算并确定其大气环境防护距离。

2. 大气环境防护距离参数选择

大气环境防护距离参数有面源有效高度、面源长度和宽度、污染物排放速率、小时（或日均）评价标准。

（二）计算软件

"大气环境防护距离"可以通过环保部环境质量模拟重点实验室发布的计算程序（ver1.1，更新日期 2009 年 8 月 31 日）进行计算。该程序所需设定的参数包括：面源有效高度、面源长度和宽度、污染物排放速率、小时（或日均）评价标准。

二、卫生防护距离

卫生防护距离是指产生有害因素的生产单元（车间或工段）的边界至居住区边界的最小距离，其作用是为企业无组织排放的气载污染物提供一段稀释距离，使污染气体到达居民区的浓度符合国家标准。卫生防护距离的确定关系到厂址的选择、厂区平面布置等，是环境影响评价中一个重要的内容。卫生防护距离按国家颁布的各行业卫生防护距离标准执行，如行业未规定卫生防护距离标准的，则按《制定地方大气污染物排放标准的技术方法》（GB/T 13201—91）推荐的方法计算。

（一）行业标准法

对于现行国家标准中尚有效的各行业卫生防护距离标准，首先应执行该卫生防护距离标准，如《塑料厂卫生防护距离标准》、《水泥厂卫生防护距离标准》、《肉类联合加工厂卫生防护距离标准》等 30 余项。这类标准中确定的防护距离较公式法计算结果更接近于实际情况。

我国卫生防护距离标准见表 13-1。

表 13-1　我国卫生防护距离标准

标准名称	标准号	实施日期
水泥厂卫生防护标准	GB 18068—2000	2001 年 01 月 01 日
硫化碱厂卫生防护距离标准	GB 18069—2000	2001 年 01 月 01 日
油漆厂卫生防护距离标准	GB 18070—2000	2001 年 01 月 01 日
氯碱厂(电解法制碱)卫生防护距离标准	GB 18071—2000	2001 年 01 月 01 日
塑料厂卫生防护距离标准	GB 18072—2000	2001 年 01 月 01 日
碳素厂卫生防护距离标准	GB 18073—2000	2001 年 01 月 01 日
内燃机厂卫生防护距离标准	GB 18074—2000	2001 年 01 月 01 日
汽车制造厂卫生防护距离标准	GB 18075—2000	2001 年 01 月 01 日
石灰厂卫生防护距离标准	GB 18076—2000	2001 年 01 月 01 日
石棉制品厂卫生防护距离标准	GB 18077—2000	2001 年 01 月 01 日
肉类联合加工厂卫生防护距离标准	GB 18078—2000	2001 年 01 月 01 日
制胶厂卫生防护距离标准	GB 18079—2000	2001 年 01 月 01 日
缫丝厂卫生防护距离标准	GB 18080—2000	2001 年 01 月 01 日
火葬场卫生防护距离标准	GB 18081—2000	2001 年 01 月 01 日
皮革厂卫生防护距离标准	GB 18082—2000	2001 年 01 月 01 日
硫酸盐造纸厂卫生防护距离标准	GB 11654—89	1990 年 06 月 01 日
氯丁橡胶厂卫生防护距离标准	GB 11655—89	1990 年 06 月 01 日
黄磷厂卫生防护距离标准	GB 11656—89	1990 年 06 月 01 日
铜冶炼厂(密闭鼓风炉型)卫生防护距离标准	GB 11657—89	1990 年 06 月 01 日
聚氯乙烯树脂厂卫生防护距离标准	GB 11658—89	1990 年 06 月 01 日
铅蓄电池厂卫生防护距离标准	GB 11659—89	1990 年 06 月 01 日
炼铁厂卫生防护距离标准	GB 11660—89	1990 年 06 月 01 日
焦化厂卫生防护距离标准	GB 11661—89	1990 年 06 月 01 日
烧结厂卫生防护距离标准	GB 11662—89	1990 年 06 月 01 日
硫酸厂卫生防护距离标准	GB 11663—89	1990 年 06 月 01 日
钙镁磷肥厂卫生防护距离标准	GB 11664—89	1990 年 06 月 01 日
普通过磷酸钙厂卫生防护距离标准	GB 11665—89	1990 年 06 月 01 日
小型氮肥厂卫生防护距离标准	GB 11666—89	1990 年 06 月 01 日
煤制气厂卫生防护距离标准	GB/T 17222—1998	1998 年 10 月 01 日
以噪声污染为主的工业企业卫生防护距离标准	GB 18083—2000	2001 年 01 月 01 日
炼油厂卫生防护距离标准	GB 8195—87	1988 年 06 月 01 日
石油化工企业卫生防护距离	SH 3093—1999	1999 年 09 月 01 日

（二）公式法

GB/T 13201—91 推荐的工业企业卫生防护距离计算公式如下：

$$\frac{Q_c}{C_m}=\frac{1}{A}(BL^C+0.25r^2)^{0.50}L^D \tag{13-1}$$

式中，L 为工业企业所需卫生防护距离，m；A、B、C、D 为卫生防护距离计算系数，无因次，根据工业企业所在地区近五年平均风速及工业企业大气污染源构成类别从表 13-2 查取；r 为有害气体无组织排放源所在生产单元的等效半径，m；C_m 为标准浓度限值，mg/m³；Q_c 为有害气体经控制后的无组织排放量，kg/h。

该公式表明卫生防护距离与有害气体无组织排放源的扩散条件、源强和排放速率、环境质量标准的浓度限值等因素有关。

表 13-2　卫生防护距离计算系数

系数	风速/(m/s)	卫生防护距离(L)/m								
		L≤1000			1000<L≤2000			L>2000		
		工业企业大气污染源构成类别①								
		Ⅰ	Ⅱ	Ⅲ	Ⅰ	Ⅱ	Ⅲ	Ⅰ	Ⅱ	Ⅲ
A	<2	400	400	400	400	400	400	80	80	80
	2~4	700	470	350	700	470	350	380	250	190
	>4	530	350	260	530	350	260	290	190	140
B	<2		0.01			0.015			0.015	
	>2		0.021			0.036			0.036	
C	<2		1.85			1.79			1.79	
	>2		1.85			1.77			1.77	
D	<2		0.78			0.78			0.57	
	>2		0.84			0.84			0.76	

①工业企业大气污染源构成分为以下三类。

Ⅰ类：与无组织排放源共存的排放同种有害气体的排气筒的排放量，大于标准规定的允许排放量的1/3者。

Ⅱ类：与无组织排放源共存的排放同种气体的排气筒的排放量，小于标准规定的允许排放量的1/3，或虽无排放同种大气污染物之排气筒共存，但无组织排放的有害物质的允许浓度指标是按急性反应指标确定者。

Ⅲ类：无排放同种有害物质的排气筒与无组织排放源共存，且无组织排放的有害物质的允许浓度是按慢性反应指标确定者。

三、实例

【例 13-1】 某生物科技有限公司年产 500t 氨基酸项目

项目简介如下。

某生物科技有限公司新建年产 500t 氨基酸项目。厂址位于 A 街和 B 路交叉口东北角，距离 A 街 300m，北邻 C 河，占地面积 54800m²。本项目主要产品包括色氨酸、异亮氨酸和缬氨酸，均采用基因工程菌发酵制得。根据订单需要分批生产，三个品种共用一条生产线。三种产品在生产过程中除基因工程菌和提取阶段温度、时间等控制参数不同外，投料、提取、精制等工艺均相同。

该项目主要原材料有葡萄糖、玉米浆、硫酸铵、氨水、盐酸、液碱、乙醇、硫酸、活性炭，生产工艺流程分为：发酵工序、提取工序和精制工序。其中发酵工序有发酵废气产生，主要成分为 CO_2、水蒸气和微量恶臭气体；提取工序发酵液板框过滤过程有恶臭气体产生；精制工序板框过滤过程有恶臭气体产生。除了生产工艺过程产生的恶臭气体外，本项目产生大气污染物的污染源还有锅炉烟气、废水处理站的恶臭气体、无组织排放的污染源等。生产过程中产生恶臭的环节来自装卸料、发酵尾气、板框过滤时产生的异味。无组织排放主要有三方面：①干燥工序产生的粉尘。在精制工序，氨基酸成品经双锥干燥器干燥后由医用万能粉碎机粉碎混合，最后进行包装。干燥器等设备自备布袋除尘器，粉尘经其收集后，直接排放。②煤棚扬尘。项目设 $315m^2$ 的干燥棚，全封闭结构，内设喷水抑尘设施；为防止运煤车辆的扬尘，应加装遮盖设施。采取以上防治措施后，煤场的无组织扬尘量为 $0.078kg/h$。③储罐无组织排放。储罐无组织废气产生源主要为：原料装卸过程的滴漏、挥发以及管道、阀门的跑冒滴漏等。主要污染物为 HCl 和 NH_3。

【解】 1. 大气环境防护距离

项目采用《环境影响评价技术导则-大气环境》（HJ 2.2—2008）推荐模式中的大气环境防护距离模式计算各排放源的大气环境防护距离。计算出的距离是以污染源中心点为起点的控制距离。对于超出厂界以外的范围，确定为项目大气环境防护区域。

大气环境防护距离计算方法如下。

① 模型为 Screen3 模型（Version Dated 96043）。

② 计算选项：

城市选项。

测风高度＝10m。

气象筛选＝自动筛选，考虑所有气象组合。

③ 计算点　为离源中心 10m 到 5000m，在 100m 内间隔采用 10m，100m 以上采用 50m。计算点相对源基底高均为 0。

④ 计算输出　大气环境防护距离取值方法为：（离面源中心）达到环境空气质量标准的最小距离 (m)。经计算，本项目各大气污染源对应的环境防护距离见表 13-3。

表 13-3　大气环境防护距离计算结果

污染物	排放速率/(kg/h)	标准值/(mg/m³)	面源长/m	面源宽/m	面源高/m	防护距离/m
NH_3	0.0033	0.20	7.3	8.1	10	无
HCl	0.022	0.05	7.8	8.1	9	无
TSP	0.078	1.0	15	21	5	无

根据计算结果，本项目无组织大气环境防护距离计算结果为无超标点，不设防护距离。

2. 卫生防护距离

本项目有害气体无组织排放源及无组织排放量见表 13-4。

表 13-4　污染源强参数

污染源	污染类型	排放速率	排气筒高度	排放面积/m²
生产工序	HCl	0.022kg/h	无组织排放	7.8×8.1
	NH_3	0.0033kg/h		7.3×8.1

根据《制定地方大气污染物排放标准的技术方法》（GB/T 3840—91）的规定：有害气体无组织排放源所在生产单元（车间）与周围环境之间的卫生防护距离按（GB/T 13201—91）规定的公式计算，见式（13-1）。

卫生防护距离计算系数根据当地的平均风速及企业污染源结构来确定。按照最不利情况选定参数，具体数值见表 13-5。

表 13-5 卫生防护距离计算源强参数

参数		C_m/(mg/m³)	Q_c/(kg/h)	面积/m²	A	B	C	D
取值	HCl	0.05	0.022	63	470	0.021	1.85	0.84
	NH₃	0.2	0.0033	59				

将各参数代入式中计算结果得：$L_{HCl} = 59$m，$L_{NH_3} = 4$m。

按照防护距离标准制定方法的规定，项目的卫生防护距离确定为 100m。

【例 13-2】 某科技有限公司 500t/a 三氯蔗糖项目

项目简介如下。

某科技有限公司新建 500t/a 三氯蔗糖项目。厂址位于 S 县东部的 A 镇和 B 乡交界处，西北距 S 县城约 20km，园区北边界紧邻 H 路，西边界紧邻 M 路。拟建项目厂址西北距 D 村 1230m，东北距 E 村 2400m，东南距 F 村 2800m，西距 G 村 2450m。本项目新建 500 万 t/a 三氯蔗糖生产装置 1 套，并配套公用及辅助装置，主要包括酯化、氯化工段生产装置、精制工段生产装置、制备工段生产装置及仓库、罐区等，并配套 10kV 变电室、循环水站、冷冻站及环保处理措施等，供水、蒸汽等均依托园区集中供给。项目占地面积为 19898.5m²，总建筑面积 21320 m²。

该项目主要的生产原材料见表 13-6。拟建项目无组织废气主要为储罐区、设备、管道

表 13-6 三氯蔗糖生产原材料用量表

序号	原料名称	单耗/(t/t)	年用量	重复利用率/%	类别
1	蔗糖	1.229	614.5	—	
2	原乙酸三甲酯	0.405	202.5	—	
3	氯化亚砜	4.511	2255.5	—	原料
4	甲醇	0.081	40.5（自产）	—	
5	30%液碱	3.683	1841.5	—	
6	液氨	1.053	526.5	—	
7	叔丁胺	0.15	75	—	
8	对甲苯磺酸	0.03	15	—	
9	三氯乙烷	17.79	8895	99.3	
10	DMF	3	1500	96.3	
11	乙酸乙酯	6.75	3375	98.6	辅料
12	乙酸丁酯	0.3	150	92.3	
13	环己烷	0.3	150	90	
14	活性炭	0.03	15		
15	硅藻土	0.03	15		

的跑冒滴漏等造成的无组织挥发。根据本项目所用原辅料、储存方式和工艺装置分析，无组织排放的大气污染物主要为甲醇、氯化氢和非甲烷总烃。

【解】 1. 大气环境防护距离

本项目采用《环境影响评价技术导则-大气环境》（HJ 2.2—2008）推荐模式中的大气环境防护距离模式计算各排放源的大气环境防护距离，评价区域内没有超标点，因此，拟建项目不设定大气环境防护距离。

2. 卫生防护距离

有害气体氯化氢、甲醇、非甲烷总烃无组织排放源所在生产单元（车间）与周围环境之间的卫生防护距离按（GB/T 13201—91）规定的公式计算。各种无组织排放有害气体计算参数见表13-7。

表 13-7　卫生防护距离计算源强参数

参数		C_m/(mg/m³)	Q_c/(kg/h)	r/m	A	B	C	D
取值	HCl	0.05	0.028	12				
	甲醇	3.0	0.027	12	400	0.01	1.8	0.78
	非甲烷总烃	2.0	0.22	12				

根据卫生防护距离取值规定，卫生防护距离在100m以内时，级差为50m；超过100m，但小于或等于1000m时级差为100m，计算的 L 值在两级之间时，取偏宽的一级。当按两种或两种以上的有害气体的 Q_c/C_m 值计算的卫生防护距离在同一级别时，该类工业企业的卫生防护距离级别应高一级。根据上述规定，本项目污染物排放要求生产车间与周围居民区应有100m卫生防护距离。

思考题

1. 确定大气环境防护距离的目的有哪些？
2. 简述大气环境防护距离确定的方法和步骤。
3. 大气环境防护距离选择的参数有哪些？
4. 卫生防护距离的概念以及卫生防护距离的作用有哪些？
5. 计算卫生防护距离的推荐方法有哪些？
6. 工业企业大气污染源构成分为哪几类？

参考文献

[1] 孙文全. 大气环境防护距离和卫生防护距离的案例分析 [J]. 科技传播，2010，24：64-65.
[2] 信晶，郎延红，伏亚萍，李鱼. 大气环境防护距离和卫生防护距离区别及应用的探讨 [J]. 环境保护科学，2010，03：105-108.

附 录

附录 1　建设项目环境影响报告书提纲

附录2　规划环境影响报告书提纲